彩图 1　拨浪鼓

彩图 2　婴幼儿玩具

彩图 3　积木

彩图 4　布绒玩具

彩图 6　捏橡皮泥

彩图 5　蜡笔画

彩图 7　布老虎

彩图 8　泥塑玩具

彩图 9　雪花玩具

彩图 10　电子宠物娃娃

彩图 11　母鸡下蛋

彩图 12　塑料玩具

彩图 13　色彩鲜艳的玩具

彩图 14　塑料积木

彩图 15　卡通电话机

彩图 16　电动小汽车

彩图 17　风筝

彩图 18　电子遥控玩具

彩图 19　米老鼠、唐老鸭卡通造型

彩图 20　米老鼠、唐老鸭玩具

彩图 21　福娃卡通造型

彩图 22　福娃布绒玩具

彩图 23　《大闹天宫》背景用色

彩图 24　小破孩和小丫卡通造型

彩图 25　小破孩和小丫布绒玩具

彩图 26　亮丽的色彩表现欢快

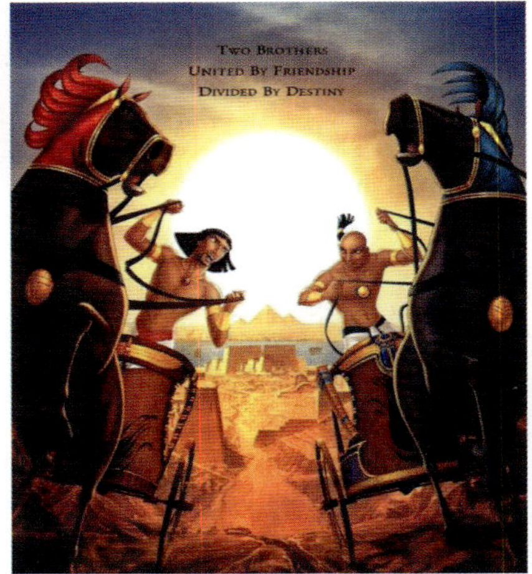

彩图 27　阴暗的色彩表现悲伤

彩图 28　《葫芦兄弟》

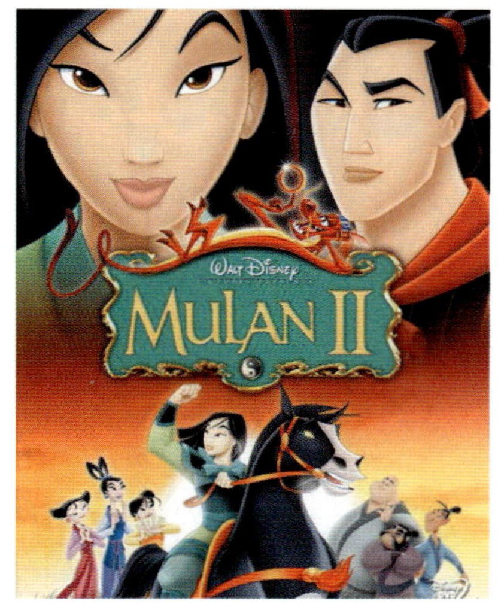

彩图 29 《花木兰》

彩图 30 独特的意境

彩图 31 卡通手表

彩图 32 卡通书包

彩图 33 卡通鞋

彩图 34 蜡笔

彩图 35 表现凄凉气氛

彩图 36　十二生肖

彩图 38　《狮子王》中的反面角色

彩图 37　卡通鸟

彩图 39　鲜艳色彩象征心情愉悦

彩图 40　暗灰色调突出心情悲伤

彩图 41　鲜艳的色彩表现儿童的天真烂漫

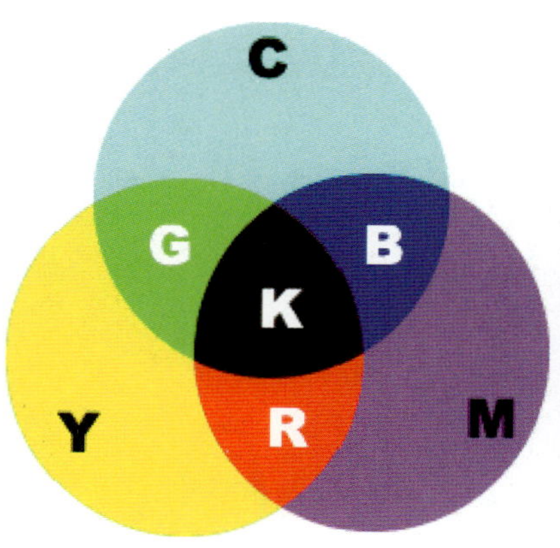

彩图 42　RGB 模式和 CMYK 模式

彩图 43　Lab 模式

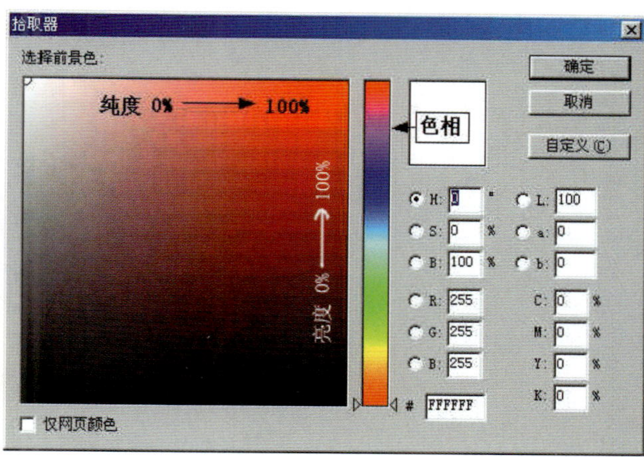

彩图 44　HSB 模式

彩图 45　扫描完的图片

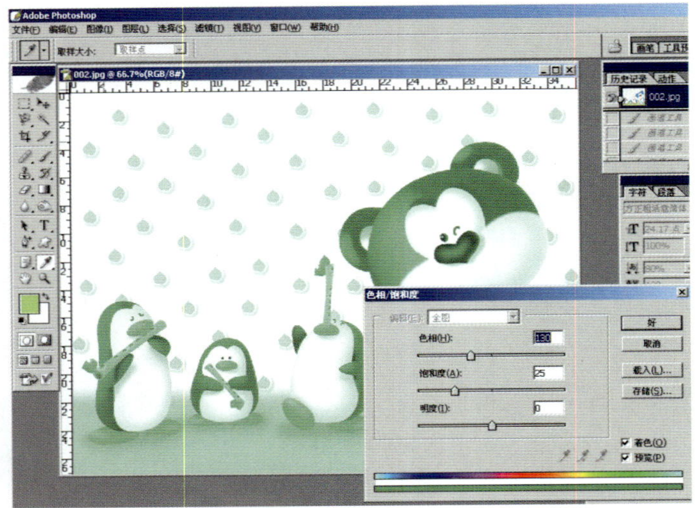

彩图 46　色相 / 饱和度效果

彩图 47　双色调模式

彩图 48　多通道模式

彩图 49　布绒玩具

彩图 50　小熊维尼

彩图 51　柔软舒适的布绒玩具

彩图 54　小鸡家族

彩图 52　色彩鲜艳的麦当劳炸薯条

彩图 53　米老鼠和唐老鸭

彩图 57　卡通小饰物

彩图 55　情人节花束

彩图 56　卡通拖鞋

彩图 58　婴儿布绒玩具

彩图 59　让轿车添彩的时尚饰品玩具

彩图 60　小猪人性化

彩图 61　不对称造型的平衡

彩图 62　仿真娃娃

彩图 63　仿真虎

彩图 64　草莓蛋糕

彩图 65　仿真车模

彩图 66　反传统造型个性玩具

彩图 67　几何造型玩具

彩图 68　病菌毛绒玩具

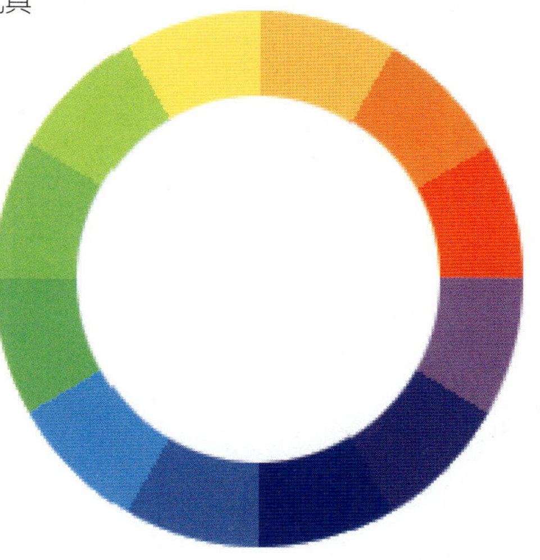

彩图 69　色相

彩图 70　纯度

彩图 71　布绒玩具的主题色

彩图 72　情人节玩具

彩图 73　圣诞树

彩图 74　鬼节玩具

彩图 75　春节玩具

彩图 76　兔毛

彩图 77　马海毛

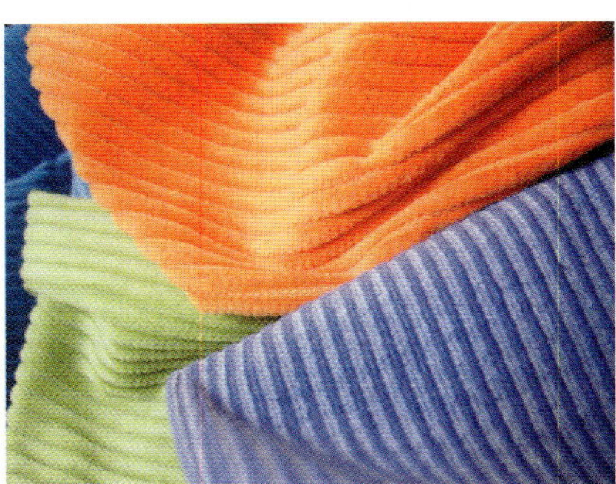

彩图 78　灯芯绒

彩图 79　丝绸

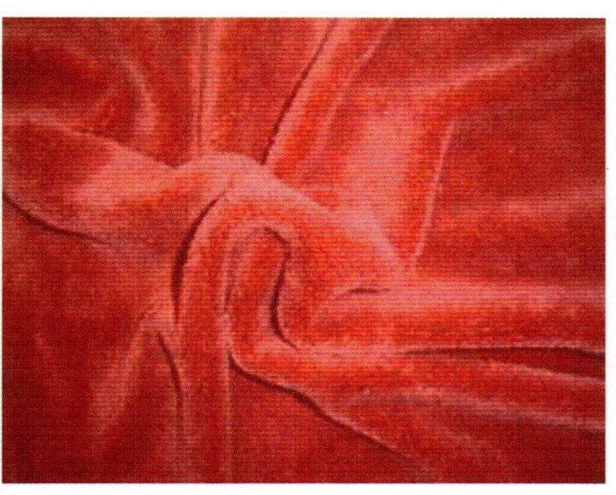

彩图 80　天鹅绒

彩图 81　光致变色面料

彩图 82　持久褶皱面料

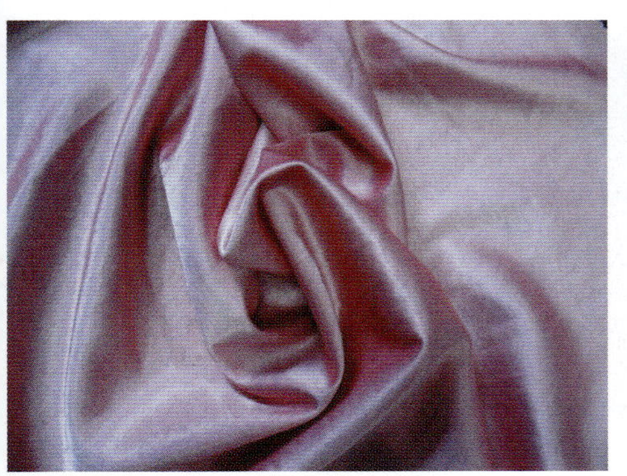

彩图 83　醋酸面料

彩图 84　包装盒

彩图 85　水彩表现

彩图 86　色粉笔表现

彩图 87　泰迪熊

彩图 88　凯蒂猫

彩图 89　描绘面料

彩图 90　家用缝纫机

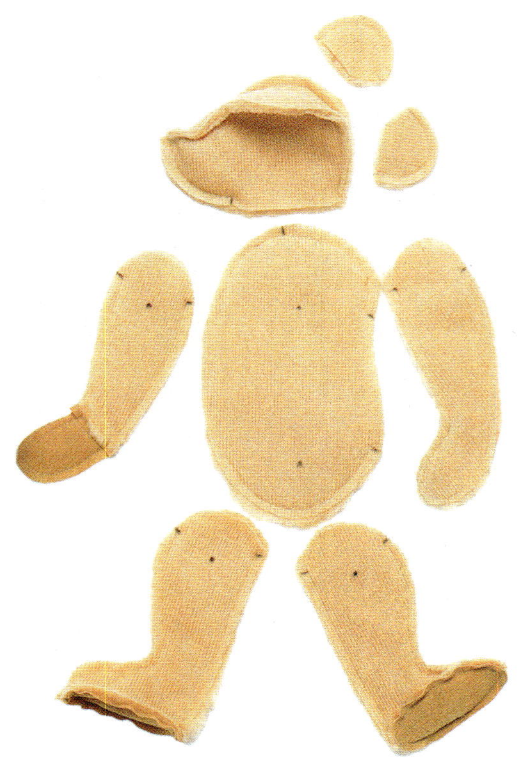
彩图 91　裁片重叠固定

彩图 92　蕾丝花边

彩图 93　计算机刺绣花边

彩图 94　珠编花边

彩图 95　珠子、珠片造型

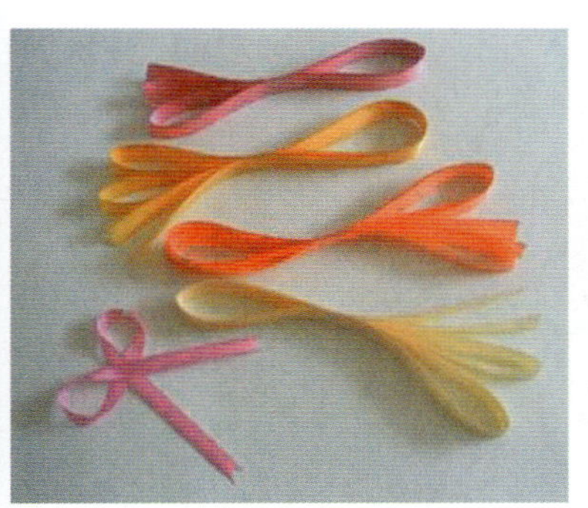

彩图 96　各式蝴蝶结

彩图 97　各式小花

彩图 98　丝带绣花

彩图 99　布绒玩具装饰物欣赏

1+X 职业技术·职业资格培训教材

玩具设计员

Wanju Shejiyuan

主　编　范凯熹
编　者　盛　欣
主　审　何关善

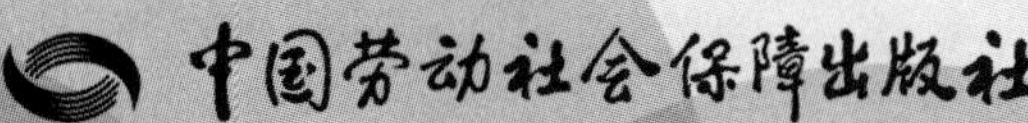
中国劳动社会保障出版社

图书在版编目(CIP)数据

玩具设计员/范凯熹主编. —北京：中国劳动社会保障出版社，2007
职业技术·职业资格培训教材
ISBN 978-7-5045-6401-6

Ⅰ.玩… Ⅱ.范… Ⅲ.玩具-设计-技术培训-教材 Ⅳ.TS958.02
中国版本图书馆 CIP 数据核字(2007)第 139548 号

中国劳动社会保障出版社出版发行
(北京市惠新东街 1 号 邮政编码：100029)
出 版 人：张梦欣
*
北京北苑印刷有限责任公司印刷装订 新华书店经销
787 毫米×1092 毫米 16 开本 13.75 印张 8 彩插页 278 千字
2007 年 9 月第 1 版 2007 年 9 月第 1 次印刷
定价：**28.00** 元
读者服务部电话：**010-64929211**
发行部电话：**010-64927085**
出版社网址：**http：//www.class.com.cn**

内容简介

本教材由劳动和社会保障部教材办公室、上海市职业培训指导中心依据上海1+X职业技能鉴定考核细目——玩具设计师（国家职业资格四级）组织编写。本教材从强化培养操作技能，掌握一门实用技术的角度出发，较好地体现了本职业当前最新的实用知识与操作技术，对于提高从业人员基本素质，掌握玩具设计员的核心知识与技能有很好的帮助和指导作用。

本教材在编写中根据本职业的工作特点，从掌握实用操作技能，以能力培养为根本出发点，采用模块化的编写方式。全书内容分为三个单元，主要包括：玩具设计基础、卡通画设计与制作、布绒玩具的设计与制作。

为方便读者掌握所学知识与技能，每单元后附有单元测试题及答案，全书最后附有知识考核模拟试卷和技能考核模拟试卷，供巩固、检验学习效果时参考使用。

本教材可作为玩具设计师（国家职业资格四级）职业技能培训与鉴定考核教材，也可供中、高等职业院校相关专业师生，以及相关从业人员参加岗位培训、就业培训使用。

前　言

职业资格证书制度的推行，对广大劳动者系统地学习相关职业的知识和技能，提高就业能力、工作能力和职业转换能力有着重要的作用和意义，也为企业合理用工以及劳动者自主择业提供了依据。

随着我国科技进步、产业结构调整以及市场经济的不断发展，特别是加入世界贸易组织以后，各种新兴职业不断涌现，传统职业的知识和技术也越来越多地融进当代新知识、新技术、新工艺的内容。为适应新形势的发展，优化劳动力素质，上海市劳动和社会保障局在提升职业标准、完善技能鉴定方面做了积极的探索和尝试，推出了1＋X的鉴定考核细目和题库。1＋X中的1代表国家职业标准和鉴定题库，X是为适应上海市经济发展的需要，对职业标准和题库进行的提升，包括增加了职业标准未覆盖的职业，也包括对传统职业的知识和技能要求的提高。

上海市职业标准的提升和1＋X的鉴定模式，得到了国家劳动和社会保障部领导的肯定。为配合上海市开展的1＋X鉴定考核与培训的需要，劳动和社会保障部教材办公室、上海市职业培训指导中心联合组织有关方面的专家、技术人员共同编写了职业技术·职业资格培训系列教材。

职业技术·职业资格培训教材严格按照1＋X鉴定考核细目进行编写，教材内容充分反映了当前从事职业活动所需要的最新核心知识与技能，较好地体现了科学性、先进性与超前性。聘请编写1＋X鉴定考核细目的专家，以及相关行业的专家参与教材的编审工作，保证了教材与鉴定考核细目和题库的紧密衔接。

职业技术·职业资格培训教材突出了适应职业技能培训的特色，按等级、分模块单元的编写模式，使学员通过学习与培训，不仅能够有助于通过鉴定考核，而且能够有针对性地系统学习，真正掌握本职业的实用技术与操作技能，从而实现我会做什么，而不只是我懂什么。每个模块单元所附单元测试题和答案用于检验学习效果，教材后附本级别的知识考核模拟试卷和技能考核模拟试卷，使受培训者巩固提高所学知识与技能。

本教材结合上海市对职业标准的提升而开发，适用于上海市职业培训和职业资格鉴定考核，同时，也可为全国其他省市开展新职业、新技术职业培训和鉴定考核提供借鉴或参考。

新教材的编写是一项探索性工作，由于时间紧迫，不足之处在所难免，欢迎各使用单位及个人对教材提出宝贵意见和建议，以便教材修订时补充更正。

劳动和社会保障部教材办公室

上海市职业培训指导中心

目 录

1

第 1 单元

玩具设计基础

1.1 玩具设计概述

1.1.1 玩具的功能和特点

1. 玩具的功能

玩是人的普遍行为，是人的经历和经验的重复，是一种心理满足。而玩的重要工具之一就是玩具。玩具是人们在生产生活中为获得愉悦情趣而产生的。玩具既是休闲时的一种娱乐，又是锻炼生产技术的活动。它反映出一定历史阶段的经济、科学技术、文化艺术以及人们生活条件的发展面貌。它在促使人们身心健康成长、丰富生活内容、增长知识、陶冶情操、勇于追求和创造方面起到了积极的作用，成为人们文化娱乐生活中不可或缺的重要内容之一。

从广义上说，凡是能引起人们游戏兴趣的东西都是玩具，如球类（见图 1—1）、花灯（见图 1—2）、拨浪鼓（见彩图 1）、秋千、弹弓（见图 1—3）、棋类、七巧板、沙包（见图

a)　　b)

c)

图 1—1　球类

a）足球　b）乒乓球　c）网球

图 1—2　花灯

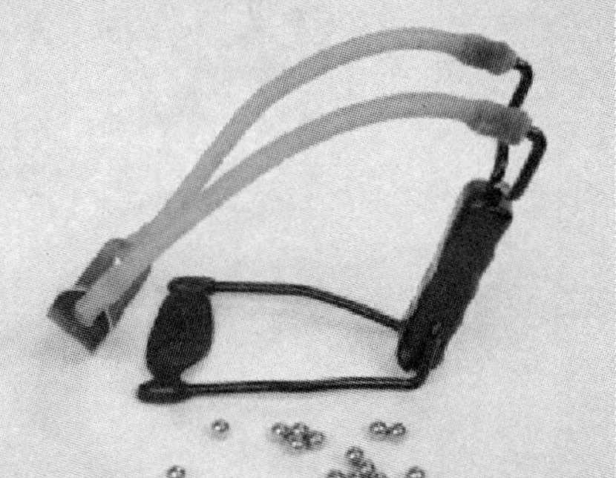

图 1—3　弹弓

1—4)、橡皮筋、玻璃弹子（见图 1—5）等。玩具是一种独特的文化内容和文化形式，是一种独特的教育和文化传播工具，影响和推动着人们的生活和社会的进步。

图 1—4 沙包

图 1—5 玻璃弹子

玩具从生产水平来看大致经历了原始自然玩物（见图 1—6)、初级手工玩具（见图 1—7)、现代机能玩具（见图 1—8）和当代高新科技武装的玩具（见图 1—9）等发展阶段。随着新材料、新技术的不断发现和使用，人们生产、生活条件及文化水平有了不断改善和提高，使得玩具种类不断增多，游戏方法也变得多种多样，这在一定程度上增加了玩具的趣味性和启智性。

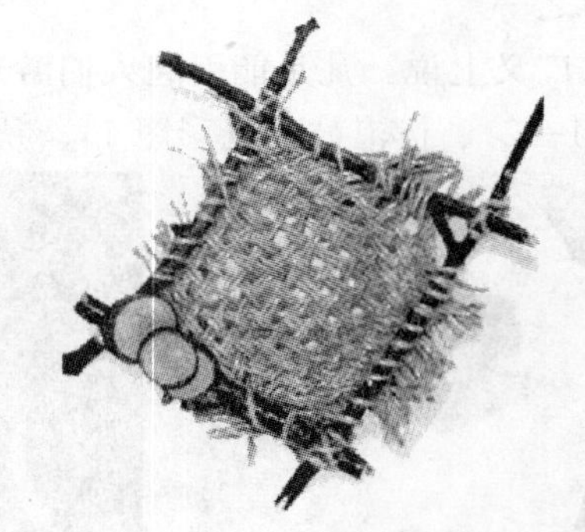

图 1—6 原始自然玩物——草编玩物

玩具的功能可以大致概括为开发智力、体验生活、增强体质、培养美感等。

a)

b)

图 1—7 初级手工玩具

a）电线编结 b）折纸

图 1—8　现代机能玩具——车模型

(1) 开发智力。玩具能够刺激感官的发展，促进与刺激大脑半球的发育。玩具是游戏的物资支持，通过玩玩具可以活跃儿童的思维，发展儿童的创造力和表现力，提高儿童的注意力，让儿童了解自己周围的世界。孩子在婴幼儿时期就会用眼睛、耳朵、鼻子、嘴巴、手脚等感知外部世界，玩具以其生动的形象、鲜艳的颜色、音响吸引孩子去认识外界物体的形状、颜色和声音，激发他们去听、去看、去触摸的积极性，培养其对周围事物的兴趣。儿童在摸、看、拿、听、吹、玩的过程中也就进行了感官的训练，婴幼儿玩具见彩图 2。儿童从接触大量的玩具和实物中，学会了认识现实世界，获得了知识和经验，促进了感官的发展。技巧性玩具和智力性玩具能帮助儿童提高动手能力，提高儿童的创造力，促使脑神经细胞增长，比如各种积木（见彩图 3)，可以使儿童得到对颜色、形状、大小、重量的初步感觉，在不断自由组合新的形状时儿童的创造力和适应性也得到了发挥。又如拼图玩具（见图 1—10)，除了要求孩子动手外，还需要

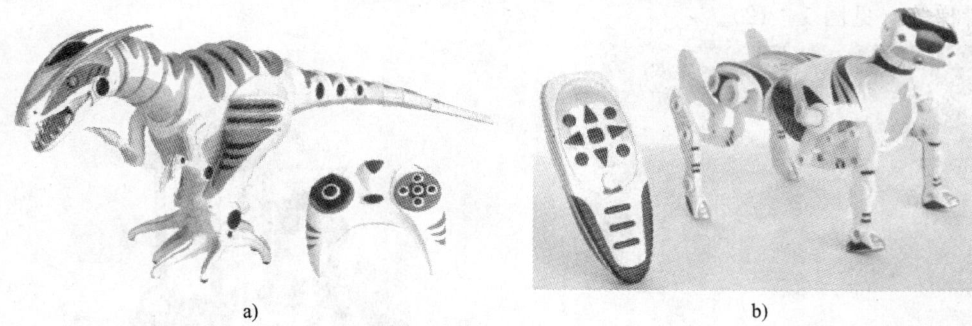
a)　　b)

图 1—9　当代高新科技武装的玩具

a) 机器恐龙　b) 机器狗

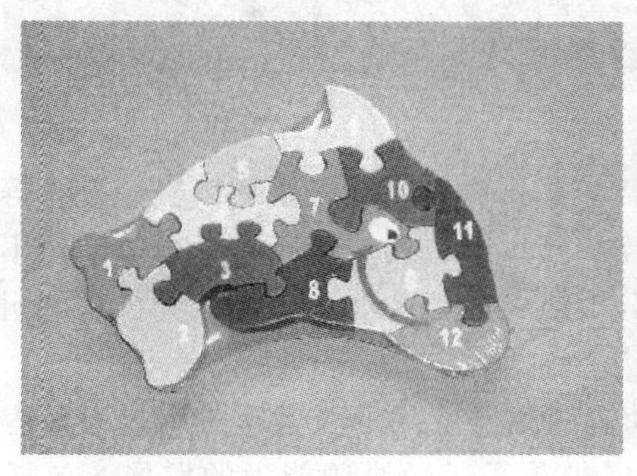
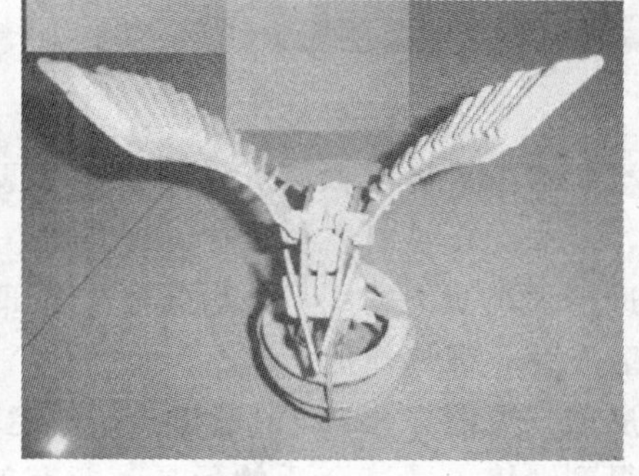
a)　　b)

图 1—10　拼图玩具

a) 二维拼图　b) 三维拼图

动脑，能锻炼儿童分类、选择、认识不同形状及相互间关系的能力。

（2）体验生活。玩具以其特有的属性吸引着孩子，激发儿童天生的好奇心，锻炼他们解决问题的能力，培养他们的自主性。玩具是儿童与其他人联系情感和语言交流的纽带。当孩子接触到陌生人时，玩具能成为儿童语言交流的桥梁，能培养儿童与他人积极相处的能力，因而能潜移默化地陶冶孩子的性情，使其学会以适当的方式关注别人。在幼儿期儿童的心目中，万物对他们来说都是自己的玩具，都具有灵性，他们会和木头、石头说悄悄话，和树叶成为好朋友。这样轻松愉快的环境，能锻炼儿童的想象力，培养其健康的情绪及个性。比如，孩子可以通过和洋娃娃（见图 1—11）交谈、对他们打扮抚摸，锻炼照顾别人的能力。因为，儿童把这些玩具当成了自己的伙伴，在角色扮演中进入到了他人的世界，从而能更多更快地理解他人的情感，潜意识里架起了和别人沟通的桥梁，并由此锻炼他们的沟通能力，引导他们学会做人，养成良好的生活习惯。

（3）增强体质。玩具可以帮助儿童锻炼体能，促进身心健康发展。在玩玩具的过程中运用身体躯干和四肢的全身活动，能促进孩子眼手协调能力及动作的准确性、身体的灵活性、平衡性及意志品质的发展。滚动、攀爬、跳跃、跑步、摇摆、踏步等动作既可满足孩子好动的需要，又可训练孩子的肢体协调能力和平衡能力，使其身体灵活、动作稳定，比如滑滑梯等（见图 1—12）。

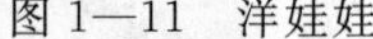

图 1—11　洋娃娃

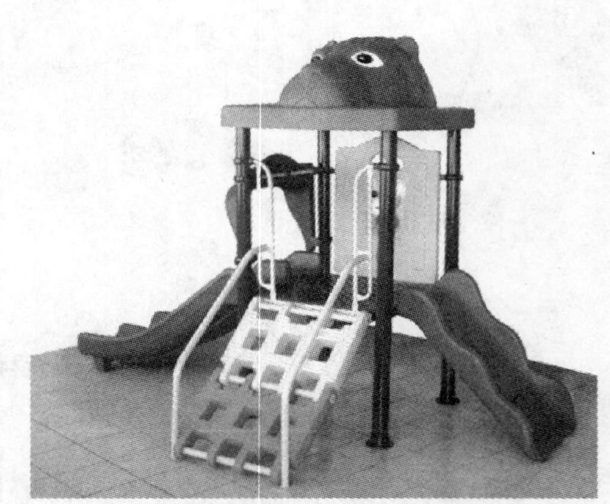

图 1—12　滑梯

人类生存的世界中，球形物体到处可见，如：石头、土块、植物果实、兽骨等（见图 1—13），玩球类玩具时，抓、握、掷、翻、揉、打、捏、踢、压、拉、折等动作不仅能帮助孩子进行大小肌肉的练习，增强身体各部分大肌肉的柔软度，还能培养孩子的耐力，促进其骨骼发育，锻炼体能。

拍皮球（见图 1—14）可锻炼孩子的运动协调能力，孩子的运动协调能力最容易通过玩玩具得到锻炼，通过合适的玩具，能有效促进孩子运动协调能力的发展，包括四肢控制、协调、身体平衡等。价廉物美的皮球是非常实用的玩具。皮球弹起时，它的高度和方向是不确定的，宝宝可以随之动眼、动手、动脑、动身，使肌肉整体协调能力得到加强。

a)

b)

图 1—13　球形物体

a) 石头　b) 植物果实

可以推拉的小车能够锻炼孩子的运动能力（见图 1—15），因为这类可以移动的玩具能够扩大宝宝的活动和探索范围，于是，肌肉的力量，以及手脚的运动协调能力就会在不知不觉中得到增强。

图 1—14　拍皮球

图 1—15　推拉小车

（4）培养美感。玩具可以培养儿童对自然界、社会生活、日常生活、文学作品和艺术作品中美的感受，培养他们的爱美兴趣、审美观点和审美能力，并发展其创造美的能力。设计精美的布绒玩具（见彩图 4）可供观赏，产生美感；看卡通书籍或欣赏优秀的卡通作品（见图 1—16）可以让孩子增加知识，提高想象力、理解力和欣赏力；蜡笔画（见彩图 5）、手工折纸（见图 1—17）、捏橡皮泥（见彩图 6）可以开发、培养孩子的艺术兴趣和创造才能，锻炼孩子的动手能力；听故事、童话能促进孩子认知、语言能力的发展，丰富想象力，学习艺术语言，还能发展幼儿的审美能力和创造力；各种角色游戏还能提高孩子的语言理

图 1—16　卡通画

解力、记忆力、简短语句的表达能力，更能培养孩子创造美的才能；带音乐的玩具，如电子琴（见图 1—18），使孩子们在学习和游戏中，充分感受音乐美，逐渐学会打节奏、唱歌、跳舞等，既能增长知识、陶冶个性、丰富情感，又能发展音乐美的表现力。儿童通过玩耍来探索世界是他们身上天然存在的学习驱动力，玩具为儿童打开了知识的大门。

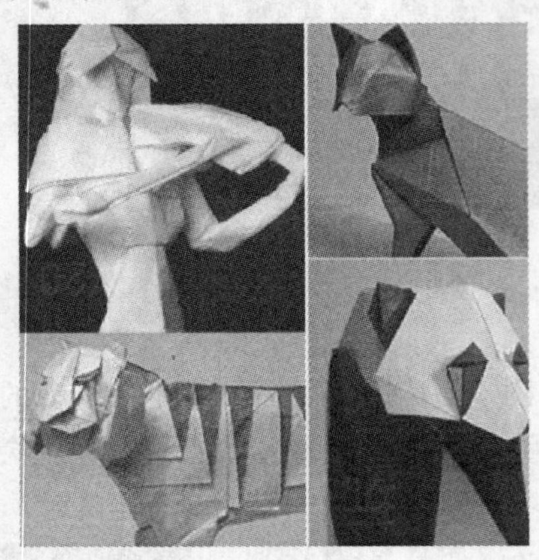

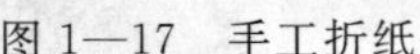

图 1—17　手工折纸

图 1—18　卡通电子琴

所以，家长可以利用玩具的功能特点为孩子选择适合的玩具，帮助孩子开发智力，培养良好的行为，引发欢乐的情绪，提高学习兴趣等。父母还要学会鼓励孩子聪明、巧妙、愉快地利用玩具，发展孩子的“玩商”，这不仅能帮助孩子多学知识，还能使他们愉快地生活，与别人和谐相处。每一样玩具都具有其教育意义和作用，深入挖掘玩具的使用价值，就能极大地发挥每一种玩具的教育潜能，使儿童受益无穷。

2. 玩具的特点

玩具是儿童生活、学习的必需品。它以艺术手法反映了儿童周围的事物，是现实事物的替代物和象征。儿童在看、听、闻、摸等实际操作过程中来认识玩具，从玩具所反映的内容与表现形式中学会认识现实事物。而玩具又以其形、色、声、质等各方面特征来刺激幼儿的各种感官，使儿童理解和掌握。

玩具的特点可概括为：造型的形象性、色彩的鲜艳性、结构的多变性和功能的多样性。除此之外，玩具还具有系列性、适龄性、启智性、教育性、娱乐性、艺术性等特点。

（1）造型的形象性。造型是玩具的重要元素之一，玩具在造型上富于感染力，可给人以美的享受，激发儿童好奇、探究和认识的兴趣。玩具借助造型使儿童认识玩具所表现的特点、形状和大小。玩具的形象生动、优美首先会吸引儿童注意，它们会以最直观的、具体的形象起着引导作用，儿童对玩具的选择也会较多地依赖其外观形象。因此，玩具的外观造型是吸引儿童注意力的重要因素。许多玩具以拟人化的动物等为造型，赋予静止的、无生命的事物以丰富的表情和可活动的身躯，并把孩子的稚气、天真注入其中（见图 1—19）。还有的玩具特意突出某个部分或某个特征，使造型带有诙谐滑稽色彩。以长毛绒玩具为例，其可爱的形象、天真的表情、纯朴的气质、生动优美的姿态增强了玩具的趣味性

和韵味，易于为儿童欣赏和喜爱。

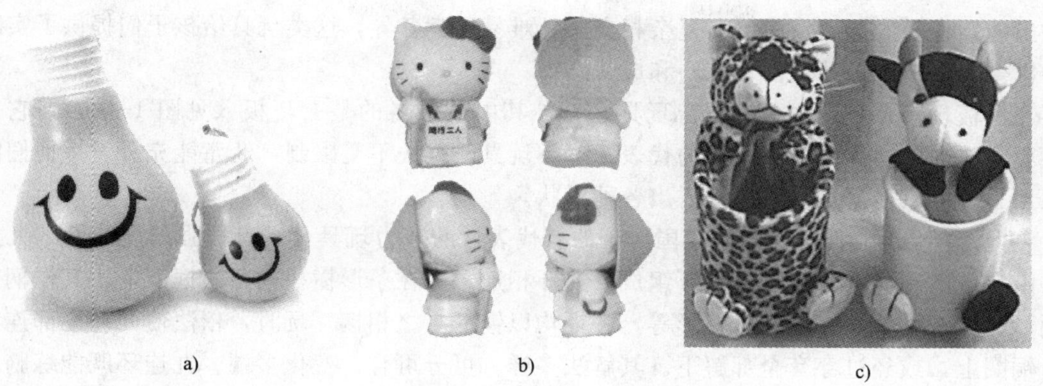

a)　　b)　　c)

图 1—19　拟人化的动物造型

a）灯泡形玩具　b）kitty 猫玩具　c）动物形象笔筒

因此，玩具设计师在玩具的造型上，要考虑儿童的心理特点，力求活泼、生动。可以借鉴国外玩具的造型艺术和制作工艺，依照儿童喜爱的卡通形象制作玩具，创造既具有传统趣味，又具有时代气息的新型玩具，使玩具具有鲜明的风格和特色，以此增强玩具的吸引力。

（2）色彩的鲜艳性。色彩在玩具设计和制作中占有重要地位，孩子对颜色相当敏感，明亮的颜色尤其可激发孩子的想象力。儿童识别颜色最集中、最好的途径就是通过五光十色的玩具，来积累关于颜色的直接经验，鲜艳而差别大的色彩对比更容易引起他们的注意。

儿童颜色视觉的发展过程为：2～3 岁儿童能区分红、黄、绿等颜色，3～4 岁儿童能辨别红、黄、绿、蓝、橙、天蓝、粉红、黑、紫等颜色，所以四岁以下儿童的玩具多采用几种基本色及少量同饱和度的颜色。4 岁儿童开始逐渐区别一些饱和度不同的颜色，如大红、浅红、紫红以及混合色等。而五六岁儿童的玩具可有光谱上的各种颜色，以至多种混合色和不同饱和度的颜色。

以民间布偶玩具为例，由于民间的布偶玩具以喜庆、吉祥为主题，所以其色彩艳丽，以布老虎为例：鲜艳的虎身，黄色的尾巴，红色的耳朵，在明快的色调中，黄中有紫，红上叠绿（见彩图 7），突破了色彩透视原理和时空观念。“天有金木水火土，色有青红黑白黄”，民间称这五色为正色，这五种色彩充满着热情和活力，具有一种震撼人心的感染力。泥塑玩具（见彩图 8），如狮、虎、鸡、羊、牛，其色彩夸张简洁，造型美观，花纹讲究，极有特点，是传统文化的宝贵遗产和民族艺术发展的活化石。

（3）结构的多变性。玩具结构的多变性表现为可分解、拼合、拆卸和组装，以及多种构件组成多种形象，如拼板和积木、积插等。玩具结构、玩法上的变化尤其能引起儿童的好奇心和求知欲。

各种积塑、插片、拼图拼板等玩具能激发儿童的想象力，让他们在心里感到满足和快乐的同时，提高分析综合能力、发展感知觉的分化能力和创造力。孩子们可以随心所欲地拼出他们喜爱的形状，简单与复杂相交叉，难易程度各异，这类玩具给孩子们提供了实践的机会，也培养了他们的自信心和成就感。

拼板玩具是我国古老的益智玩具之一，其中最著名的是七巧板（见图 1—20），它是世界公认的中国优秀智力游戏的代表。这类玩具的玩法不受限制，儿童能充分发挥他们的想象力，可以根据自己的喜好拼出各种形状。

九连环（见图 1—21）是我国传统的有代表性的智力玩具，具有极强的趣味性。九连环由金属丝制成的九枚圆形小环组成，九环相连，套在条形横板或各式框架上，其框柄有剑形、如意形、蝴蝶形、梅花形等，各环均以铜杆与之相接。玩时，依法使九环全部连贯于铜圈上，或经过穿套全部解下。其解法多样，可分可合，变化多端。九连环既能练脑又能练手，对于开发人的逻辑思维能力及活动手指筋骨大有好处。同时，它还可以培养学习工作的专注精神和耐心。

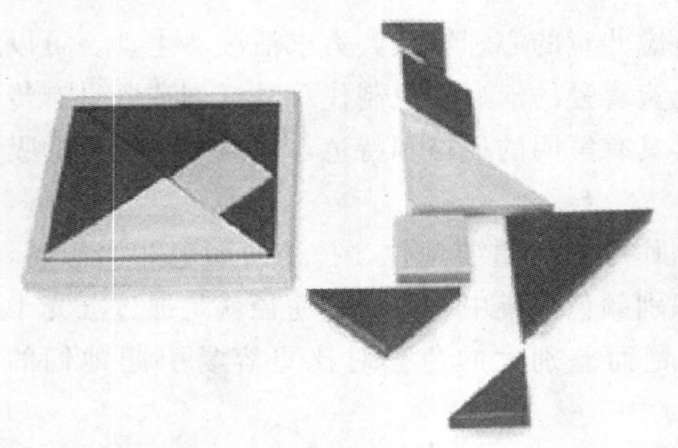

图 1—20　七巧板

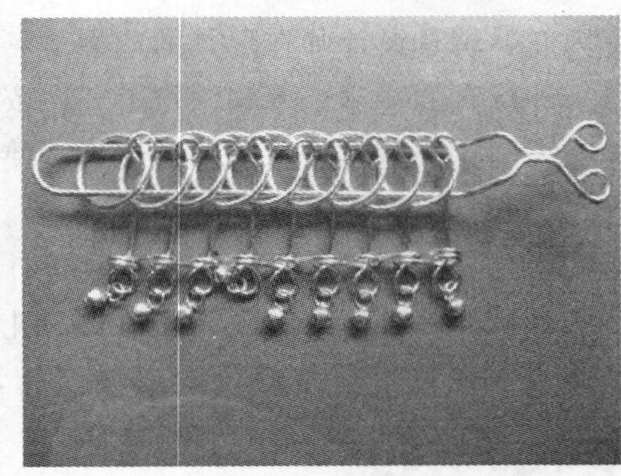

图 1—21　九连环

（4）功能的多样性。玩具的玩法多样、功能多样，同样的玩具在多个场景中使用可达到不同的效果。多功能的玩具如多功能儿童电子琴、多功能智力盒等能调动孩子的主动性、积极性和创造性，激发其潜能的发展。

功能的多样性可以保证孩子在活动中的持久性，使他们的积极情绪保持始终，玩耍多功能玩具时需要大人的照顾和指导，这样既能达到锻炼孩子身心的目的，又可促进亲子间的交流。

以雪花玩具为例，这种玩具形状就像雪花，颜色多样（见彩图 9）、玩法多样（见图 1—22），玩这种玩具可以教给孩子许多有益的知识和技能。

玩具带有音响效果是吸引儿童注意力的一个因素。有声音的玩具能更为逼真，如会发出声音的动物、娃娃，会叫的小火车（见图 1—23）。在儿童玩耍的过程中，玩具产生的音响能唤起儿童的惊讶、好奇和愉悦，音响对游戏的进展起到催化作用，能激发儿童进一步游戏的愿望。

图 1—22　多样玩法的雪花玩具

图 1—23　小火车

电动玩具除了在结构、色彩、声音方面与众不同外还运用了机械原理，通过机械传动完成各项规定动作，造型美观大方、动作栩栩如生，能启迪儿童智力，开阔儿童视野，美化生活。

有些玩具设计先进，触摸身体的各部位会产生不同的反应，如电子宠物娃娃（见彩图10），握右手她会说“你好”，握左手她会唱儿歌，侧面躺她会要求你给她讲故事。还比如一些电子宠物玩具，当孩子把电子宠物抱进摇篮时，它马上就会“明白”主人要睡觉，于是它也自动进入休眠状态不再吵闹。当孩子抚摸它时，它就会像真的宠物那样摇头摆尾地撒娇邀宠。最新款式的电子宠物玩具还具有一定的语言功能，可以和主人进行简单的感情交流。个别“高智商”的电子宠物玩具居然掌握了两万个英语词汇，可以讲出 795 个意思完整准确的单句！这些高科技玩具与计算机芯片技术几乎是同步发展的。

1.1.2 玩具的分类

玩具的题材广泛，纷繁复杂，品种、花色繁多，让人眼花缭乱，是整个世界的缩影。在这样的一个玩具世界，每个玩具在特性、材料、制作、适合年龄、价格、功能、款式等方面都有不同的侧重。了解玩具的种类及其功能十分重要，有助于针对不同的需要选择合适的玩具。通常玩具可分为以下几类：

1. 根据玩具的材料分类

根据玩具的材料分类，可分为布绒玩具、塑料玩具、金属玩具、木制玩具、纸制玩具、皮制玩具、泥玩具、其他材料玩具等，如图 1—24 所示。

a) b) c) d) e) f)

图 1—24 按材料分类的玩具

a）布绒玩具 b）塑料玩具 c）金属玩具 d）木制玩具 e）纸制玩具 f）泥玩具

2. **根据玩具的功能分类**

根据玩具的功能分类，可分为启蒙玩具、益智玩具、科技玩具、音乐玩具、表演玩具、健身玩具等，如图 1—25 所示。

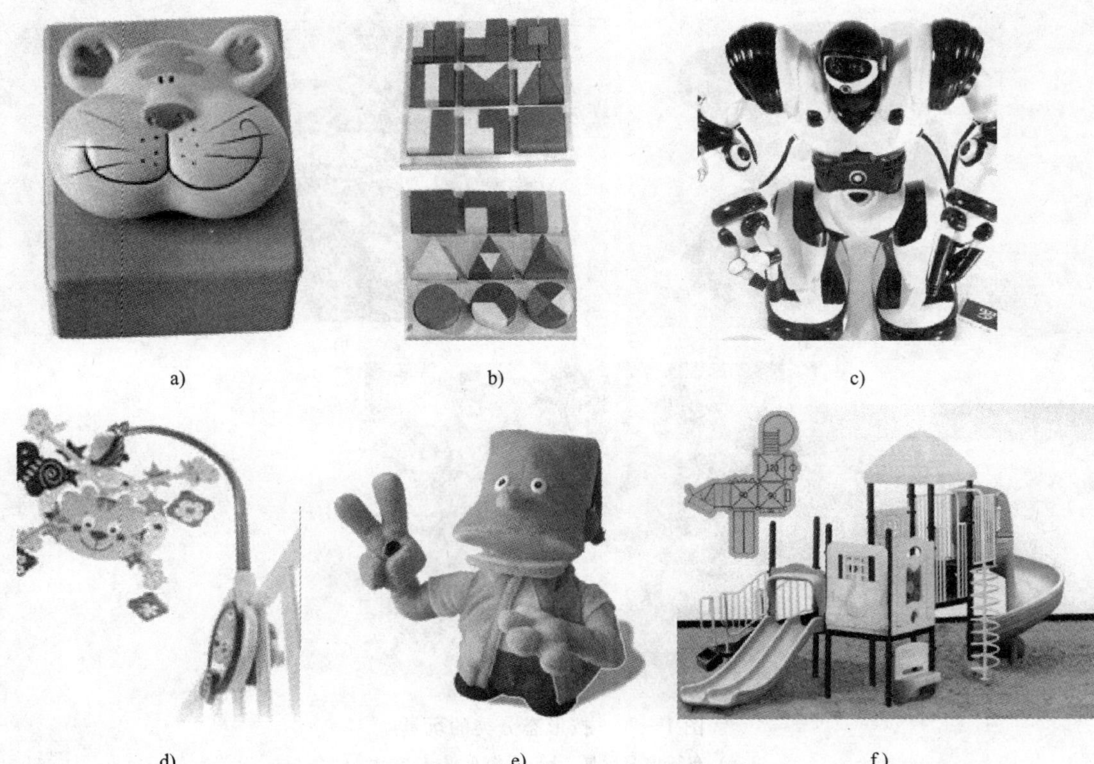

a)　　b)　　c)

d)　　e)　　f)

图 1—25　按功能分类的玩具

a）启蒙玩具　b）益智玩具　c）科技玩具　d）音乐玩具　e）表演玩具　f）健身玩具

（1）启蒙玩具。如婴儿用来认识物体形状和颜色的床头悬挂玩具、动物形状填充料玩具。

（2）益智玩具。是用来丰富知识和发展智力的玩具。此类玩具可锻炼孩子们的思考、解决问题、训练分析、比较和认识物体结构的能力。如拼图、拼插、数数、套叠、镶嵌、棋类等玩具。

（3）科技玩具。是以声、光、电、太阳能、蒸汽、水力等为动力的玩具。此类玩具能培养儿童对科学的兴趣，激发儿童的求知欲。

（4）音乐玩具。是能发出声音和乐曲的玩具。此类玩具能培养孩子的美感，以及对声音旋律和节奏的兴趣，使其体验到生活的愉悦。如各种模拟乐器、发声娃娃。

（5）表演玩具。这类玩具取材于童话故事。因为儿童对故事中的角色非常喜爱，所以他们可以让木偶充当这些角色，替木偶角色说话，复述故事内容。这类玩具可以培养孩子的语言表达能力，帮助孩子认识生活、事物、计数等。

（6）健身玩具。是儿童做游戏锻炼时玩的玩具。此类玩具有助于增进儿童身体健康，发展动作协调能力。如大型的户外体育玩具滑梯、秋千、压板、电瓶车、脚踏车、跷跷板等。

3. 根据玩具的形态分类

根据玩具的形态分类，可分为静态玩具和动态玩具，如图 1—26 所示。

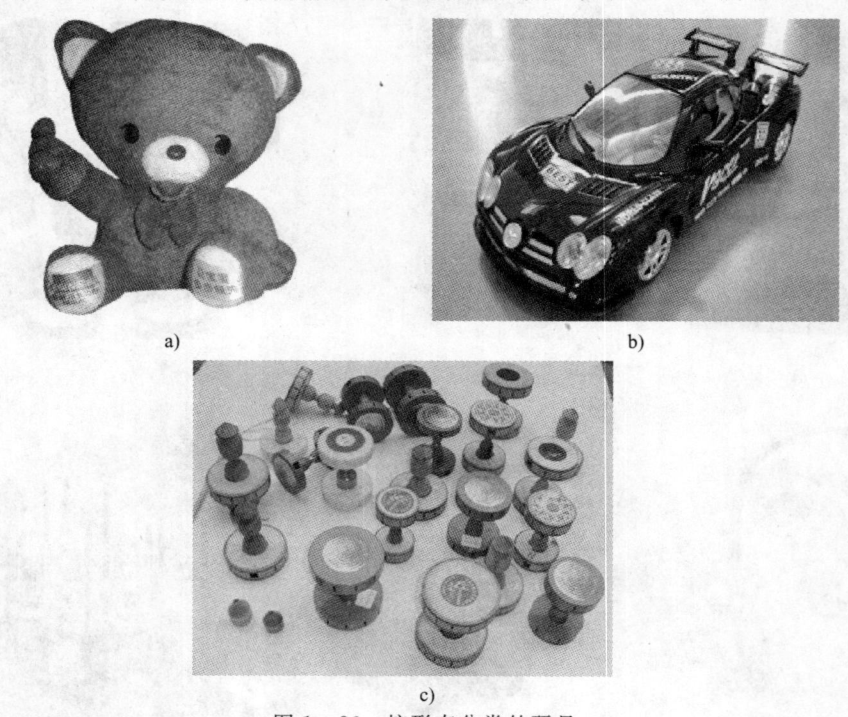

a) b) c)

图 1—26 按形态分类的玩具

a）布绒填充玩具 b）遥控车 c）空竹

（1）静态玩具。指以静态展示造型为主，无动力装置、无音响或动作变化的玩具。如布绒填充玩具、塑料玩具、金属模型玩具、大型的儿童体育设备等。

（2）动态玩具。指有动作变化和音响的玩具。包括使用电池、电瓶驱动的各种玩具，以及线控、遥控、声控、电子玩具等。动态玩具又可分为消耗能源和不消耗能源玩具两种。

4. 根据玩具的适用年龄分类

根据玩具的适用年龄分类，可分为婴儿玩具、幼儿玩具、儿童玩具、成人玩具等，如图 1—27 所示。

1）婴儿玩具。指出生至三岁儿童身心发展所需要的玩具。

2）幼儿玩具。指三至六岁儿童身心发展所需要的玩具。

3）儿童玩具。指六至十二岁左右的儿童身心发展所需要的玩具。

4）成人玩具。指供成人玩赏、收藏或节日送礼的玩具。成人玩具有嗜好收藏型、装饰型、减压型、服务型、礼品型等类型。玩玩具可以有效地消除疲劳，促进身心健康，锻炼意志，陶冶情操。智力的开发和维持，也可以借助于玩具的功用。

a)　　b)　　c)　　d)

图 1—27　按适用年龄分类的玩具

a）婴儿玩具　b）幼儿玩具　c）儿童玩具　d）成人玩具

5. 根据玩具的题材分类

根据玩具的题材分类，可分为生活系列、战争系列、运动系列（见图 1—28）、幻想系列、潮流系列、益智系列、教育系列等玩具。每个玩具会有一个题材，表达生活的一个方面，反映某种文化。题材不同，表现形式也不同。从玩具题材的性质分：可分为模仿式、启智式和娱乐式。模仿式玩具题材内容主要是反映自然界与人类社会的各种事物，丰富儿童的生产、生活知识，扩大眼界，如与人类、动植物类、生活用品、交通工具等内容有关的玩具。启智式玩具主要用于激发儿童的想象力、记忆力、思维能力、创造力、语言

图 1—28　按题材分类的玩具

a）生活系列　b）战争系列　c）运动系列

表达能力等，如积木、积塑、棋类、木偶等。娱乐式玩具造型有趣、动作逗人，这类玩具有助于发展孩子的求知欲和爱科学的思想，如小熊照相、母鸡下蛋（见彩图 11）、鸭先生等。

6. 根据玩具的使用场所分类

根据玩具的使用场所分类，可分为家庭玩具、户外玩具、节令玩具等，如图 1—29 所示。

a)

b)

c)

图 1—29 按使用场所分类的玩具

a）家庭玩具 b）户外玩具 c）节令玩具

（1）家庭玩具。指在家中用来玩耍、娱乐、锻炼的玩具，如玩具小推车、布绒玩具等。

（2）户外玩具。指在户外或公众场所使用的游艺设备，如滑梯、自行车等。这些玩具可以锻炼儿童的体质、增强互动，让儿童体会运动和沟通的快乐。

（3）节令玩具。指在特定的节日里出现的玩具，如元宵节的走马灯、端午节的香包和布老虎等。这些玩具体现了节日的民俗内容，丰富了节日气氛，受到人们的喜爱。

1.1.3 玩具与玩具市场的发展趋势

1. 玩具的发展趋势

玩具伴随着社会的发展而产生。随着我国经济、科学技术、文化艺术的不断发展和提高，许多绚丽多彩、精巧迷人的玩具被创造出来，传统玩具正不断融入高新科技，向电子化、智能化方向发展，如车模、船模、航模玩具和光学玩具的问世，与之相应的玩具协会和杂志出版商、玩具专营店也出现并发展迅速。更多的玩具企业已意识到，传统造型和品种的儿童塑料玩具已经不是当今市场的唯一需求了，而高科技电动玩具、智力开发类玩具、教育类玩具和成人玩具将备受青睐。

(1) 多媒体技术的引入。随着玩具业引进多媒体技术，那些传统玩具将进一步增强对儿童开启心智的作用，大大提高其趣味性和益智性。如把诸如扬声器、语音识别、语音压缩合成、人体感应、触摸情绪发生、听音辨位等技术应用到玩具上，以及在一颗小小的芯片里存入长达几个小时的语音资料（包括人声、音乐、自然声、动物声等各种音源），并且能做到播放出来的声音自然不失真。如图 1—30 所示。

图 1—30　会“唱歌”的小猫

(2) 高新科学技术的发展。20 世纪以来，高新科技的发展，为玩具的更新注入了新的活力，以电子计算机为代表的新科技武装了玩具，电子游戏机的出现正说明了这一点。电子游戏机可通过操纵按钮使屏幕上的“人物”做出各种动作，施展百般武艺。新科技不但能协助玩具制造商生产更安全和更优良的产品，还可以缩短产品的生产周期。

(3) 益智性的增强。新奇有趣、可激起人们的好奇心和求知欲、开拓思路、激发创造力的益智玩具，不仅受到处于成长期孩子们的欢迎，而且逐渐步入成人世界，在都市白领一族中风靡一时。益智玩具举例如图 1—31 所示。益智玩具的开发设计不能仅仅依靠技术取胜，还要在题材、游戏方式、艺术造型、个性设计等方面多下工夫。

图 1—31　磁力棒益智玩具

(4) 年龄跨度的增大。玩具不是儿童的专利，成年人也需要玩具。随着我国经济迅速发展，虽然人们的收入增加，物质文化生活不断改善和提高，但是现代化社会工作节奏日益加快，竞争激烈，人们的脑力劳动强度加重，生活压力不断增大，人们需要借助某种形式发泄压力，玩具作为休闲娱乐工具，能够满足人们的这种需求。并且一些离退休的中老年人也需要借助玩具打发休闲时光。玩具消费者的年龄分布日益扩大，玩具消费分众化趋势明显。玩具文化是中华民族文化传播的工具之一。

2. 玩具市场的发展趋势

中国是世界上主要的玩具生产国和出口国，玩具出口在中国轻工业产品出口中占有举足轻重的地位，世界上 70%以上的玩具都由“中国制造”。我国生产玩具的基地很多，南方有广东、浙江江苏等地，北方有山东等地。国际消费大国和地区主要集中在欧洲、美国、日本、韩国、中国台湾和香港等地。国内出口港口主要集中在深圳、上海、青岛等港口。目前，出口的玩具大多为布绒棉填充玩具或塑料电子玩具，电动、声控及智能型玩具出口较少。

玩具市场不管在国内还是在国外都有很大的发展前景，尤其是长毛绒填充玩具和圣诞礼品玩具。随着我国经济的发展，我国城乡居民的消费支出中，玩具类支出始终保持着一个不断增长的良好势头。

我国玩具市场正在伴随玩具功能的拓展及消费群体的日益扩大，逐渐从温而不热的季节性、节日性的特定销售态势中走出。中国加入世贸组织，执行国民待遇规则，外商必涌入中国市场，国外玩具产品的到来，将使中国玩具市场发生巨大变化，竞争也会日趋激烈，中国玩具业必定要有一个重新整合的过程。

玩具制造业是劳动密集型产业，而我国有丰富而廉价的劳动力资源，使得欧美、日本、韩国、中国香港和中国台湾这些玩具业发达的国家和地区在中国内地纷纷建起了玩具生产基地，世界著名的玩具公司绝大多数在中国建起了加工厂。

我国玩具市场的发展趋势包括以下两点内容：

（1）玩具市场的竞争日趋激烈，大型玩具集团公司兼并小型企业的现象日趋严重；

（2）为获取高额利润，大型玩具生产企业将继续采用“许可证”生产方式，国内玩具市场将出现更残酷的品牌竞争。

1.1.4 玩具设计师的主要工作内容、应掌握的知识和具备的能力

1. 玩具设计师的主要工作内容

玩具设计师是主要从事玩具设计、制作等创意活动的人员。他们的工作内容可概括为：

（1）设计玩具造型、色彩，能够通过新材料、新技术的综合运用提升玩具的感染力，并使玩具具备一定的教育和休闲娱乐功能，实现工艺技术和美学艺术的和谐统一。

（2）分析产品的外观和性能，进行打板、打样及工艺排料，手工制作产品样品或模型。

(3) 进行产品系列化开发和自主研发，绘制创意草图，设计功能模块，绘制设计图，编制生产工艺流程。

(4) 研究市场和产品流行趋势，制定产品整体设计方案，进行设计管理。

(5) 从事与玩具相关的品牌、环境、布展和市场策划等活动。

2. 玩具设计师应掌握的知识

随着设计领域的拓宽，从简单的玩具设计到复杂的设计，要求玩具设计师具有更广博的知识和超乎常人的创造力。能否成为一名真正的玩具设计师，在于他所从事的玩具设计是否具有设计的意义和作用，能否采用现代设计的程序和方法乃至设计理念从事设计活动。玩具设计师要为社会提供更完美的服务，就必须更好地了解这个社会，把握这个社会的需要。随着科学技术的不断进步，玩具中蕴含的科技含量越来越高，玩具设计师只有具备高水平的专业设计知识和科学文化知识才能满足玩具的科技化发展趋势的需求。

(1) 材料。玩具的材料多种多样，材料是玩具最终出现的可视形态。最常见的材料包括布、绒、塑料、木材、金属、泥、纸等。玩具设计师除了能识别不同材料和相同材料的不同规格、区别不同材料的质地品种之外，还要了解不同材料的用途，不同材料表现出的属性是不同的。

(2) 心理。了解人的心理将会对玩具的设计和开发有着重要的意义和作用。人的心理是人脑对客观现实的反映，是在千千万万的细小实践和点点滴滴的细微生活中因反射和反射加强而潜移默化形成的，心理的发展要经历一个由低级向高级、由简单向复杂的过程。玩具是根据日常生活中的一些健身娱乐或休闲玩耍项目，通过巧妙构思、设计、创作成的。玩具设计师应该具备一定的心理学方面的知识，从而能够设计和制作出针对不同性格特点、适合不同年龄段人们的玩具。

(3) 市场。玩具市场更新换代快，当今世界玩具市场上，每年约有数万甚至几十万种新产品出现，因此设计创新能力是开发、经营玩具能否成功的关键。中国制造的玩具产量和出口规模巨大，但附加值低，科技含量低。企业缺乏自行开发生产的能力，没有属于自己的世界一流品牌。米老鼠、唐老鸭、Hello Kitty 等世界玩具品牌的成功，都与营造一种独特的流行文化息息相关。

(4) 方法。合理的设计、排版、组织生产、现代化设备的利用是玩具设计的主要因素，玩具设计师应该掌握一套设计方法，科学的设计方法对玩具设计师在实施设计过程中，确定从哪里着手，应当从哪里着手，以及应当如何进一步去做的问题是一个有益的参考。通过一套完整的设计方法可以建立起设计步骤的程序，设计方法是更好地从一个阶段进展到下一个阶段的有力保障。

3. 玩具设计师应具备的能力

玩具设计师职业的基本特征是要求设计师具有较好的造型能力和色彩感悟能力、运用相关计算机软件进行设计的能力、新产品的研究与开发能力、较强的表现能力和动手能力。能熟练掌握系统设计的方法和技能，把握时代特征及玩具设计发展规律，对玩具所涉及的空间、造型、声、光、电等方面具备很强的创造和综合表达能力，总的来说，玩具设计师应具备以下 5 点能力。

（1）设计方面的能力。作为一名玩具设计师，要有艺术和美学头脑，要善于创造，善于群体协作，还要了解不同人群的不同生理与心理特征，善于启发引导，更重要的是应具有很强的设计制作能力，懂得设计方法论的借鉴。玩具设计在整个玩具产业中占有重要地位，因为只有首先设计出产品，方能开拓市场，开展业务，接到订单，安排生产，按质量交货，收取利润回报。设计还应该是衔接业务与生产的纽带，起到业务与生产沟通的作用。

（2）技艺。玩具的创作是涉及多种条件和复杂结构的活动，是利用物质材料和工艺技能来体现玩具设计意图的手段和方法。玩具的造型和装饰都是通过一定的制作技艺来表现的。玩具设计师应能掌握不同玩具的不同制作方法，如剪、修、缝、编、结、折、绘、贴、锯、塑、吹、刻、染等，把精深的制作技术溶于玩具的结构形态之中，使玩具的造型和结构得到升华。

（3）理论方面的能力。玩具设计师除了有良好的艺术素养以外，理论方面的素养也是极为重要的。玩具设计师应具有较扎实的自然科学基础，较好的人文、艺术和社会科学基础及正确运用本国语言、文字的表达能力。还应把理论知识的学习与设计技能的培养结合起来，理解营销规律，以提高自己的综合素质。

（4）计算机方面的能力。随着计算机技术的不断发展，玩具设计师所面临的最大挑战是，要掌握用计算机技术解决问题的系统方法。玩具设计师能够做到以电子计算机为主要设计工具时，方能算作是一个趋于成熟的设计师。

（5）工作方面的能力。作为玩具设计师要追求高效率，为了达到市场满意的目的，要制订比期望更高的标准，比期待的要做得更好，不断学习，找出缺陷，条理清楚、要点突出，还要具备一定的风险意识，设定最好的可能、最坏的可能和最大的可能。玩具设计师的责任是最大限度地运用创造力、判断力、技术直觉、经济意识和逻辑分析等各种能力，独创性地设计出有用的系统、装置或工艺。设计时还应考虑到玩具的适龄性、安全性、运动性、启智性、教育性、娱乐性、艺术性等特点。遵循一定目标的计划和一系列严格的评价，从认真考虑的需求陈述出发，到取得有效结果。

1.2 玩具与儿童心理

1.2.1 各年龄段儿童心理特点与玩具选择

人的心理是人脑对客观现实的反映，心理的发展过程是对客观现实反映活动的扩大、改善和提高的过程，也是一个从低级到高级、从简单到复杂、从旧质到新质的不断变化和完善的过程；影响儿童心理发展的因素主要有遗传和胚胎环境影响、社会文化因素、家庭教育因素、学校教育因素。心理的发展既表现出连续性，又表现出阶段性，并且每一个阶段都各有其特点。

1. 婴儿期儿童的心理特点与玩具选择

孩子从出生到 3 岁这一阶段为婴儿期。初生婴儿，就像一颗处于萌芽状态的种子。这一时期培养的好坏直接影响到孩子成人期的行为和智力的发展。为婴儿选择好玩具，就等于为种子施予了一份养分，能促使其茁壮成长。

从出生到一岁左右的婴儿，大致是通过听、看、触等感知觉来认识他所生活的环境的，所以为这一时期的婴儿提供的玩具应是可听、可看、可摸、可抓的各色、柔软、安全、卫生的玩具。

2 个月内的婴儿基本是无思维能力的，这时期玩具的颜色越艳越好。这些玩具可置放在婴儿的枕边和周围，或悬挂在头顶上，以供婴儿观看；或由大人在旁边抖动、玩耍玩具，使玩具发出声响，以引起婴儿的兴趣的快感。这一方式可训练孩子的听觉和视觉。

2 个月后的婴儿，听觉和视觉渐渐灵敏，能够听到声音和看到形状，并初具抓摸能力，喜欢抓住东西往嘴里送。为了锻炼孩子的抓摸能力，应当为孩子选择一些便于抓、咬的玩具，譬如软性玩具等（见图 1—32)。这类玩具柔软、光滑、无毒，即使落到地上也不会碎裂，并易于洗涤。

5 个月以上不满周岁的婴儿，处于大脑发育的关键时期。他们开始具备简单的思维，手脚动作日益活跃，喜欢坐爬，手指抓握已经很灵活了，一般喜欢摸弄东西，喜欢看明亮鲜艳的色彩，同时也会因听到一种奇特的声音而高兴。这时期婴儿需要的玩具是可以抓摸且安全的玩具。所以，选择的玩具外形必须圆滑而不尖利，有鲜艳的色彩，并能发出声响，如彩图 12 所示的塑料玩具。各种吹塑玩具（见图 1—33）以及会发出声响的铃等玩具为最佳选择。

1～2 周岁的婴儿更加活泼好动，是感觉、知觉以及注意力和记忆力发展较快的时期，可以结合孩子的行走和智力的发展选择能拖动和发声的玩具，如边走边打鼓的小熊，木制拖拉的小鸭车、手推车、皮球和学步车等。

图 1—32　软性玩具

图 1—33　吹塑玩具

2～3 岁的孩子是器官协调、肌肉发展和对物品发生兴趣的敏感期，是改进动作，时间、空间概念加强的时期；是感觉精确化的敏感期，是学习第二语言的敏感期；是性格培养的关键时期，也是吸收性思维和各种感知觉发展的敏感期。孩子爱结伴、好动，有较强的求知欲和模仿欲，可挑选需要自己动手操作、拼接组装的玩具，以满足他们的好奇心，锻炼动手能力。

德国一科学研究小组在长达 3 年的研究项目中发现，颜色与儿童智力发展有着很密切的关系。研究结果显示，蓝色、黄色和绿色能提高儿童的智商，橙色可改善儿童的社会行为，可使儿童感到快活。所以应为儿童多选择淡蓝色、黄色、绿色和橙色玩具（见彩图 13）。

婴儿期是孩子学走路和学说话的时期。他喜欢模仿大人的动作，牙牙学语，对周围的一切都感到好奇，见到什么都想动，都想用手去摸，并具有一定的思维判断能力，对音乐、绘画等活动产生兴趣。

婴儿期是个体身心发展变化最大的时期。这个时期婴儿身高、体重的增长是一生中最快的。脑和神经系统也得以迅速发展。在脑细胞增大的同时，神经纤维也在加长，为心理的发生发展提供了物质前提。在外界环境的刺激下，婴儿的心理开始发生巨大的变化。婴儿的心理发展主要表现在感觉、知觉、注意、记忆、想象、思维、情感、意志及自我意识的发生发展等方面。

婴儿期儿童已能辨认红、黄、蓝、绿等基本颜色，但对混合色（如紫色、橙色）和纯度不同的颜色（如大红、粉红）还不能完全正确地进行辨认。言语的发展表现在能感知语言、辨别简单的语音。同时，随着与外界事物接触的增多，开始比较准确辨别物体的不同属性，如软硬、冷热等。

要注意为婴儿时期的儿童选择能活动、富于变化的玩具，以满足孩子走路、跑跳、玩的兴趣和好奇心，培养孩子的注意力和想象力。为了培养孩子的观察力和认识能力，家长可多给孩子选择一些类似“捉迷藏”的玩具，在孩子的“百宝箱”里多放些东西，让孩子辨认、识别，并多和孩子一起进行此类游戏。还可选择一些可动手、动脑、拆装操作的玩具，譬如动植物拼图（见图 1—34）、套圈（见图 1—35）等。这类玩具以颜色、形状或大小为线索，让孩子通过操作活动，达到眼手协调，促进视觉判断力和思维能力，并形成相应的概念和技能技巧，增进儿童解决问题的能力，为孩子将来的读、写、算作准备。

推拉玩具可以促进孩子学习走路的兴趣，促进四肢肌肉的发展，发展孩子的行走能力，是帮助孩子练习走路的良好工具。这一时期的儿童会对事事感到新鲜，处处感到好奇，急切地要了解整个世界，随时随地在观察、探索，从撕、踢、挤、压、摸、敲打等动作中发现事物的特征和物体的结构。所以，应多为儿童购买一些能满足好奇心的玩具，如各种塑料积木（见彩图 14）、拼图、纸张、彩色铅笔（见图 1—36）、

图 1—34　动物拼图

小汽车、卡通电话机（见彩图 15）等，这些都是满足孩子操作需求和好奇心的玩具。

图 1—35　套圈

图 1—36　彩色铅笔

2. 幼儿期儿童的心理特点与玩具选择

3～6 岁为幼儿期。幼儿期的儿童因身体各器官的健康发育和体力的增长，表现出很强的活动力，许多自发而抑制不住的活动内容令成人为之赞叹。幼儿期是在婴儿期发展的基础上，在新的生活条件和教育条件的影响下进一步发展的时期。幼儿的身心在不断发展变化，身体各部分的比例逐渐接近成人。大脑皮层各叶相继成熟，皮层抑制功能迅速发展，第二信号系统得到进一步发展。这些为幼儿的心理发展和入校学习提供了条件。

随着幼儿生活范围的扩大，独立性的增强，他们渴望参加社会实践活动。他们的抽象概括性和随意性刚开始发展，并开始形成最初的个性。幼儿期心理发展的研究成果，为创造良好的外部条件来促进幼儿心理的发展提供了理论依据，也为一切为幼儿的生活、游戏、学习等提供精神和物质产品的部门的工作提供了依据。

3～4 岁的幼儿由于智力和体力均有快速发展，活动能力增强，好奇心与日俱增，求知欲旺盛，所以显著的表现是喜欢思考。

5～6 岁的儿童已积累了较多的知识和经验，有一些阅读能力，特别是通过幼儿园、托儿所等集体生活，他们的语言表达能力、相互交往能力有了很大的发展，在心理发展方面已有独立思考的倾向，他们往往会坚持自己的观点，开始表现出个性。

由于幼儿主要在游戏活动中成长，游戏是幼儿期的主导活动。国外有的教育家和心理学家干脆把幼儿期称为“玩具期”或者“游戏期”。这一时期的儿童活动量日渐增大，其神经、肌肉、骨骼都在游戏活动中凭借着各种各样玩具的帮助而获得进一步的发展。同时，孩子情感的抒发，想象力的发挥以及兴趣、爱好的培养，也都通过玩具在这一阶段奠定了基础。

为满足幼儿好动的天性，首先要为孩子提供适当的运动玩具和游乐设备（见图 1—37）。他们在主动积极的活动中，获得丰富的感觉动作经验，使脑细胞得以充分的刺激，骨骼肌肉获得成长。从孩子婴儿期就可购买简单的积木（见图 1—38）、拼图，到了幼儿期，可同时购买几副不同类型的积木混杂在一起让孩子玩，以发展孩子的思维能力、想象力和创造力。在孩子玩积木时，大人可有技巧地介入，以鼓励孩子玩耍的积极性；与积木相似的，还有拼图玩具。幼儿通过反复的拆散、组合，手脑并用，眼手协调，可使视觉判断力和记忆力得以发展，有关颜色、形状、大小、方向、位置等概念也会相应地确立。

图 1—37 游乐设备

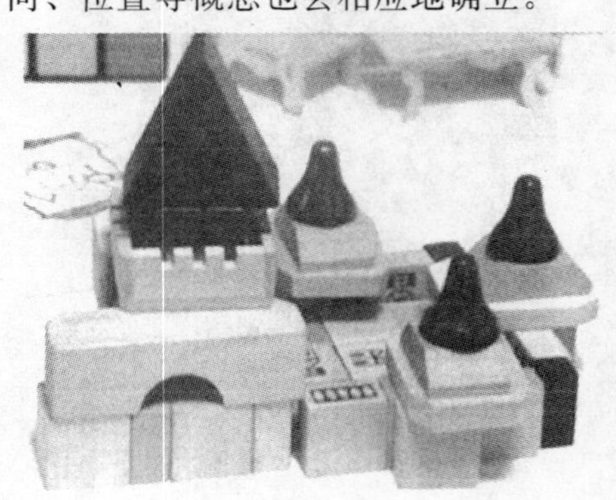

图 1—38 简单积木

幼儿期是学习言语、发展语言能力的重要时期。家长应丰富和充实孩子的语言学习环境，以培养孩子听、说、看、讲的言语表达能力。识字卡片（见图 1—39）、看图说话、儿歌、诗文、录音带、过家家玩具等，都能很好地促进幼儿的认识、思考和言语表达能力。

在整个幼儿期内，男孩和女孩已出现了性的差异，男孩子表现出好动胆大，并容易受电视和电影的影响，明显表现出对军人的崇拜，喜欢寻找机会来显示自己的勇敢；而女孩则表现出爱美的天性，并在日常生活中较注意观察母亲的一举一动，加以模仿。在选择玩具时，应注意到男女孩的区别，为女孩多买些娃娃玩具（见图 1—40），为男孩多买些枪类玩具（见图 1—41）。

3. 童年期儿童的心理特点与玩具选择

6～12 岁左右为童年期。这时的儿童已进入学龄，以学校教育为主，开始学习和掌握一定的科学文化知识，思维也开始向两级阶段发展。此时的儿童已表现出明显的个性，性格也已初步形成。

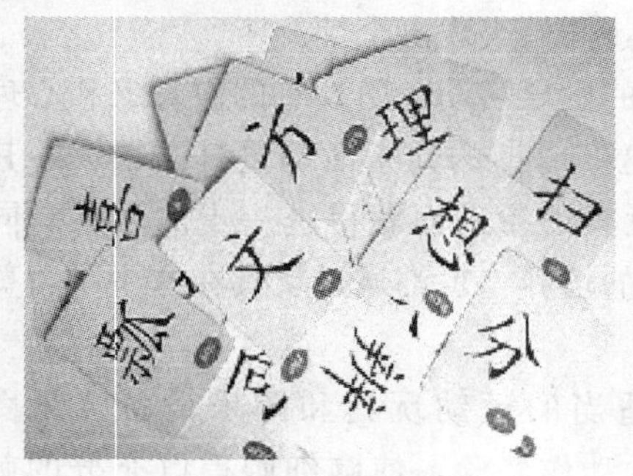

图 1—39 识字卡片

图 1—40 娃娃玩具

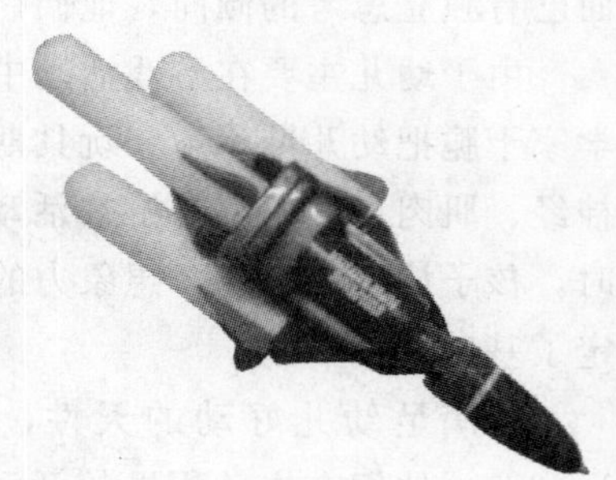

图 1—41 枪类玩具

从生理发展来看，童年期儿童身体发展的特点主要是内部成熟，骨骼系统中所有脊柱的弯曲都正在形成，身高体重方面都要比幼儿期增长缓慢，但是身体变得更结实了。从心理发展来看，童年期儿童较以前有着质的变化。儿童知觉的随意性和整合性都不断提高。对意义识记的运用逐渐增加，具体形象记忆占主导地位，抽象记忆在迅速发展。儿童的各种意志品质在不断发展，集体意识也逐渐形成。

为童年期儿童选择玩具，不同于婴幼儿时期，应围绕儿童生活的主要内容——学习来加以选择。为了培养孩子对学习的兴趣，可以选择一些猜谜、绕口令、趣味智力玩具和数学计算玩具，如儿童算盘（见图 1—42）。为了满足儿童的求知欲，这时期应多为儿童购买一些便于拆卸、装配的机动玩具，以培养孩子从小爱科学、学科学、勤于动手和动脑的好习惯，如电动小汽车（见彩图 16）等就非常受儿童的欢迎。为了促进儿童的智力开发，可选择一些智力玩具，如棋类、电子游戏机等，以培养儿童的思维判断力和反应能力。如能正确引导和教育，让孩子掌握适度，有玩的乐趣，更有学的任务，是可以使孩子从电子游戏中获得益处的，起码能锻炼和增强儿童的思维反应能力，培养儿童浓厚的科学求知兴趣。童年期儿童玩具包括许多方面：从大自然的水、沙（见图 1—43）、石、动物、植物到含有一定科学原理的电子玩具，都可有针对性地为孩子选择。如培养训练儿童的观察力，可领孩子到大自然中去，采集动、植物标本和矿石，种植花草树木；培养孩子的爱好，可引导孩子集邮、绘画等；练习记忆力，可选择六面画、字母卡片、数学玩具等；培养孩子的意志力，可选择跳绳、皮筋、球类、风筝（见彩图 17）、七巧板、九连环等玩具；培育孩子的进取心，可选择有纪念意义的画片、明信片，给孩子以激励鼓舞。

玩具和游戏不仅给孩子以玩的乐趣，更能使孩子获得知识积累。家长应充分尊重孩子玩的权利，给孩子选择相宜的玩具，通过玩具教育功能的充分发挥，因势利导，促使孩子更好地学习、进步。

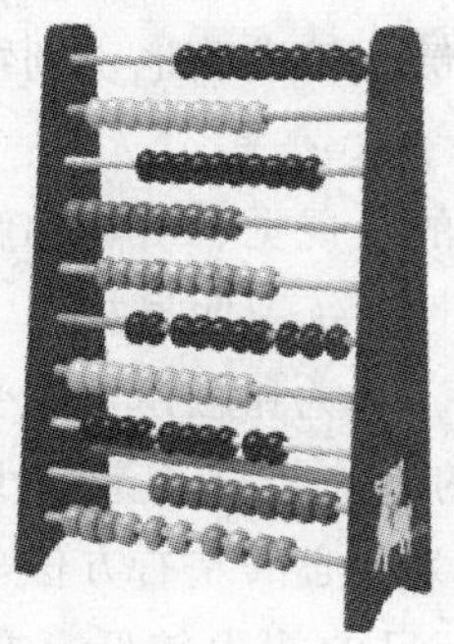

图 1—42　儿童算盘

图 1—43　沙雕

4. 少年期儿童的心理特点与玩具的选择

从 11～12 岁起，儿童进入了青春发育期，身心有了很大的变化，器官发育成熟，生理的迅猛变化，促使儿童心理发生重大转折，进入所谓的“心理断乳期”。他们渴望与成年人平起平坐，不再事事依赖父母，喜欢独立思考，独立钻研问题。

家长应根据孩子青春期身心显著变化的特点和孩子的个性，为孩子选择中意的玩具，让孩子通过一件件玩具，学到科学知识和社会常识，陶冶情操，克服性格上的弱点，养成良好的兴趣和爱好。并通过玩具让孩子劳逸结合，减少不必要的焦虑、减轻压力、提高神经调节的灵活性和均衡性，以使其顺利地度过青春期。

为青少年选择玩具，应考虑到他们思想渐渐成熟，喜欢思考、钻研问题的特征，以提高他们的科学艺术修养和智力水平为目的，多买些科学性、艺术性强并带习作性的玩具，如艺术装饰性玩具、航空模型（见图1—44）、构造模型、电子遥控玩具（见彩图18）等科学玩具和电子玩具。

图1—44　航空模型

不同的年龄需要不同的玩具。家长在为孩子选择玩具时一定要考虑孩子的年龄特征，充分发挥出玩具的娱乐功能和教育功能，促进孩子健康成长。在现代科学技术迅猛发展的今天，一定会有更多、更好、更富有教育意义的玩具问世，所以家长更应该认真观察、分析，在充分掌握自己孩子生长发育不同时期特征的基础上，正确地选择玩具。

1.2.2　儿童的心理和生理发展

1. 儿童的心理发育特点

（1）儿童感知觉的发展。在感觉方面，2～3岁的婴儿已能辨认红、黄、蓝、绿等基本颜色，但对混合色（如紫色、橙色）和纯度不同的颜色（如大红、粉红）还不能完全正确地进行辨认。随着与外界事物接触的增多，他们逐渐能够比较准确地辨别物体的不同属性，如软硬、冷热等。

幼儿的各种感觉和知觉都在迅速地完善着，其中主要的是视觉、听觉和触摸觉。比较复杂的空间知觉和时间知觉也开始萌发。幼儿的视觉感受性经练习明显提高，区别各种色调明度、饱和度的能力也逐渐发展，并能叫出它们的名称。听觉和触摸觉感受性经训练随年龄的增长而提高，对物体的大小、轻重和形状等属性的感知错误逐渐减少，精确度增加。幼儿能分辨上下、前后等空间方位，虽能辨别以自身为中心的左右方位，但对抽象的方位仍难以掌握。幼儿的时间知觉水平较低，使用时间标尺的能力较低。在正确的教育下，到幼儿晚期，幼儿能初步按照观察的任务，有目的地、持续地进行观察。

幼儿在个体发育过程中，其感知觉正处在迅速的发展中。幼儿初期各器官的结构与机能已发展到了相当成熟的程度，为感觉和知觉的进一步发展准备了自然物质基础。在生活条件和教育影响下，幼儿通过积极从事各种活动，提供了各器官的分析综合能力，因而促进了感觉和知觉的发展。其特点表现在：幼儿的感觉和知觉在活动中发展；经验在幼儿知觉过程中的作用不断增大；词在幼儿感觉和知觉发展中的作用日益增强；知觉的目的性逐渐加强。

4岁以后，幼儿思维的发展在智力发展中起着越来越重要的作用。它带动着感知观察力、记忆力、想象力等智力的发展。对幼儿末期的孩子来说，感知在智力活动中仍然占据着重要的地位。与以前不同的是，这个时期的感知活动与思维活动的结合日益紧密，出现了典型的观察力，即不仅是依靠外部感官，如眼、耳、手等简单地感知事物，而且在感知的同时，有思维成分的参与。

儿童总是精力充沛，随着视觉和记忆能力的发展，他们可以完成比较复杂的拼图游戏了，还非常喜欢看一些训练观察力的书，当宝宝找出书中的动物或发现两张图的不同点时，他的成就感会非常强。儿童已经逐渐懂得如何与他人分享，变得有礼貌，并开始乐于合作。他们的表达能力已经相当好，能与他人进行长时间的对话。他们有时还会大声地说话、唱歌，来表达自己的快乐与烦躁，还能造出一些新异而好玩的词语、声音和声调。在感情上，他们比较情绪化，有时会做出富有攻击性的事情，如嘲弄他人，直呼他人的名字。

(2) 儿童注意力、记忆力与想象力的发展

1) 注意力。注意包括有意注意和无意注意两种。有意注意是自觉的、有目的的注意，需要一定的努力才能做到。无意注意则是自发的，不需要任何努力的。婴幼儿的注意是极不稳定的，易被无意注意所分散或转移。凡是新颖的、变化的、有趣的事物都能引起婴幼儿的分心，但也可以吸引和集中婴幼儿的注意。婴幼儿注意持续时间随着年龄增大而延长。

出生2～3个月的婴儿由于条件反射的出现，已能比较集中地注意人的脸和声音，看到色彩鲜艳的图像时，能比较安静地注视片刻，但时间很短；5～6个月的婴儿能比较持久地注意一个物体，但注意极不稳定，对一个现象集中注意只能保持几秒钟。1岁以内的婴儿以无意注意为主，随着年龄的增加，语言、思维的发展，第2年起婴儿能够较长时间地注意于某一事物，特别是他所感兴趣的事物；1岁左右的婴儿能凝视成人手中的表一般超过15秒。2岁左右的婴儿能精确地、主动地听故事。这个时期的婴儿出现了有意注意的萌芽，逐渐能按照成人提出的要求完成一些简单的任务。

3岁后的幼儿开始对周围新鲜事物表现出更多的兴趣，如他们能集中5分钟的时间看小朋友做早操、爱看幼儿画册，注意范围扩大，稳定性增加；4～6岁的幼儿开始出现一种探究心理，有探究一切的愿望，喜欢东看看、西摸摸，只要是新鲜的东西，都会引起他们的注意，有意注意的稳定性较差，易受外界因素的干扰而分散、转移，能集中注意力的时间往往只有5分钟；5～7岁儿童能聚精会神地注意某一事物平均是10分钟，7～10岁是15分钟，10～12岁是25分钟，12岁以后是30分钟。当注意达到高峰时，人的多余动作停止，心跳加快，全身紧张，呼吸变慢甚至短暂屏息。

2) 记忆力。婴儿的记忆主要以无意识记忆为主，有意识记忆刚刚萌芽。1岁后的婴儿记忆的范围扩大了，他们不仅能再认几个星期前的事物，而且出现了再现，到3岁时能

再现几星期前出现过的事物。

幼儿记忆最突出的特点是直观形象性，词的逻辑记忆的能力还很差。识记时常常根据事物的外部特征机械地进行。经过训练并随年龄和经验的增长，意义识记逐步发展。幼儿的记忆还带有很大的无意性，将记忆作为专门的、有目的的活动还有困难。经过训练，幼儿晚期有意识记和追忆的能力开始发展起来。幼儿记忆的保持、再认和再现能力也伴随着他们年龄的增长而提高。

3）想象力。儿童的想象力已经十分丰富，并且喜欢冒险，喜欢去新地方、做新事情，已懂得世界充满着各种可能性。这种生动的想象力是儿童的各种戏剧性角色扮演游戏的基础。他们想象的故事情节多发生在饭馆、公共汽车、火车、飞机、医院和杂货店等日常熟悉的场所，比如喜欢把自己的小三轮车假想成汽车或警车；把自己从台阶上往下跳看做是飞机飞行；喜欢画画，能用各种线条和图形组合成画面，有时大人虽然看不懂，而儿童却能把自己的画解释得丰富多彩且颇有情趣；喜欢在游戏中扮演自己理想中的人物等。

一切创新的活动都是从创新性的想象开始的。儿童时期是想象力表现最活跃的时期，儿童的想象力是儿童探索活动和创新活动的基础。创造性思维有创造想象的参与，创造想象是一切创造活动不可缺少的重要部分，也是创造者必须具备的心理素质。教学能为学生提供储备丰富的想象，而想象丰富的学生思维灵活、敏捷。如何抓住这一特点，有利于提高学生的形象思维能力，从而提高学生的创造性思维能力。

(3) 儿童言语、思维、情感与意志的发展

1）言语。语言在婴幼儿认知和社会性发展过程中起着重要的作用，是人与人之间交流的工具，只有掌握这种工具，才能更好地表达自己，适应世界。儿童言语的发展主要表现在：语音方面，对于声母、韵母的发音，是随着年龄的增长逐步提高的。词汇的数量不断增加，词汇的内容不断丰富，词类的范围不断扩大。从言语实践中逐步掌握语法结构，言语表达能力有了进一步的发展。从外部言语向内部言语过渡，并有可能掌握书面语言。

婴儿从出生到发出第一个具有真正意义的词，告别了“前言语阶段”而进入到言语发展的正式阶段，一般这个阶段需要10～14个月的时间。在言语发生阶段，婴儿先是学会掌握一些场合限制性较强的词，然后逐渐开始摆脱场合限制性，初步获得具有概括意义的词语。10～15个月间，婴儿平均每个月掌握1～3个新词，随后掌握新词的速度明显加快。19个月左右已经能说出50个词。在这一批词的基础上，婴儿掌握新词的数量逐步增加，速度进一步加快。

幼儿在与成人的交往中，随着实践活动的日益复杂化，言语能力迅速发展起来。儿童言语的发展首先表现在词汇量的增加上，幼儿期是人的一生中词汇数量增加最快的时期。儿童掌握的词汇的内容在这一时期也更丰富更深化了。伴随词汇的发展，词类的范围扩大了，积极词汇的数量也有所增长，慢慢开始掌握复杂句的表达，从不完整句到完整句，从无修饰句到修饰句，都表现出幼儿语法的掌握和表达能力的提高。

2）思维。皮亚杰将儿童的思维发展划分为四个阶段：感觉运动阶段（0～2岁），前运演阶段（2～7岁），具体运演阶段（7～11岁）和形式运演阶段（11岁以上）。

个体的思维是从婴儿期开始发生，婴儿期思维的主要特点是直觉行动性，即只有在对物体的直接感知、直接活动中才能进行思维。离开了当前的物体，停止了直接活动，便无法进行思维。因而他们不能计划自己的动作，预计动作的后果，只能从事物的外表上进行概括，而无法把握事物的本质属性。在婴儿期，想象尚处于萌芽状态，水平是很低的。

与婴儿相比，幼儿的思维从直觉行动思维逐渐转变为具体形象思维。他们的思维活动主要是凭借事物的具体形象或表象，还不善于从认识事物的本质属性上进行分析、比较、概括、抽象、判断和推理。这时期的幼儿其思维已由婴儿期的直觉行动思维进展到具体形象思维了。其思维特征表现在：以自我为中心，对事物唯一的看法就是他自己的看法；刻板性，即幼儿的注意力容易集中于情境的某一方面，而忽视了其他方面的重要性，结果产生不合逻辑的推理；不可逆性，即对时间的理解只能顺推下去，不易逆转回来；转导推理，即他们从一个特定的事物推论到另一个特定的事物，从不考虑一般；相对具体性，即幼儿是依赖表象进行思维，是形象思维，还不能进行抽象思维。

幼儿晚期儿童的逻辑思维水平虽开始萌芽，但水平还是较低的。幼儿想象的主要特点是想象中的有意性和创造性初步开始发展，当然，这种有意性和创造性还不占主导地位。幼儿的想象带有很大的复制性和模仿性，再造想象占主导地位。

3）情感。儿童情感需要是从两个角度上来说的：一是儿童感受到自己受到别人的关心和同情。二是儿童自己能感受到周围人的悲伤或欢乐，儿童自出生后，随着年龄增长，情感需要呈现出阶段性。第一阶段（0～3 岁）：儿童的情感需要是由一个熟人来满足的，一般就是母亲，他对母亲的依赖性很强。第二阶段（3～6 岁）：儿童情感需要的满足不再局限于父母，满足这种需要的人的范围扩大了。有时，儿童与其他儿童或成人接触的需要就成为主要需要，母亲逐渐失去主要地位。第三阶段（6～12 岁）：寻求与同龄人接触，与父母的关系退居其次。在少年晚期和青年中期，这种需要将达到顶峰。

情感在幼儿生活中有着极大的作用，幼儿情感的发展表现出如下特点：容易冲动，情感不稳定，易变化，情感外露，控制能力较差。到了幼儿晚期，儿童开始能有意识地控制自己的情感。高级的社会情感如道德感、美感、理智感开始发展。幼儿的意志有了进一步的发展，各种意志品质有了明显的表现，儿童逐渐能克制自己的愿望，制止某种行动，初步掌握自己的心理活动。但总的来说，幼儿的意志品质的发展还很差，意志表现只是初步的。随着幼儿生活和需要的发展，他们的情绪和情感越来越分化，内容日益丰富，体验逐渐深刻，表现形式也就越趋复杂。表现出冲动性、易变性，情绪常常处于不稳定状态，喜怒无常，常常会毫无掩饰地表露自己的情绪。

4）意志。意志是为实现某种目的，在行动上自觉克服困难时表现出来的心理过程。为达到一定目的，必须克服不利于达到目的的情感和行为。

儿童处于意志萌芽与发展的重要时期。心理学家研究发现，新生儿没有意志活动，2～3 岁的儿童出现意志的萌芽，他们能够初步地通过自己的语言调节、按自己的目的去进行或抑制某些活动。从 3 岁开始，儿童的各种意志品质如自觉性、坚持性、自制力等逐步发展起来。5～6 岁的儿童，由于言语和思维的不断发展，在正确的教育下，意志行动也有了进一步发展，表现为各种意志品质，如自觉性、坚持性、自制力等开始有了比较明显的表现。这时期儿童开始能使自己的行动服从于别人或自己提出的目的，而不受周围环境的影响。同时，儿童也开始不仅能控制自己的外部行动，而且也逐渐能掌握自己内部的心理过程，从而产生了有意注意、有意识记和有意想象等。6～7 岁的儿童在行动上表现出了一定的自觉性和责任感。

儿童的意志只是初步的发展，他们的目的性、坚持性和自制力较差，行动带有较大的盲目性、不稳定性和冲动性，儿童的意志品质是在教育的影响下发展起来的。在实际生活中要随时随地注意磨炼孩子的意志，将活动坚持到底，鼓励孩子克服困难，实现目标。教会孩子善于掌握自我锻炼意志的方法，并为孩子树立榜样。

（4）儿童个性和积极性的发展

1）儿童个性的发展。个性是一个人比较稳定、比较经常的心理特征。影响个性发展的因素有遗传和环境。儿童在出生后，在个性方面就存在着差异，这主要是先天的神经类型的差异。在个性的发展中，随着年龄的增长，遗传的作用越来越小，而环境的影响却越来越大。

儿童出生后第一年还没有自我意识。约 1.5～2 岁，才开始知道自己的名字和掌握人称代词“我”，从而认识自己并把自己作为主体从客体中区别出来。1 岁以前的儿童还不可能有任何道德判断，也不能有意地作出某种道德行为。1～2 岁的儿童开始有了品德的萌芽，主要表现在对待同伴的关系上。2～3 岁的儿童，由于言语的发展，出现了通过言语进行的道德判断，并开始能用言语来控制和调节自己的道德行为。

幼儿期个性的初步形成：人的个性的初步形成是从幼儿期开始的。幼儿的个性倾向和特征受他们的自我意识和道德意识发展的影响，出现了最初的兴趣、爱好的个体差异，也出现了一定的能力上的差异，初步形成了对人、对事、对自己、对集体的一些比较稳定的态度，还出现了最初的比较明显的心理倾向。

3 岁以前儿童的心理特征是不稳定的，很容易受外界事物的吸引而不断发生变化。而 3 岁以后，特别是到了 5～6 岁时，由于生活条件的不断变化，儿童的心理活动的独立性和目的性逐步增长起来。这时儿童开始能为较远的目的而行动，能使自己的行动服从于成人或集体的要求。在这个过程中，儿童也就逐步形成了最初的比较稳定的心理特征，他们不但能服从成人的要求而来调节自己的行为，而且也开始能比较自觉地控制调节自己的行为。5～6 岁的孩子已开始形成了比较稳定、经常的心理特征，这个时期是个性最初开始实际形成的时期。

2）儿童积极性的发展。积极性是探究某种事物及爱好某种活动的心理倾向，儿童心理保健的一个重要方面就是培养儿童积极的、愉快的情绪，尽量防止和消除儿童的消极的、不愉快的情绪。儿童的学习充满着情感色彩，曾经经历的、生活性的、情景性的环境，能激起儿童学习的兴趣和愿望。

我们在为儿童创设的活动环境中，尽可能融入儿童经历过的生活素材，尽可能将材料设置在背景之中，以使物化环境蕴含着情感内涵。使儿童在熟悉的环境中，回忆愉悦情

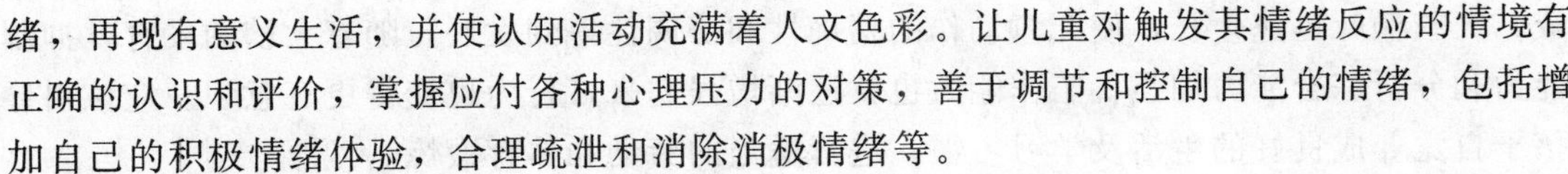

绪，再现有意义生活，并使认知活动充满着人文色彩。让儿童对触发其情绪反应的情境有正确的认识和评价，掌握应付各种心理压力的对策，善于调节和控制自己的情绪，包括增加自己的积极情绪体验，合理疏泄和消除消极情绪等。

2. 儿童的生理发育特点

婴儿期是生长发育最旺盛的时期，机体各器官继续发育趋于功能完善。出生后1年内体重3倍于出生体重，身长达到出生时的1.5倍，脑细胞数目的增加出现第二个高峰。幼儿期生长发育也是非常旺盛的时期，2岁时身长增加为2倍，到3岁时的体重4倍于出生体重。学龄前期身高和体重的发育速度变慢，头围已接近成人，但四肢的增长较快。消化功能已发育成熟，肠道吸收功能良好，需要的营养较多，但每餐的进食量不大，容易饥饿，尤其当早餐进食量少时，易发生低血糖症。

(1) 骨骼系统。孩子骨骼最主要的特征是骨的化学成分与成年人不同，骨中含有机物较多，含无机物（如钙）较少，儿童少年软骨成分较多，骨密质较差，因此骨的弹性大而硬度较小，容易发生变形而不易骨折。孩子在14岁以前，椎骨之间充满软骨，如果坐立姿势不正确，会引起脊柱弯曲异常。应注意养成正确的身体姿势和身体的全面训练。

(2) 肌肉系统。孩子的肌肉较成年人柔软，含水分多，蛋白质、脂肪、糖及无机物少，各肌肉群的肌肉发育较晚，肌肉细嫩，收缩机能较弱，耐力差，易疲劳。8～9岁以后肌肉发育速度加快，力量逐渐增加。15～18岁时肌肉重量不断增加，肌力也相应增强，是躯干力量增长最快的时期。因此要进行适当的体育活动和劳动锻炼。要根据年龄特点安排运动负荷，结合肌力发展规律训练。

(3) 呼吸系统。孩子呼吸器官的基本特点是组织娇嫩，在黏膜上有丰富的血管和淋巴管。尘埃颗粒及微生物的侵入造成的危害性大。肺脏弹性组织发育差，呼吸较浅，频率较快，肺活量小，在10～11岁和13～14岁时摄氧量增大最明显，16～17岁增加较缓慢，最大摄氧量与负氧能力都较低。经常参加户外体育锻炼，可增强和活跃呼吸及血液循环，促进新陈代谢。

(4) 内分泌系统。内分泌系统调节新陈代谢，影响组织细胞的生长和机能分化，这与儿童少年时期的生长发育有直接关系。其中，脑垂体、肾上腺、甲状腺、胸腺和性腺的发育特别重要。4岁前和青春期生长最迅速，机能也更活跃。腺垂体分泌的生长激素，有控制人体生长的作用，是从出生到青春期促进生长的最重要激素。至14～15岁甲状腺体发育最快，机能也达高峰，它对骨的生长发育、骨化过程、牙齿生长、面部外形、身体比例等方面都能产生广泛的影响。

(5) 循环系统。儿童血量占体重的百分比略高于成人，在血液内中性白血球比例较低，而且发育不成熟，这个时期易患传染病。孩子新陈代谢旺盛，心脏发育还不完全，只有增强搏动频率才能适应组织的需要。儿童的血压低，随着年龄的增长而递增。

(6) 神经系统。神经系统是发育最早最快的器官，新生儿脑重约350g，以后迅速增长，神经细胞体积增大，出现许多新的神经通路。至7～8岁时神经细胞的分化已基本完成，大脑额叶迅速生长，使儿童动作的精确性和协调性得到发展。随着大脑的发育，抑制能力和分析综合能力加强，工作能力也就逐渐增强起来，行为也变得更有意识。应该引导孩子自觉养成良好的生活及学习习惯，进行适当的劳动和体育锻炼。

1.2.3 玩具对人的身心发展的重要意义

1. 玩具对儿童身心发展的重要意义

儿童少年时期各项素质随年龄的增长而增长，其增长的趋势比在青春发育期增长的速度快、幅度大。据心理学家研究证明，人类智能的四分之三是开发于学前教育的。利用玩具对婴幼儿、儿童进行施教，具有重要意义。

儿童从出生到成长为少年，每一个年龄阶段都有一定的显著的身心发展特征。不同发展阶段之间存在着量的差异和质的区别，各个阶段具有其本质特点。儿童心理发展同时具有一定的顺序特性，各个阶段之间又存在着密切的联系。一般说来，心理和生理的发展是由低级向高级、由简单向复杂。因每个阶段都有其独特的生理、心理发展特点和发展需要，所以，玩具的选择也就表现出差异性，各取所需。儿童在1～6岁期间所采用的学习和玩耍方法，在很大程度上决定着他将来成为一个什么样的人。儿童在幼年时期的智力发展是异常迅速的，在敏感期阶段，儿童接受某种刺激的能力是异乎寻常的。玩具可鼓励孩子用感官去接触世界，例如刺激他们的视觉、听觉和触觉，帮助他们配合身上各种感官的反应，来接触和认知世界上新奇的万事万物。有些玩具会发出声响，有些则设计得颜色鲜艳，线条流畅，能直接带给孩子视觉上的刺激。不同的益智玩具，都是辅助孩子认识世界的有效工具。孩子的手脚协调、手眼配合等身体机能，需要训练而逐渐建立起来，玩具是最佳训练工具之一。例如，孩子将一盒积木砌出图形，除了要运用头脑之外，还要有手部机能的配合。所以，玩具对孩子的肌肉活动、身体机能的发展，有莫大的裨益。

国内外大量的实验研究证明，接受早期教育、训练的婴幼儿，比未接受这种教育的同年龄的幼儿智商高。学前教育实施开始越早，婴幼儿智力发育越快，早期智育有益于开发学前儿童的智力。儿童玩具有着巨大的市场潜力，它的研究、开发、设计、生产，无论是从经济效益还是从社会效益上来看，都有着美好的发展前景。

2. 玩具对成人身心发展的重要意义

青少年期是从童年期向成人期过渡的时期。这一时期的最大特点是生理的蓬勃成长、急剧变化。处于这个时期的个体，生理成熟水平显著提高的同时，其心理发展的特点特别是在智力发展、情感和意志表现、个性及言语表现上，都有其独特的发展特征。观察力、记忆力、思维能力、注意力等一般能力都要到青少年期才能趋于成熟。玩具成为这些青少年张扬个性、崇尚自我的心理需要。

中年人体魄健全、精力充沛、知识渊博、经验丰富，是社会的中流砥柱。中年人能独立地进行观察和思维，组织和安排好自己的生活；情绪趋于稳定，能进行逻辑思维和作出理智的判断，具有独立解决问题的能力；中年时期的反应速度和机械记忆能力已经明显不及年轻人。把玩具当出气筒，成为他们用来满足情感体验、解脱、发泄的一种渠道。

老年人相对来说在思维上不如青少年那么活跃，体力上、精力上不如年轻人那么充沛，工作压力也不会像中年人那么大，作为社会重要而又特殊的组成部分，更应该受到格外的关心和照顾。他们将玩具作为休闲的放松方式，或者为了弥补幼年时未能拥有玩具的遗憾。

在许多人眼里，玩具就是让孩子开心的用具，其实玩具不仅是小孩的专宠，越来越多的成年人已开始痴迷玩具，玩具已深得各年龄层人们的喜爱。这说明玩具的销售对象正在从孩子扩大到成年人，针对成人研制和开发的玩具，已逐渐成为玩具市场的新热点。玩具越来越智能化，人情味也越来越浓，引发了成年人的喜爱，形成了玩具的成人流行化趋势。

模型玩具、专利授权玩具、玩偶、高科技玩具、益智玩具、互联网兼容玩具，以及适合成年人休闲娱乐的成人玩具将成为市场新宠。成人玩具更偏重于娱乐过程中的健脑益智，以便让身心得到全面锻炼。成人玩具成了心灵的寄托，它在一定程度上满足了部分成人排除忧虑、寄托温情的需求。成年男士比较喜爱计算机智力型玩具，成年女士喜欢高档精美的装饰型玩具，如布娃娃、毛绒娃娃、木制玩具和小动物玩具等。中年人多会选购消遣型、轻度运动型玩具。老年人较喜欢各种观赏型玩具，如小动物玩具、玩偶等。玩具的对象是0～100岁的人群，面对各种心理压力，在因种种原因无法释怀的情况下，他们自然会对玩具世界产生亲和力，现代社会竞争压力这么大，他们需要借助某种形式把压力发泄出来，有效缓解因激烈竞争和生存压力导致的不佳情绪，玩玩具成为一种不错的放松方式。

1.3 玩具设计标准与安全技术规范

1.3.1 制定玩具设计标准与安全技术规范的意义

随着科技水平日新月异的提高，玩具行业不断发展壮大，并与国际玩具业越来越密切地交流合作，新的科研成果和制造技术也在玩具业中得以应用。玩具业是世界性的大行业，玩具是涉及儿童安全卫生的产品，为了保护儿童的健康与安全，世界各国对玩具安全卫生要求越来越严格。

随着新奇玩具的大量出现，各种对儿童可能造成伤害的安全问题也日益增多。每年全球有上万件与玩具有关的突发事故，玩具必须符合严厉的安全法规。多数事故的发生缘于误用和人们轻率地对待玩具，这些危害甚至有时可导致儿童终身残疾乃至丧生，给儿童及其家庭带来不幸。具有危险性的玩具：如带有有害成分及易燃的有机化学玩具；秋千、滑梯、脚踏车等可能造成儿童身体或面部受伤的运动型玩具；冲锋枪、大炮、坦克车等可产生噪声伤害的玩具。“玩具安全”已经成为一个焦点话题，备受各国关注。玩具标准每年都增加新内容，要求也日趋严格，这不仅保护了世界消费者的切身利益，同时，对世界玩具生产商在产品的质量环节也提出了更高的要求。为此，世界各国都有自己的玩具生产和测试标准。

制定玩具设计标准与安全技术规范，为儿童在正常使用和可预见的合理滥用下，最大限度地避免因玩具本身的某些缺陷给儿童造成伤害，在儿童正常玩耍时，可保证玩耍者及第三者的安全或健康。

制定玩具设计标准与安全技术规范，能有效地保护儿童身心健康和人身安全；对产品生产、储运和使用中的安全、卫生要求及其测试方法做出更为全面、科学、严谨的规定，并有效实施能更有效地确保生产厂家向消费者提供的产品是安全卫生的。

制定玩具设计标准与安全技术规范，可全面提升玩具标准体系的水平，玩具的安全标准，可大幅度提升玩具标准的整体水平和玩具产品的安全质量，促进玩具行业发展。

制定玩具设计标准与安全技术规范，有利于进一步扩大玩具产品的进出口，提高玩具产品在国际的占有率，并对玩具市场设置合理的保护，规范玩具市场。

1.3.2 中外玩具安全标准

1. 中国国家玩具安全技术规范

强制标准。中国已成为全球重要的玩具生产国和出口国，面临着巨大的国内外市场拓展空间，这种状况正围绕着规范化、市场化、品牌化和高科技化的进程而发生着变化。面对国际上不断提高的玩具安全、技术、检测要求，我国玩具业的技术和制造水平迅速提高、新玩具产品层出不穷、高科技玩具产品已成为发展的主流，行业得到了迅猛的发展。

为了更好地保护人们的身心健康，提高我国玩具标准的水平，从 2004 年 10 月 1 日起将实施关于儿童玩具的新的国家强制性标准《国家玩具安全技术规范》（GB 6675—2003）。新标准在技术要求、指标、格式等方面，都发生了很大的变化。新的标准实施后，消费者可以根据不同年龄组儿童的平均能力和兴趣及玩具本身的安全情况，选择最合适的玩具。《国家玩具安全技术规范》大部分内容都与国际通行的玩具标准 ISO 8124 相符合，因为与国际接轨，基于旧标准的完善，新标准更具有操作性，中国玩具的出口自然呈现良好态势。

玩具新标准在安全标志上作了比较全面的规定和说明，对一些尺寸、性能和特征不符合 3 岁以下儿童的玩具，附加“不适合 3 岁以下儿童使用”的安全标志；含有小零件的玩具，必须在玩具或包装上明文警告；一些功能性玩具如儿童手枪，必须在成年人监督下才能使用；标准还规定玩具的全部材料都要经过检测，玩具中只要有一类材质重金属含量超标就不能公开销售。

对于国家实行强制认证的产品，由国家公布统一的目录，确定统一适用的国家标准、技术规则和实施程序，制定统一的标志，规定统一的收费标准。凡列入强制性产品认证目录内的产品，必须经国家指定的认证机构认证合格，取得相关证书并加施认证标志后，方能出厂销售、进口和在经营性活动中使用。面对国际上不断提高的玩具安全、技术、检测要求，我国出台新标准是非常必要的。

新的国家强制性认证标志名称为“中国强制认证”，英文名称为“China Compulsory Certification”，英文缩写为“CCC”（见图1—45）。中国强制认证标志实施以后，将逐步取代原来实行的“长城”标志和“CCIB”标志。我国玩具强制认证产品目录日前已正式公布，首批童车类玩具等六大类玩具产品被列入国家强制认证产品目录。自2007年6月1日起，凡列入该强制性产品认证目录内的玩具产品但未获得强制性产品认证证书和未加施中国强制性认证标志的，不得出厂、销售、进口或在其他经营活动中使用。这几类产品为童车类玩具、电玩具、塑胶玩具、金属玩具、娃娃玩具等。

图1—45 CCC标志

我国《玩具安全标准》GB 6675—1986是在20世纪80年代大规模采用国际标准的状况下出台的，这个标准主要是参照了欧洲玩具安全标准EN71。在当时的情况下，GB 6675—1986是与欧洲玩具安全标准接轨的。欧洲玩具安全标准EN71在我国GB 6675—1986实施后的十几年里有过多次修订，新的国际标准ISO 8124《玩具安全》已正式实施，并成为我国加入世贸组织后与国际接轨、参与国际市场竞争所必须具备的标准。

我国除了具备以上玩具安全标准外，《消费品使用说明 玩具使用说明》（GB 5296.5—1996）、《毛绒、布制玩具安全与质量》（GB 9832—1993）、《产品标准中有关儿童安全的要求》（GB/T 13433—1992）、《BMX 儿童自行车安全要求》（GB 13472—1992）、《手用钢锯条》（GB 14764—1993）、《儿童三轮车安全要求》（GB 14747－1993）、《儿童推车安全要求》（GB 14748－1993）、《充气水上玩具安全技术要求》（QB 1557—1992）、《婴儿学步车安全要求》（GB 14749—1993）、《遥控玩具模型技术规范》标准、《电玩具的安全》国家标准、《BMX 儿童自行车安全与质量》（GB 13472—1993）、《国家玩具安全技术规范》（GB 6675－2003）、声响玩具的要求（ISO 8124—1）等标准也陆续发布实施。

2. 国际标准 ISO 8124

ISO 8124 是玩具的国际标准，集欧盟及美国标准最新成果于一身，其应用领域广泛，代表国际玩具安全标准的主流。ISO 8124 在直接和间接的应用方面都显示了它的价值。

由国际标准化组织（ISO）草拟的玩具安全标准 ISO 8124－1 于 1999 年 12 月通过最后草案，并于 2000 年 4 月正式发布，这标志着第一个世界性的国际玩具安全标准诞生了。ISO 8124－1 的诞生有利于统一世界各国玩具安全标准和设计生产技术，有利于提高玩具安全性，促进跨地区贸易的顺利发展。

1994 年和 1997 年，国际标准化组织分别发布实施了国际标准 ISO 8124—2《玩具安全——第二部分：易燃性能》和 ISO 8124—3《玩具安全——第三部分：某些元素的转移》。随着新标准的贯彻执行，专家认为，制造商再没有任何借口生产危害儿童的玩具了。如果他们都能遵守这三个玩具安全标准，那么，由玩具引发的事故将大大减少。经比较，国内外玩具标准主要从机械和物理性能、易燃性能、化学性能等三个方面对安全、卫生指标作出规定。

ISO 8124 适用于为 14 岁以下儿童玩耍而设计的任何玩具。该标准为玩具规定了许多要求，不仅包括玩具正常使用时的要求，而且尽可能考虑到儿童经常将玩具用于设计之外的其他目的。该标准还为玩具的结构特性，如形状、大小、空间规定了可接受的指标，也为某类玩具（如非弹性弹丸的最大动能值、某类玩具脚踏车的最小倾斜角）的特性规定了可接受的指标。

ISO 8124 标准也为从出生到 14 岁各个年龄段儿童使用的玩具规定了要求和测试方法。这些要求根据各年龄段所用玩具的特殊性有所不同，各特殊年龄段的要求反映了危害种类及儿童克服其危害所应具有的心理和体能。标准还要求在某类玩具及其包装上要给出适当警示和（或）使用说明。

ISO 8124 的实施，给所有儿童及其父母带来了福音。国际标准化组织鼓励全世界的政府当局在本国的玩具法令中运用此标准。

3. 欧洲玩具安全标准 EN71

EN71 是玩具安全测试常用的欧洲标准，任何出口至欧洲的产品，都免不了要经过 EN71 标准的严格测试，本标准由技术委员会 CEN/TC 52“玩具安全”组编写，欧洲玩

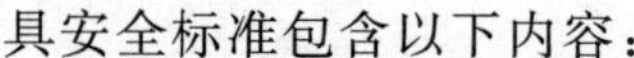

具安全标准包含以下内容：

EN71－1：机械和物理性能测试。该部分规定了从新生婴儿到14岁的儿童使用的不同年龄组玩具的机械和物理性能的安全技术要求和检测方法，也规定了对包装、标记和使用说明方面的要求。EN71－1：1998标准是1998年7月出版的有关“玩具的机械物理特性”的安全标准，它替代EN71－1：1988版本，其中A2/2002和A6/2002规定，游水浮力水袖和浮水垫不再作为需满足本标准的玩具；A7/2002增加了对儿童可进入的玩具箱的要求；A8/2003增加了对小球以及学龄前儿童玩具的要求。

EN71－2：易燃性能测试。该部分规定了所有玩具禁止使用的易燃材料种类及对某些小型火源的玩具的燃烧性能要求，并详细规定了五类玩具材料的燃烧性要求和测试方法。

EN71－3：8种有毒元素含量测试。该部分规定了玩具的可触及部件或材料中可迁移元素（锑、砷、钡、铬、镉、铅、汞、锡）的最大限量和测试方法。欧洲标准化委员会于1994年12月13日批准了新的《对某些元素转移的要求》（EN71－3：1994）玩具安全标准，并要求EN71－3：1988标准于1995年6月废除，后又于2000年3月11日批准了EN71－3：1994＋A1：2000标准（即2000版），并规定此标准最迟在2000年10月开始实施，其他相关的标准同时作废。

EN71－4：化学实验玩具。该部分规定了特定的化学及相关活动的实验玩具的安全技术要求。

EN71－5：非实验用化学玩具。该部分规定了除化学及相关活动的实验玩具以外的其他特定的化学玩具的安全技术要求。

EN71－6：年龄警告标签的图示符号。该部分主要确定了玩具的标签符号——年龄警告，包括图示及其意义等。

EN71－7：指画颜料——技术要求及测试方法。该部分规定了特定的指画颜料的安全技术要求和测试方法。

EN71－8：家庭室内或室外用的秋千、滑梯及类似玩具。该部分规定了特定的家庭室内或室外用的秋千、滑梯及类似玩具的安全技术要求和测试方法，主要为机械与物理方面的内容。

EN71欧洲玩具安全标准最常用的便是Torque & Tension（扭力—拉力测试）、Drop Test（跌落测试）、Impact Test（冲击测试）和Compression Test（压力测试）。

（1）扭力—拉力测试（Torque & Tension）。秒表、扭力计、扭力钳（两种，视样板选用适合的工具），5 s内在部件上施加顺时针扭力，扭到180°或者0.34 N·m，保持10 s，然后使部件回到放松状态，逆时针重复以上的过程，如果部件的最大突出尺寸小于等于6 mm，则施加50±2 N的力，如果部件的最大突出尺寸大于6 mm，则施加90±2 N的力。5 s上磅，保持10 s。

（2）跌落测试（Drop Test）

1）仪器装置。EN地板。

2）测试步骤。将玩具以最严格的方向从85±5 cm高处向EN地板跌落5次。

（3）冲击测试（Impact Test）

1）仪器装置。直径为 80±2 mm，重 1±0.02 kg 的钢制砝码。

2）测试步骤。将玩具以最易受损的位置放置于一水平钢制平面上，用砝码从 100±2 mm高处自由落体砸玩具一次。

（4）压力测试（Compression Test）。测试步骤。将玩具放置于水平的刚性平面上，并使玩具被测试部分处在上方。通过直径 30±1.5 mm 的刚性金属压头向被测区域施加 110±5 N 的压力，5 s 上磅，保持 10 s。

欧盟玩具安全标准近几年来处于不断更新和日趋完善的发展过程，新的玩具不断开发，与之相适应的玩具标准也不断更新。为进一步规定并明确有机化合物对健康造成的危害，EN71 在系列标准中新增了 3 条标准：EN71－9 玩具安全：有机化合物；EN71－10 玩具安全：有机化合物：配置品及提取物样品（尚未被 CEN 采纳）；EN71－11 玩具安全：有机化合物：测试方法（最近刚被 CEN 采纳，即将公布）。

EN71－9 是 EN71 系列标准中新增的涉及有机化合物的玩具安全标准。EN71－9 对玩具的化学安全性进行了规定，对玩具及玩具材料中迁移出的或含有的某些有机化合物提出了要求。接触这些化合物的途径包括咀嚼、皮肤接触、眼睛接触和吸入，标准范围之内的产品包括了为 3 岁以下儿童设计的玩具和为年龄大些的儿童设计的产品。EN71－9 规定了玩具可含所列有机化合物的上限。EN71－9 应配合 EN71－10 和 EN71－11 标准一起阅读，因为这两套标准侧重于配制品及提取物样品及各自的分析方法。

这些标准对玩具中所含的有机化合物提出了总体要求。CEN 在草拟标准时列出了 650 种有机化合物。而最终只在标准中提到了几种具有潜在危害的有机化合物。因此，标准支持并促使制造商、进口商和供货商对其他有机化合物进行确认，以保证这些物质不会危及玩具使用者的健康。其中 EN71－9，EN71－10，EN71－11 已经批准通过。

4. 美国玩具安全标准

ASTM 是美国材料与测试协会的简称，是目前世界上最大的制定自愿性标准的组织。ASTM 在国内外设有许多分会，主要致力于制定各种材料的性能和试验方法的标准。ASTM 标准数量庞大，主要提供材料、产品、系统和服务等领域的特性和性能标准、试验方法和程序标准。

根据《消费品安全法》，所有玩具产品必须符合统一的安全标准。美国海关会不时检验进口的玩具产品，确认其符合规定的安全标准，即美国玩具安全标准（ASTM F963）。该标准针对 14 岁以下各年龄组的儿童使用的玩具规定技术要求和检测方法，该标准涉及公众可能不易认识到的及玩具在正常使用或可预见的滥用后可能遇到的危险。该标准中仅对玩具产品的安全性能作出规定，但不涉及玩具产品的性能和质量，除标签要求指出的玩具的功能性危害以及玩具所适合的年龄组之外，该标准对玩具中作为功能作用显示的固有及公认的危险部分也不做要求。

ASTM F963 就玩具产品实施的规制及测试要求，视产品的性质及其顾客对象的年龄

组别而异。ASTM F963 的内容包括：

（1）安全要求。材料品质，易燃性，毒性，电/热能，脉冲噪声，小对象，可接触利边，可触及利尖，突起，钉和紧固件，金属丝和杆件，包装薄膜，绳和橡皮筋，轮、轮胎和轮轴，折叠装置和铰链，孔、间隙和机械装置的可触及性、稳定性和超载要求，封闭的空间，仿制保护装置（如头盔、帽子和护目镜）。

（2）使用说明

1）定义和描述。对玩具的安全使用或组装的有关资料和说明，无论是印在包装盒上还是说明书上，对于供阅读的某年龄组（根据需要，也包括使用的儿童）来说，必须是易读易懂。所有说明必须至少用英语写成。

2）玩具箱。关于正确组装和维修的说明必须详细描述配件的正确装配方法、盖的支撑装置未安装时可造成的危险，以及如何确定支撑装置是否运转正常。

3）制造商标记。玩具的主要部件或者玩具的包装必须标有制造商或分销商的名称和地址。属散装销售的玩具如小卵石或弹子，只有容器需要标记。所有这些标记必须易读易懂，在容易被顾客看见的地方，并能在正常使用条件下耐久。玩具可标有代码，以便制造商识别型号变化。含有很多松散部件的玩具除外，其代码可标在容器上。

5. 其他国家玩具安全标准

其他国家玩具安全标准见表 1—1。

表 1—1　　其他国家玩具安全标准

国　家	名　称
澳大利亚	AS 1647.1—1990 儿童玩具安全要求第 1 部分：一般要求 AS 1647.2—1992/Admt.1—1995 儿童玩具安全要求第 2 部分：结构要求 AS 1647.3—1995 儿童玩具安全要求第 3 部分：毒性要求 AS 1647.4—1980 儿童玩具安全要求第 4 部分：阻燃要求 AS 1990—1991 儿童用漂浮玩具和游泳辅助物的安全要求
巴西	ABNT 巴西玩具协会技术标准 NBR 11786/1998 玩具安全
新西兰	NZS 5820：1982＋Amendment No.1＋COPR1 玩具安全要求 NZS 5822：1992 3 岁以下儿童使用玩具的吞入和窒息危险预防
南非	SABS ISO 8124－1：2000 玩具安全——第 1 部分：机械和物理性能相关的安全要求 SABS ISO 8124－2：2000 玩具安全——第 2 部分：易燃性能 SABS ISO 8124－3：2000 玩具安全——第 3 部分：某些元素的转移

续表

国家	名称
加拿大	Technical Standards Safety Act and Upholstered and Stuffed Articles Regulation 加拿大危险产品法 R. S. C. H－3 危险产品（玩具）法 危险产品（奶嘴）法 玩具安全要求 玩具：年龄分类指示
日本	日本玩具标准（ST 2002） 适合 14 岁及以下的儿童玩具，包括 18 个月以下的儿童玩具要求、3 岁以下的儿童玩具要求和 10 岁以下的儿童玩具要求 第一部分：物理性及机械性测试——针对玩具对儿童的潜在危险 第二部分：易燃性测试——有关玩具之易燃性质 第三部分：化学性测试——针对采用不同物料制造的玩具之毒性（特别是聚氯乙烯、聚乙烯、橡胶、油漆涂层及纺织品物料）
马来西亚	MS EN71 Part1：1995 玩具安全——第 1 部分：物理和机械性能 MS ISO 8124－2：1999 玩具安全——第 2 部分：阻燃性能 MS EN71 Part3：1998 玩具安全——第 3 部分：某些元素的转移 MS EN71 Part4：1998 玩具安全——第 4 部分：化学和有关活动用的试验装置 MS EN71 Part5：1998 玩具安全——第 5 部分：化学玩具（试验装置除外）
沙特阿拉伯	SSA 765—1994 操场设备：第 1 部分：通用安全要求 SSA 1063—1994 玩具和通用安全要求 SSA 1064—1995 测试方法第 1 部分：机械和化学测试 SSA 1065—1995 测试方法第 2 部分：阻燃 SSA 1322—1997 低功率射频装置
新加坡	SS 474 PT. 1：2000 玩具安全——第 1 部分：物理和机械性能 SS 474 PT. 2：2000 玩具安全——第 2 部分：阻燃性能 SS 474 PT. 3：2000 玩具安全——第 3 部分：某些元素的转移 SS 474 PT. 4：2000 玩具安全——第 4 部分：化学和有关活动用的试验装置 SS 474 PT. 5：2000 玩具安全——第 5 部分：化学玩具（试验装置除外） SS 474 PT. 6：2000 玩具安全——第 6 部分：年龄标志的图形表示
泰国	TIS 685－2540 Part1：1997 玩具安全——第 1 部分：通用要求 TIS 685－2540 Part2：1997 玩具安全——第 2 部分：包装和标志 TIS 685－2540 Part3：1997 玩具安全——第 3 部分：测试方法和分析

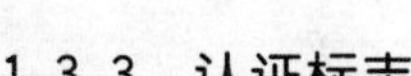

1.3.3 认证标志

1. CE 标志

“CE”是欧洲 28 个国家强制性地要求产品必须携带的安全标志，“CE”是法语“Conformité Européene”的首字母缩写，其意为“符合欧洲（标准)”。CE 标志是一种安全认证标志，被视为制造商打开并进入欧洲市场的通行证，如图 1—46 所示。

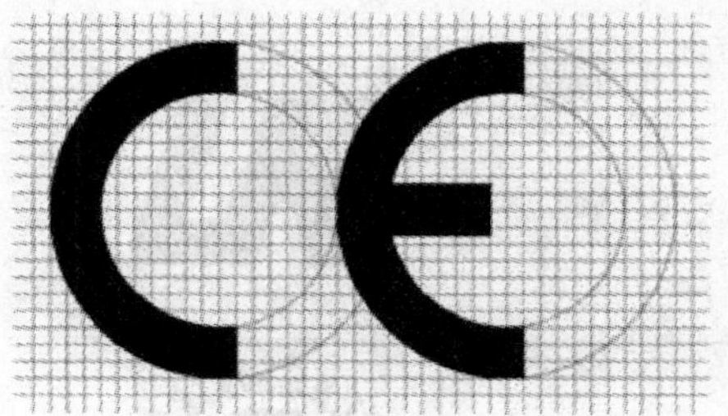

图 1—46 CE 标志

CE 标志的意义在于：加贴 CE 标志的产品符合有关欧洲指令规定的主要要求，并用以证实该产品已通过了相应的合格评定程序或制造商的合格声明，真正成为产品被允许进入欧盟市场销售的通行证。没有 CE 标志的产品，不得上市销售，已加贴 CE 标志进入市场的产品，发现不符合安全要求的，要责令从市场收回，持续违反指令有关 CE 标志规定的，将被限制或禁止进入欧盟市场或被迫退出市场。

玩具上的 CE 标志、商品名称、商标、欧市代理人及进口商的地址，必须以明显的、易读的样式，粘贴或印制于玩具本体或其他包装上，若玩具体积太小，或系小零件组成的玩具，可将有关资料印在玩具包装上，标示之内容应包括以当地市场文字印刷之警告及注意事项，制造厂商或授权代理商、进口商名称，商标及地址。

近年来，在欧洲市场上销售的商品中，CE 标志的使用越来越多，CE 标志加贴的商品表示其符合安全、卫生、环保和消费者保护等一系列欧洲指令所要表达的要求。不论是欧盟内部企业生产的产品，还是其他国家生产的产品，要想在欧盟市场上自由流通，就必须加贴“CE”标志，以表明产品符合欧盟《技术协调与标准化新方法》指令的基本要求，这是欧盟法律对产品提出的一种强制性要求。

2. UL 标志

UL 是英文“Underwriter Laboratories Inc.”的首字母简写，其意为“保险商试验所”。UL 是美国最权威的、独立的、非营利性的、为公共安全做试验的专业机构。它采用科学的测试方法来研究确定各种材料、装置、产品、设备、建筑等对生命、财产有无危害和危害的程度等。目前，UL 在美国本土有五个实验室，总部设在芝加哥北部的 Northbrook 镇，在中国台湾和香港等地也分别设立了实验室。经过近百年的发展，UL 已成为具有世界知名度的认证机构，其自身具有一整套严密的组织管理体制、标准开发和产品认证程序。它主要从事产品的安全认证和经营安全证明业务，其最终目的是使市场得到具有相当安全水准的商品，为人身健康和财产安全得到保证作出贡献，UL 为促进国际贸易的发展也发挥着积极的作用。

针对 UL 不同的服务种类，UL 标记可以分为三类（见表 1—2），分别是列名、认可和分级标记。

表 1—2 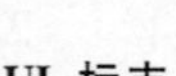 UL 标志

标记种类	符合 UL 标准	符合加拿大标准	两者都符合
列名符号	UL	C UL LISTED	C UL US LISTED
认可符号	UR	C UR	C UR US
分级符号	CLASSIFIED UL	CLASSIFIED C UL	CLASSIFIED C UL US

（1）列名（Listed）。一般来讲，列名仅适用于完整的产品以及有资格人员在现场进行替换或安装的各种器件和装置，属于 UL 列名服务的各种产品包括：家用电器、医疗设备、计算机、商业设备以及在建筑物中作用的各类电器产品，如配电系统、保险丝、电线、开关和其他电气构件等。经 UL 列名的产品，通常可以在每个产品上标上 UL 的列名标志。

（2）认可（Recognized）。认可服务是 UL 服务中的一个项目，其鉴定的产品只能在 UL 列名、分级或其他认可产品上作为元器件、原材料使用。认可产品在结构上并不完整，或者在用途上有一定的限制以保证达到预期的安全性能。在大多数情况下，认可产品的跟踪服务都属于 R 类。属于 L 类的认可产品有电子线（AVLV2）、加工线材（ZKLU2）、线束（ZPFW2）、铝线（DVVR2）和金属挠性管（DXUZ2）。认可产品要求带有认可标记。

（3）分级（Classification）。分级服务仅对产品的特定危害进行评价，或对执行 UL 标准以外的其他标准（包括国际上认可的标准，如 IEC 和 ISO 标准等）的产品进行评价。UL 标志中的分级标志表明了产品在经 UL 鉴定时有一定的限制条件和规定范围。例如溶剂这样的化学药品，只对其达到燃点温度时可能发生的火灾这一范围进行评价。

这些标记最重要的组成部分就是 UL 的图案符号，这些符号都是 UL 的注册商标。三种符号分别用于三种不同服务的产品上，不能混用，否则可认为是假冒产品。

UL 的服务不仅依据美国 UL 标准，也依据加拿大 C－UL 标准，在 2008 年 1 月之前，对于同时为 UL 和 C－UL 列名或认可的产品，可以同时加贴 UL 和 C－UL 标志，2008 年开始使用新型标志。UL 跟踪检验分为 R 类和 L 类，L 类产品主要指与生命安全

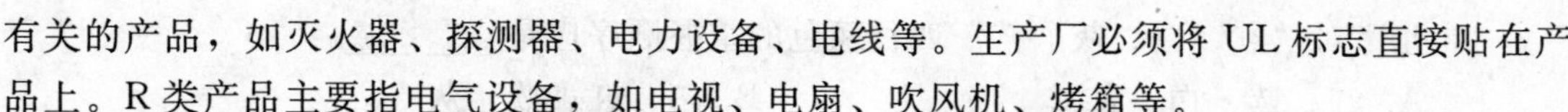

有关的产品，如灭火器、探测器、电力设备、电线等。生产厂必须将 UL 标志直接贴在产品上。R 类产品主要指电气设备，如电视、电扇、吹风机、烤箱等。

所有的 UL 产品必须有 UL 的列名、认可或分级标志，这是 UL 产品的一个明显特征。在我国分级标志很少见，绝大多数是列名、认可产品。列名、认可标志包括 L 类列名、认可标志和 R 类列名、认可标志。

3. ST 标志

ST 是“Safety Toy”的首字母缩写，其意为“安全的玩具”。ST 标志（见图 1—47）由日本玩具协会设立，是专门为 14 岁及 14 岁以下儿童使用的玩具制定的玩具安全标准。玩具产品通过一定的合格评定程序，达到了 ST 规定的安全性能标准，才被允许在产品上面加贴 ST 标志。加贴 ST 标志的玩具，是消费者选购产品时判断其安全性能是否可靠的重要依据。

ST

图 1—47　ST 标志

ST 系统还包括了受害者赔偿条款，以备标有 ST 标志的产品被投诉时对消费者作出赔偿，ST 标志的有效期为 4 年，此后产品必须进行重新测试才能继续佩带该标志。

为获得粘贴 ST 标志的授权，生产商或进口商首先与日本玩具协会签订使用 ST 标志的协议，然后递交样品到玩具协会指定的测试机构进行安全标准测试。如果样品测试通过，申请者将获得授权码和允许贴上 ST 标志。

单元测试题

一、判断题（下列判断正确的请打“√”，错误的打“×”）

1. 影响儿童心理发展的因素，主要有遗传和胚胎环境影响、社会文化因素、家庭教育因素、学校教育因素。（　　）

2. 静态玩具能帮助儿童认识运动，启蒙孩子的想象力。（　　）

3. 满足小学生的一切需要，能促进其个性和谐发展。（　　）

4. 玩具的设计必须符合食品卫生法及玩具安全标准。（　　）

5. 玩具有很多种玩法，我们在玩玩具时，要特别小心，注意安全第一，不要伤到别人。（　　）

6. 欧盟的玩具安全标准较国内相关标准高，因此从欧盟进口的玩具，可不再向检验机构报检。（　　）

二、单项选择题（下列每题的选项中，只有 1 个是正确的，请将其代号填在横线空白处）

1. 幼儿期儿童的主导活动是________。

A. 游戏　　　　B. 学习

C. 劳动　　　　D. 生活活动

2. 儿童对“红、白、灰、蓝”四种颜色的掌握顺序应是________。

A. 红、蓝、白、灰 B. 白、红、蓝、灰

C. 蓝、红、白、灰 D. 红、白、蓝、灰

3. 有关研究表明，儿童首先掌握词汇的种类为________。

A. 名词 B. 代词

C. 形容词 D. 数词

4. 下列哪项不会影响玩具的安全性能________。

A. 材料 B. 化学

C. 易燃 D. 色彩

5. 最好不要给 3 岁以下的孩子买________。

A. 毛绒玩具 B. 布艺玩具

C. 弹射玩具 D. 玩具娃娃

三、多项选择题（下列每题的选项中，至少有 2 个是正确的，请将其代号填在横线空白处）

1. 一个玩具的耐久性取决于设计的________。

A. 周全性 B. 功能性

C. 制造方法 D. 材料配合

2. 周岁以内的婴儿最喜欢________的玩具。

A. 动脑 B. 色彩鲜艳

C. 拼贴 D. 可以发出响声

3. 小儿喜欢扔玩具是因为他们________。

A. 想引起成人的注意

B. 情绪愉快

C. 借着扔玩具来显示一下自己的能力

D. 喜欢听玩具掉下的响声

4. 玩具危险性是指：________。

A. 文字说明有误 B. 擦伤和爆炸

C. 颜色不均匀 D. 碰伤和割伤

5. 以下适合 2 岁及以下儿童的玩具是：________。

A. 变形金刚 B. 玩具娃娃

C. 婴儿玩具 D. 电动汽车

四、简答题

1. 哪些玩具有助于发展孩子的语言？

2. 好的玩具应该具备哪些条件？

（可根据自己的理解结合教材内容，只要言之有理即可）

单元测试题答案

一、判断题

1. √　2. ×　3. ×　4. √　5. √　6. ×

二、单项选择题

1. A　2. A　3. D　4. D　5. C

三、多项选择题

1. ACD　2. BD　3. ABCD　4. BD　5. BC

四、简答题（供参考）

1. 答：(1) 主题玩具。指模仿生活中的物体制作的玩具。如：娃娃、房子、家具、炊具、各种交通工具、医院用具等。

(2) 表演玩具。指孩子表演故事所用的玩具。如头饰、面具、木偶、桌面表演的形象玩具等。这类玩具可供孩子开展表演游戏，对孩子语言的发展有突出的作用。

(3) 结构玩具。包括由基本几何形体构成的大、中、小型的成套积木、各种积塑块、积塑片、胶粒玩具等。

(4) 图片型的智力游戏玩具。指以日用品、交通工具、蔬菜、水果、动物、植物等为内容的成套图片。

2. 答：(1) 安全有保障。玩具应该无毒，而且不可以有尖锐的边缘。零件组合要非常牢固，以免松脱造成儿童误食。

(2) 开放性的。好的玩具没有限定的用法，孩子可以自己探索和开发各种可能的玩法，成人不应促使孩子去达成唯一的目标。

(3) 可使孩子维持长久的兴趣。好的玩具会让孩子重复把玩，以各种不同的角度思索，玩很久也不厌烦。此外，他们喜欢运用想象力对玩具动点手脚，比如，玩具加个轮子就变成能动的车子了，孩子会感到高兴又有趣。

(4) 可以刺激感官。好的玩具能提供适当的感官刺激，例如：特别的声响、不同的触感、明亮的色彩，及某些可爱的形状，它们可以用来刺激孩子视觉、听觉、嗅觉、触觉等。

(5) 针对不同年龄的儿童设计。玩具应该因儿童年龄及能力不同而有差异，孩子喜欢玩的玩具是他们能够操作的，太难的令孩子有挫折感，太简单又使他们觉得无聊。

(6) 制作精良。好的玩具使用好的材质制作，加上吸引人的设计，这样才能使玩具具有价值感。如果玩具很快地就被玩坏了，孩子会相当失望。

(7) 可以与人共同玩耍。孩子喜欢和同年龄的孩子或家中大人一起玩，所以好的玩具要能使两人以上共玩，更重要的是，父母与子女共玩能够增进亲子之间的互动关系。

(8) 使孩子居于主导地位。孩子从主动操作中学习，如果孩子能从玩耍中获得成功的经验，他们便会得到一种成就感。如此一来，他们便会乐于成为一个勇于追求挑战的人。

第 2 单元

卡通画设计与制作

2.1 卡通画设计

2.1.1 卡通画概述

1. 卡通画的特点

卡通一词源于英文“Cartoon”，原意为讽刺画、漫画、动画电影，以及多幅连环漫画。动态的画面为卡通片，静态的画面为卡通画。卡通综合了漫画、连环画的一些特点，形成了特有的表现手法，随着国外漫画大量进入我国，“Cartoon”一词也渐渐被我国大多数人接受，它的概念有了一些变化，往往指一些画面具有很强的动感、场景和人物非常时尚的动画故事的插图。

在高速发展的社会中，卡通画作为一种大众式的艺术形式，以它幽默性、易读性、快餐性被广大读者尤其是少年儿童所接受，并帮助我们提高观察生活的能力，增添幽默感和提高智能，丰富我们的精神世界。卡通已经遍及全球的各个角落，迪斯尼公司创造的米老鼠、唐老鸭的系列形象（见彩图 19 和彩图 20）深入人心，动画片《狮子王》《玩具总动员》（见图 2—1）《黑猫警长》（见图 2—2）等寓教于乐、生动有趣。

图 2—1 《玩具总动员》

图 2—2 《黑猫警长》

卡通画的特点主要表现在风格多样、表现手法多样、造型夸张多变、可爱风趣幽默、色彩鲜艳协调、富有情趣等方面。

（1）风格多样

1）题材化。人物卡通（见图 2—3）是以人物为主要描绘对象的卡通，意在反映人类生活的各种风貌，描写个人或人与人之间的思想行为。动物卡通（见图 2—4）是以动物代替人物作为主体，给予某种动物特殊的造型，赋予它不同的人格，使它与人类有相同的思想感情。科幻卡通（见图 2—5）也称幻想漫画，侧重于人们的精神层面，它是人们以脑力激荡的方式构想出的一些非世间性、非实存性、非经验性、类似神话故事的内容，在推理上符合逻辑、有说服力。

图 2—3　人物卡通

图 2—4　动物卡通

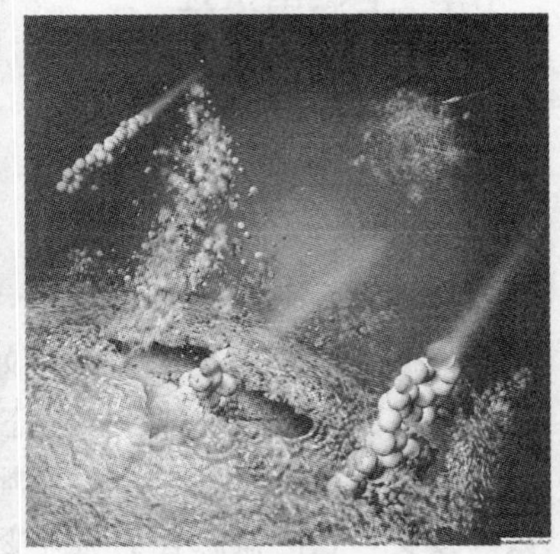

图 2—5　科幻卡通

2）拟人化。在创作卡通形象时，注重于形象的拟人化手法，卡通形象可以通过拟人化手法赋予动物具有如人类一样的笑容，使动物形象具有人情味。如 2008 奥运会吉祥物统称“福娃”（见彩图 21 和彩图 22），分别叫“贝贝”“晶晶”“欢欢”“迎迎”“妮妮”，五个字的读音组成谐音“北京欢迎你”。它们的造型融入了鱼、大熊猫、藏羚羊、燕子和奥林匹克圣火形象，色彩与奥林匹克五环一一对应，具有极强的可视性和亲和力。

3）风格化。卡通化强调风格特征，每个卡通作品都应有自己独特的艺术风格。如讽刺意味特别强的政治性卡通、以轻松诙谐的手法来描绘人生的幽默卡通、培养人们高尚情操和审美能力的抒情卡通等。

4）娱乐化。娱乐化是卡通画的基本要素之一，也是卡通中难以驾驭的必要因素。卡通故事的情节、形象、动作都应具备奇中出巧和妙趣横生的搞笑效果，从而达到轻松愉快享受娱乐的目的。

5）民族性。中国的水墨动画（见图 2—6）有着独特的文化，它是从传统国画中以水墨为主的水墨画演变而来的，使用传统的笔、墨、纸，运用传统国画中的线和墨的技法，是传统水墨画和漫画的结合体，给人以无穷遐想。日本卡通动画（见图 2—7）线条流畅，风格多变，注重以想象力和色彩来抓住人心，取材立足于真实生活，情节曲折但铺陈巧妙，通常以富于特色的人物个性和语言行为贯穿始终。美国卡通动画（见图 2—8）情节曲折、生动有趣，多以大团圆为结局，人物性格鲜明，注重细节的描写，迪斯尼作品大都采取家喻户晓的童话故事为题材，以博爱为中心，动物拟人化，获得了儿童及家庭观众的喜爱。

（2）表现手法多样。卡通是以虚构、夸张、想象的方法来揭示生活本质的，表现的形式与手法都是解决如何表现的问题，它是外在的武器、是设计表达的具体语言。它通过写实、写意、具象、抽象、直接、间接、衬托、对比、归纳、夸张、特写、比喻、联想、象征、装饰等手法来表现内容特点。它不仅能体现出那些直接产生于现实中的东西，而且还能体现出那些只存在于幻想中的东西。

图 2—6　中国水墨动画

图 2—7　日本卡通动画

图 2—8　美国卡通动画

卡通画在表现方式上非常符合儿童特殊的认知习惯，儿童的生理和思维发展都需要不同性质与程度的感官刺激，因而特别喜欢能引起视、听、动觉多通道感官刺激的卡通作品。卡通人物的特殊装扮、体形、动作都能带给他们一种心理上的愉悦。

在表现手法上，欧美成功卡通在抓住一个好的有创意的题材后，细致真实地描绘其中的细节，让好题材本身发挥作用，形式的多样化又与题材、角色本身丝丝入扣，每个情节和对白都与特定的背景密不可分，使得整个作品非常的自然流畅。动画角色使用半写实加卡通渲染的表现手法，将卡通与写实进行有效的融合，使玩家在享受卡通风格的亲和力的同时，能感受到成熟人格的魅力，做到真实而不显幼稚。

中国的动画片《大闹天宫》在背景设计、色彩的运用方面也有着卓尔不群的创新。它吸收民间艺术的优良传统，又要发挥想象创造能力，有装饰味，但又不同于一般的人间的东西。造型简练中有变化，色彩统一中求丰富，以构成这一幅神话剧的幻想气氛。画面虚实相映，云彩游移，时隐时现。在表现天庭时，云雾朦胧，灰暗阴沉，有阴森压人的感觉；表现花果山时则是欢乐明朗，好似仙境，给人赏心悦目的感觉；在景物的处理上，采用有虚有实的装饰性设计，强烈地突出了神话中的幻境（见图 2—9）；太空和云烟变幻的处理，采用虚的渲染，有助于奇异幻景的表现，更加强了画面的纵深与立体感。在用色方面大多采用红、绿、蓝的颜色(见彩图 23)，使人物线条明朗、精练，让观众感觉熟悉而又亲切。

图 2—9　大闹天宫所表现的神话幻境

(3) 造型夸张多变。夸张是卡通最主要的一个特点，我们不仅可以把动物设计成卡通形象，还可以把人物、植物或者生活中的其他物体设计成卡通形象。形象的夸张、动态的夸张、神态的夸张、情节的夸张等，使卡通形象变得生动滑稽。卡通形象如《虫虫特工队》中的小蚂蚁（见图 2—10）的神态表情都是在人的表情基础上进行适当的夸张与变形而得来的。人们可以设计一个生动的卡通形象（人物、植物、生活物品等），也可以用卡通形式表现自己生活中一个有趣的故事。

夸张的手法赋予卡通画以浪漫的色彩，夸张需要想象力，丰富的想象会引起艺术上的虚构和夸张，夸张的手法可以把平凡变为神奇、把现实变为虚构，表现其特有的艺术魅力，使作品奇特、新鲜、生趣盎然，给观众一种美的享受。

(4) 可爱风趣幽默。可爱、风趣、幽默是卡通成功的要素之一，儿童在卡通中长期耳濡目染，会在不知不觉中具备幽默感，而具备幽默感是成功人生、快乐人生的重要条件。卡通以其可爱的造型、幽默的人物、风趣的话语、诙谐的动作，总是能够引起孩子们捧腹大笑，对成人来说也不例外。

《猫和老鼠》（见图 2—11）是当今举世闻名的动画片，风靡全球长达 60 多年，猫和老鼠的表情充满了动人的幽默感。无数恶作剧和幽默片断让人感受到久违的天真快意。汤姆是一只常见的灰白色家猫，它有一种强烈的欲望总想抓住与它同居一室的老鼠杰瑞，但总是遭到失败。《猫和老鼠》虽是哑剧却明白直观，靠的完全是形象生动、情节曲折、想象丰富的故事，给观众的印象极其鲜明深刻。不论游戏多么激烈紧张，杰瑞都知道它不会受到任何真正的伤害，而汤姆则总是难免受些皮肉之苦，这场强弱之战，结果总是以小制大、以弱胜强。

图 2—10 《虫虫特工队》

图 2—11 《猫和老鼠》

上海拾荒动画公司推出了小破孩系列卡通片，主角是小破孩和小丫（见彩图 24 和彩

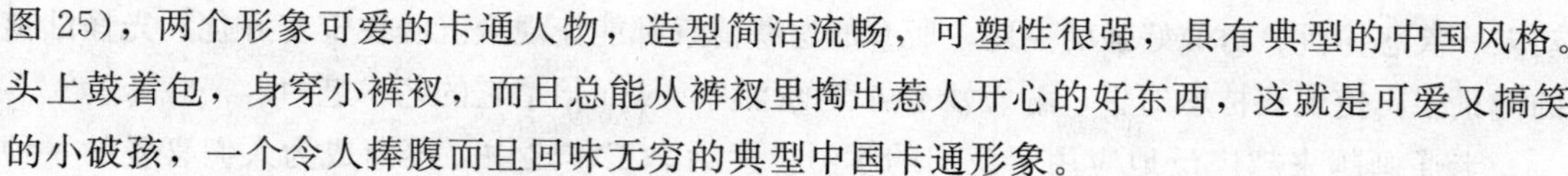

图 25），两个形象可爱的卡通人物，造型简洁流畅，可塑性很强，具有典型的中国风格。头上鼓着包，身穿小裤衩，而且总能从裤衩里掏出惹人开心的好东西，这就是可爱又搞笑的小破孩，一个令人捧腹而且回味无穷的典型中国卡通形象。

卡通世界快乐幽默、虚幻神奇的魅力，以及善于夸张和超越现实的特点给观众带来了全新的视觉享受。卡通形象是幽默与快乐的使者，现代生活中无论儿童还是老者都会对幽默滑稽的卡通形象驻足留恋，并回味无穷。

（5）色彩鲜艳协调。色彩鲜艳是卡通的又一重要特征，色彩是视觉冲击力最强、心理效应最深刻的画面构成因素。设计者在画面中所创造的一切元素都是由自己来定的颜色，他们把现实中灰暗无色的东西添上五彩斑斓的色彩，使卡通显得更主观，更有创造力，更能引起人们共鸣，卡通的色彩是最丰富的。

孩子对色彩天生敏感，鲜艳色彩的卡通理所当然成了他们的最爱，潜移默化地影响着他们的生活，孩子们通过卡通感受美与丑、善与恶。孩子的生理和思维发展都需要不同性质和程度的感官刺激，因而他们特别喜欢造型夸张的动画作品，那些与现实生活不一样的故事，比真实的故事更能引起他们的兴趣。

色彩还受到故事情节、情感、题材、文化、传统等因素的影响，它已经成为风格化处理的手段。冷暖色调的对比是渲染气氛、烘托环境的最佳方法，明快、亮丽的色彩表达欢快、喜庆等好的倾向（见彩图 26）；而沉闷、阴暗的色彩表达悲伤、忧虑（见彩图 27）。

《葫芦兄弟》中七色的葫芦（见彩图 28），代表了人类的七种情感，而这七种情感，又是世界的希望和基石。第一种是赤色，热情奔放，充满着理想主义的光芒；第二种是橙色，温柔宽容，是发自人文主义的终极关怀；第三种是黄色，刚强坚韧，代表着奋进与勇气；第四种是绿色，和平慈悲，是发自内心的呐喊；第五种是青色，愤怒不平，疾恶如仇；第六种是蓝色，开朗活泼，乐观向上；第七种是紫色，阴沉思辨，是七色中最接近黑色的颜色。

又如动画片《花木兰》（见彩图 29），设计者考虑到影片是以中国传统故事为题材，而中国古代藏青、黑灰、土黄、土红等颜色较为流行，所以这些颜色均被很好地运用到了影片中来。为了表现中国古代故事，影片人物、服装、道具的色彩也做了暗部选择和处理，这些色彩定位，为影片奠定了东方气息的视觉基调，是影片成功的一个重要因素。

（6）富有情趣。卡通能够激发人们的学习兴趣，促进学习，对于调动人们的积极性和创作热情也有很大作用。无论是读物卡通还是影视卡通、生活卡通，已成为连接人与人、人与动物、人与自然的情感纽带。在追求个性化和情趣化消费的今天，它不仅给儿童，也给成人的生活带来了轻松和快乐，并使人产生唯美、唯真的追求。

卡通所富有的情趣意味不仅能增添传奇色彩，而且能达到“境能夺人”的效果。卡通以多样的画面、瑰丽鲜艳的色彩和独特的手法，给我们创造出一种独特的意境（见彩图 30）。卡通中有大场面，也有局部特写，有动有静，有虚有实，有明有暗，表达出奇花异果、浪漫动人、疾恶如仇、勇敢好强的主题，所有的这些情景都能让观众沉浸在千变万化、光怪陆离的气氛中，使观众神思幻想，融入妙不可言的意境，从而倍增它的艺术魅力。

卡通画越来越广泛地应用于我们的学习、生活、工作之中，逐渐成为人们喜爱的一种绘画形式。儿童的玩具、卡通提包（见图 2—12）；手提袋、手表（见彩图 31）、图画册、手机套（见图 2—13）、书包（见彩图 32）、铅笔盒（见图 2—14）、餐巾盒（见图 2—15）、贺卡、贴纸、发饰、幸运扣以及卫浴用品，都充斥着卡通形象，使卡通的情趣意味发挥到了一个新的境界。可爱的卡通糖果、卡通背包、卡通鞋（见彩图 33）、卡通小 T 恤成了学前儿童、学生、青年、上班族，甚至白发老奶奶的宠物。

图 2—12　卡通提包

图 2—13　手机套

图 2—14　铅笔盒

图 2—15　餐巾盒

2. 卡通画创作的原则

卡通画属于视觉艺术的范畴，技法表现不是无足轻重的，它有其自身的特点。当前的中国卡通画，要想在未来的主流艺术中占有一席之地，还有很长的路要走。对于普通观众来说，把动画看成一个非常简单的娱乐，觉得它非常可爱、漂亮这就足够了，但作为卡通画的创作者或研究者来说，就必须深入地思考其原则性问题。

（1）卡通画的独创性。要表现一个故事是卡通画的一个最基本的任务，同时也是卡通画的一项主要任务。不论是自己编纂的故事，还是将别人写过的故事拿来加以改编，一定要具有自己的特色，独创性特点是卡通画作品成功与否的关键。不同类型、不同特点等独创性特征赋予了动画不同的意义。

在为卡通设计故事情节时，需要我们超越现实，大胆想象，甚至可以把现实生活中不可能发生的事也设计在其中，综合运用多种夸张手法，才能引人入胜。

(2) 卡通画的符号性。符号就是人们把信息与某种事物相关联，然后再通过视觉感知其代表的事物。卡通画是一种符号，根据故事的需要，将卡通人物或动物一个个设计出来，他们的高矮、比例、表情、色彩等，包括一些衍生产品构成了一个具有符号性的形象，当这种形象被公众认同时，便成了代表这个事物的符号。比如机器猫（见图 2—16），大家看了它的形象就知道它的名字和造型，还能说出这个形象的个性、特点和故事情节等，这就是卡通画符号性所具有的特征。

图 2—16　机器猫

(3) 卡通画的戏剧性。要使动画作品具有戏剧性特征，其必须有主题、有故事情节、有复杂的人物关系。日常生活中，我们会因有趣的事而开怀大笑，因悲伤的事而哭泣，因恼火的事而发怒，因意外的事而受到惊吓，我们可运用这些戏剧性特征创造一个卡通新形象。

3. 卡通画的画具材料

(1) 笔（见图 2—17）。卡通画专用笔与普通书写用钢笔大有区别。

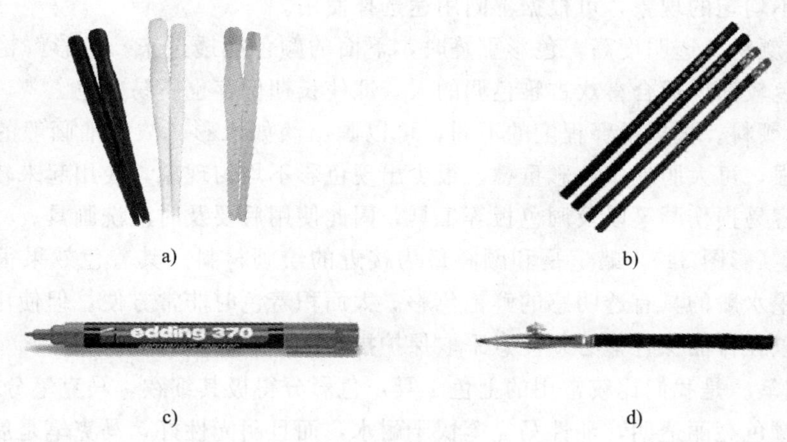

图 2—17　笔

a) 卡通画用笔杆　b) 铅笔　c) 马克笔　d) 鸭嘴笔

1) 卡通画用笔杆。笔杆的前端有两个插孔，可以使用大小不同的笔尖。

2) 铅笔。用来画底稿。铅笔不能太硬或太软，太硬会在纸上留下划痕，太软又容易使画面被橡皮弄脏，选用 HB、B、2B、3B、4B 为宜。

3) 记号笔。主要用于勾线或者涂墨。

还有鸭嘴笔、毛笔、针管笔等。笔头有小圆笔尖、镝笔尖、G 笔尖、学生笔尖、J 型笔尖等，适用于各种绘画要求，且不容易损坏。

(2) 墨水（见图 2—18）。墨水种类十分广泛，大致可以分为：黑色、白色描线墨水，修白墨水，彩色墨水，特殊用途墨水四大类。墨水按性质分，可分为水溶性和耐水性两种。墨水不同的浓度、黏度、干化速度也会使画面表现出迥然不同的效果。因此，选择合适的墨水是衡量作品质量和作画风格的关键因素。

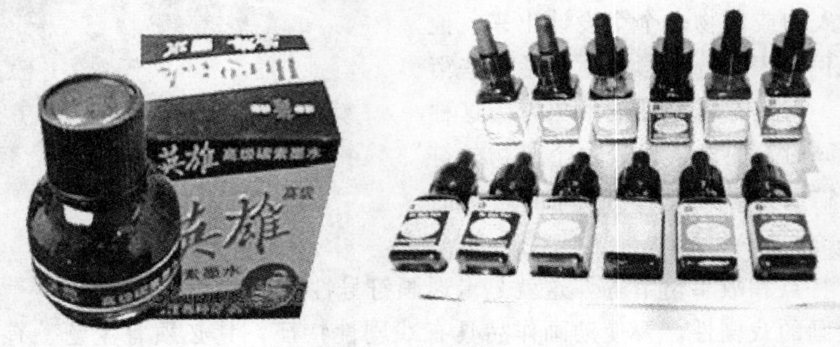

a)　　b)

图 2—18　墨水

a）黑色墨水　b）彩色墨水

(3) 颜料（见图 2—19）

1）水粉颜料。又称广告色，是不透明水彩颜料。可用于较厚的着色，大面积上色时也不会出现不均匀的现象，可根据不同用途选择使用。

2）水彩颜料。透明度高，色彩重叠时，下面的颜色能透过来。色彩鲜艳度不如彩色墨水，但着色较深，适合喜欢古雅色调的人。即使长期保存也不易变色。

3）丙烯颜料。根据稀释程度的不同，可以画出淡如水彩、浓如油画般的效果。干燥后耐水性较强，可大胆地做色彩重叠。很少出现色彩不均匀现象，使用起来较为方便，但干燥较快，容易损伤画笔以及调色板等工具，因此使用后要及时清洗画具。

4）蜡笔（彩图 34）。蜡笔是和颜料最为接近的绘画材料。其着色效果很好，但无法绘制出彩色墨水般的具有透明感的鲜艳色彩。大面积着色时非常方便，但使用过程中会产生粉末，所以在作品保存上必须注意采取保护措施。

5）马克笔。是我们比较常用的上色工具，色彩分得极其细致。马克笔分水性和油性，水性马克笔颜色亮丽透明，油性马克笔快干耐水，而且耐光性好，马克笔是展现笔触的画材，笔头的形状大小可以展现不同的表现方法。

(4) 纸

1）稿纸。画草图时一般采用光滑、洁白、有一定强度和吸水性的纸，上墨后容易干，手感好，用橡皮擦过后不起毛。一般选用 80～100g、A4 或 B5 大小的白纸，画彩稿的时候可以选些彩纸，还要注意纸的正反两面的区分，正面质地较光滑。

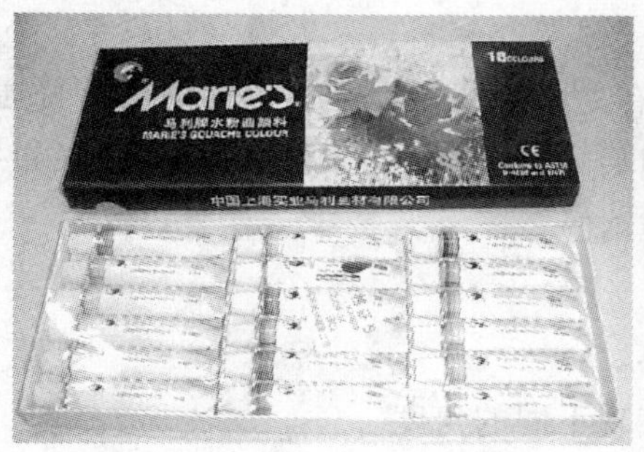

a)

b)

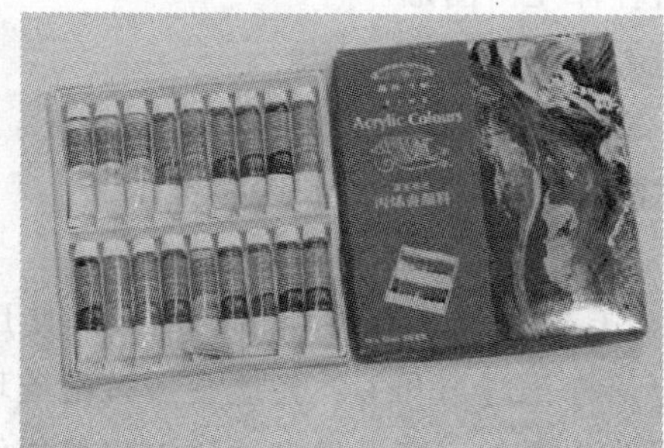

c)

d)

图 2—19　颜料

a）水粉颜料　b）水彩颜料　c）丙烯颜料　d）马克笔

2）网点纸（见图 2—20）。用来上灰色调或做其他特殊效果用。网点纸分为纸网和胶网两种。胶网纸是印有点、线条、花纹或特殊图案的纸。这些网可以通过切割、刮削、重叠等方法制造效果和色阶。

图 2—20　网点纸

3）吸水纸。用来擦拭笔尖，保护已经完成的部分。

（5）刀具（见图 2—21）。包括美工刀、笔刀和压网刀。美工刀一般用于削铅笔、裁画纸和割网，笔刀一般用于刮网。有些卡通画需要用到网点纸的时候由于网点纸的黏度有限，还要用到压网刀，使网点纸牢固地粘贴在稿纸上。

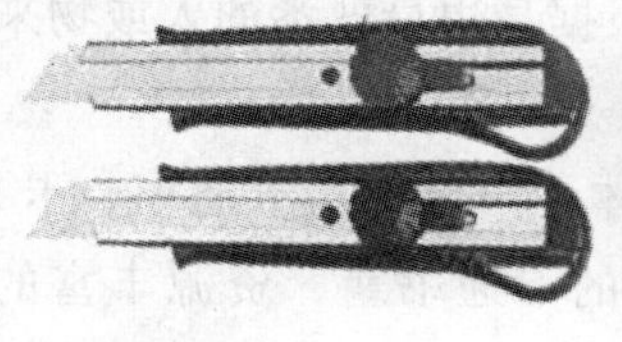

a)

b)

c)

图 2—21　刀具

a）美工刀　b）笔刀　c）压网刀

（6）其他常用工具

1）橡皮。应选择柔软性强、擦完后不会有太多屑的橡皮，比较常用的有普通型、钢砂型和可塑橡皮三种。普通橡皮用了一段时间后如果变黑，可以在粗糙的布（如牛仔裤）或纸上摩擦来去掉脏的部分，以保证画面的清洁。

2）尺类

①直尺。直尺是画直线或者效果线的用具。

②三角尺。三角尺除了画直线外还可以表现不同的角度。

③云型板。云型板用于绘制各种繁复的曲线。

④模板。利用模板上镂空的部分可以画出各种几何图形。

另外，云尺、蛇形尺等常用工具都是绘制卡通画的必备工具。

3）画钉。用于固定画稿。

4）木质模型。有手模型、人体模型，可提高对结构的认识和绘画技术。

5）胶带。拷贝画稿时用于固定画稿。

6）拷贝台。拷贝台是通过在灯箱上面覆盖毛玻璃或压克力板精制而成。使用时将原稿纸与底图（铅笔草稿图）重叠放在拷贝台上，打开灯箱开关，光线会透过毛玻璃映像在原稿纸和底图上，绘画者可以清晰地透视底图上的线条，轻易地在原稿上临摹描线，省去了橡皮擦除铅笔线的步骤。

4. 卡通画的创作过程和造型造意的方法

绘制卡通画要经过收集素材阶段、构图阶段和完成作品阶段，为了更好地了解如何画好卡通画，下面将具体介绍创作过程和方法，以便绘制出更好、更有创意的卡通画。

（1）卡通画创作过程

1）收集素材阶段。画卡通画首先要有自己的想法，这种想法可以是很特别的、奇特的，也可以是很普通的，要想画出好的卡通画，光有好的想法还不行，还必须多想、多看、多收集素材，可以通过以下几个方面来搜集资料：

①身边事物。以身边最熟悉的内容作为创作画的内容。面对自己最熟悉的内容，可以比较容易地找到最有趣、最能表达自己想法的地方。自己熟悉的内容特别适合细致的观察。儿童和成人的创作方法不一样的地方在于，成人的想法更复杂、更高级、更完整，而儿童创作的想法大多是简单的、平常的、随意的，他们都会根据身边最熟悉的人或物来创作属于自己的卡通画。

②书籍、媒体等。搜集资料的另一个来源就是书籍和媒体，书籍包括卡通书、卡片、故事书等，媒体包括电视电影媒体、网络媒体等。精美印刷的卡通书籍、资源丰富的网络、动态变化的电视、情节曲折的电影都能更方便地为创作者提供有用素材，有利于启发创作者的创作思维。

③想象。要创作出与众不同的卡通画，想象也非常重要。想象同样是从自己熟悉的、

喜欢的地方开始。最熟悉或最喜欢的东西不一定是最好看的东西，可是却应该是最能发挥想象力的东西。为了画出最好看的卡通画，把本来不太好看的颜色变成漂亮的颜色，把某一个地方放大、缩小或取消，把没有生命的东西画成有生命的样子，这就是用想象在画。画出来的画越是与众不同，表现出来的想象越丰富。当作者带着自己的想法面对世界去作画时，其实已经在为自己的创作“收集素材”了。

2）构图阶段。在收集了足够的素材之后，就可以进入构图阶段。在这个阶段，第一稿算是草稿，要使它变成更好的创作还需要多想，想想怎么样才能把画中的一切画得更好看，更有特点。

构图阶段就是动脑筋的阶段，在这个时候可以多画一些小草稿，看看自己画中要画的内容到底怎么放最好，最能把自己的想法表达出来。画卡通画时，首先应该想的是如何把自己要画的内容和想法表达出来。在画的过程中再不断地补充不足的和减少多余的，直到自己满意为止，不要总想着一下子就画好。

3）完成作品阶段。在这个时候特别要注意用什么样的方法画卡通画。比如有的画需要画得细致一些，有的却应该画得简单一点，有的要靠漂亮的色彩帮助，有的画出简单的色彩就可以了。为不同的创作选择不同的创作方法是非常重要的。

（2）卡通画造型造意方法

1）写实。写实是一种最常见的、运用十分广泛的表现手法。它将现实中的人或物直接写实地画出来，细致刻画人或物的特征、质感、形态，将精美的质地引人入胜地呈现出来，给人以逼真的现实感，使观者产生一种亲切感和信任感。写实法要十分注意画面上的组合和容易打动人心的部位，运用色彩和背景进行烘托，增强画面的视觉冲击力。

2）夸张。夸张是一般中求新奇变化，通过虚构把对象的特点和个性的方面进行夸大，赋予人们一种新奇与变化的情趣。借助想象，对卡通作品中的对象的品质或特性的某个方面进行相当明显的过分夸大，以加深或扩大这些特征的认识。

夸张可以包括形象、形态、情节的夸张，通过这种手法能更鲜明地加强卡通的艺术效果。通过夸张手法的运用，为卡通的艺术美注入了浓郁的感情色彩，使特征性鲜明、突出、动人。

3）突出特征。突出特征的手法也是我们常见的运用得十分普遍的表现手法，对形象的局部进行强调突出，运用各种方式抓住和强调其与众不同的特征，以独到的想象抓住一点或一个局部加以集中描写或放大，并把它鲜明地表现出来，将这些特征置于画面的主要视觉部位加以烘托处理，以更充分地表达主题思想，使观者在接触画面的瞬间即很快感受到，对其产生注意和发生视觉兴趣。

这种手法是突出卡通主题的重要手法之一，是创作者匠心独具的安排，它给创作者带来了很大的灵活性和无限的表现力，为观赏者提供了广阔的想象空间，获得生动的情趣和丰富的联想，有着不可忽略的表现价值。

突出特征、创造性的想象是新的意蕴挖掘的开始，是新的意象浮现的展示，能产生强烈的打动人心的力量。

4）对比。对比是一种趋向于对立冲突的艺术美中最突出的表现手法。它把作品中所描绘的事物的性格和特点放在鲜明的对照和直接对比中来表现，达到集中、简洁、曲折变化的效果。通过这种手法更鲜明地强调某些人物或动物的性能和特点，给人以深刻的视觉感受。

卡通画中的对比有大小的对比、色彩的对比、性格的对比、主次的对比，这些对比手法的运用，不仅使卡通主题加强了表现力度，而且饱含情趣，扩大感染力。

5）联想。在创作的过程中通过丰富的联想，可以突破时空的界限，天马行空，扩大艺术形象的容量，加深画面的意境。人们在审美对象上看到自己或与自己有关的经验，美感往往显得特别强烈，在产生联想过程中引发了美感共鸣，其感情的强度总是激烈的、丰富的。

6）幽默。幽默的表现手法是指在卡通作品中巧妙地抓住生活现象中局部性的东西，通过性格、外貌和举止的某些可笑的特征表现出来，再现喜剧性特征。幽默的表现手法能引起观赏者会心的微笑，以别具一格的方式，发挥艺术感染力的作用。它能把某种需要肯定的事物，无限延伸到漫画的程度，造成一种充满情趣、引人发笑而又耐人寻味的幽默意境。

7）情感。艺术的感染力最有直接作用的是感情因素，以美好的感情来烘托主题，或真实而生动地反映这种审美感情就能获得以情动人，或以无限丰富的想象构织出神话与童话般的画面，在一种奇幻的情景中再现现实，造成与现实生活的某种距离，发挥艺术感染人的力量，从而获得心理上的满足。

由于情感的渲染有很强的心理感召力，故可以大大提高卡通的宣传和在人们心中的地位，产生不可言喻的说服力。这种充满浓郁浪漫主义、神奇的视觉感受很富有感染力，给人一种特殊的审美感受，可满足人们喜好奇异多变的审美情趣的要求。

8）悬念。悬念这种表现手法故弄玄虚，布下疑阵，使人对画面乍看不解题意，造成一种猜疑和紧张的心理状态，使观众的心里掀起层层波澜，产生夸张的效果，驱动观赏者的好奇心和强烈举动，开启积极的思维联想，给人留下难忘的心理感受。

悬念手法有相当高的艺术价值，它首先能加深矛盾冲突，吸引观众的兴趣和注意力，造成一种强烈的感受，产生引人入胜的艺术效果。

9）系列。从视觉心理来说，人们厌弃单调的形式，追求多样变化、形成一个完整的系列的视觉形象，系列化的表现手法使人们于“同”中见“异”，于统一中求变化，形成既多样又统一，既对比又和谐的艺术效果，加强艺术感染力。

5. 卡通画主体与背景的关系

主体是画面的主要结构、内容之中心，其他人、物围绕呼应。背景是画面中主体背后的景物。

主体应放在画面中心或黄金分割线上，如把主体放在画面最近处，让其在画面占较大面积时也要符合人们的视觉习惯；把主体放在光线中心，使用不等的光比来突出主体，减弱了主体周围的光线，主体自然就突出。主体与背景的关系是，主体亮时，背景就暗淡；主体暗时，则背景就亮起来。为使观众看清重点部分，留下较深的记忆，主体出现的时间可长一些，但也要把握好具体的尺度。可利用景别大小来体现主体。对重点部分，可用近景或特写，使观众看得更真切。也可利用对比烘托主体（虚实、繁简、动静、质地和色彩等）。

背景中包括后景、远景中的人物、建筑、山峦、大地、天空，也可仅仅是人物、静物的衬底，如一面墙、一块黑板、一个台面或一块布。背景能表现人物或事件所处的时空环境，造成各种画面气氛、情调，帮助阐释内容（见彩图 35）。在画面中，主体与背景是图与底的关系，以便相互形成对比，背景不能破坏画面的统一，不能混淆主次表现对象（见图 2—22）。有象背景应注意选择典型环境，确定恰当的景物范围以及影调、色调的处理；无象背景可有影调明暗部位、面积大小以及光影的变化，以烘托气氛，也可作装饰性处理，背景应力求简洁。

图 2—22　画面主次关系

6. 经典卡通画形象回顾

（1）美国

1）《猫和老鼠》。《猫和老鼠》中的汤姆和杰瑞的形象非常经典（见图 2—23）。很多人都欣赏过这部卡通片，《猫和老鼠》虽然没有任何的人物语言配音，但是画面的生动、造型的独特、线条的简洁、色彩的鲜艳，更重要的是情节的精彩吸引着无数观众的眼球。

a)

b)

c)

图 2—23　《猫和老鼠》经典形象

2）《米老鼠和唐老鸭》（见图 2—24）。这是一部风靡全球的喜剧性动画片，收视率居世界之首。片中以米老鼠、唐老鸭、大狗普拉托的活动为主要线索，通过它们一系列不连贯的、片段式滑稽遭遇，运用拟人的手法和心理学、生物学、物理学、哲学等各种原理，向观众展现了一个个幽默的、令人捧腹的、具有高度艺术性的画面。

图 2—24 《米老鼠和唐老鸭》经典形象

3)《白雪公主》(见图 2—25)。《白雪公主》是《格林童话》中最精彩的篇章之一。自 1937 年迪斯尼的白雪公主诞生后，在每一代人的心目中善良美丽的白雪公主和心狠手辣的皇后都是他们永恒的童话主题。白雪公主受到心胸狭隘的后母皇后的妒忌和迫害，被迫流落大森林，后来在七个小矮人的帮助下，她终于以自己的美丽、善良和机智战胜了那个邪恶的皇后。白雪公主是纯洁、善良的化身；新王后是邪恶的代表；而小矮人与王子则是正义的象征。故事说明了善良终将战胜邪恶的道理。

图 2—25 《白雪公主》经典形象

4)《狮子王》(见图 2—26)。《狮子王》是迪斯尼的经典之作，1995 年席卷全球，是动画电影史上的一个奇迹。这是一部充满冒险和传奇色彩的动画片，是迪斯尼的影片制作者们用他们的智慧、才能和创造力，经过四年精雕细琢创造的奇迹。

《狮子王》以其活泼可爱的卡通形象、震撼人心的壮丽场景、感人至深的优美音乐，以及其所描述的爱情与责任的故事内容，深深地打动了许多人。《狮子王》的背景取材于莎士比亚的著名作品《哈姆雷特》，而《狮子王Ⅱ——辛巴的荣耀》则取材于《罗密欧与朱丽叶》。整个剧情跌宕起伏，富有文学色彩。相信看过的朋友一定会有深刻的印象。

图 2—26　《狮子王》经典形象

5)《美女与野兽》(见图 2—27)。《美女与野兽》是动画电影史至今唯一一部曾经获得奥斯卡最佳影片提名的动画片。影片的结构框架和动画所带来的屏幕张力甚至超过了绝大多数非动画类的剧情电影。《美女与野兽》取自《格林童话》，动画细节描绘以及电影中出色的音乐和舞蹈令人惊诧。从绘画细节来说，最受人称赞的舞室场景——融合计算机设计背景以及手绘人物造型，为人们带来了近乎三维的立体感。《美女与野兽》中的“镜头”会恰如其分地拉伸、旋绕和滑翔，以产生动态十足的影

图 2—27　《美女与野兽》经典形象

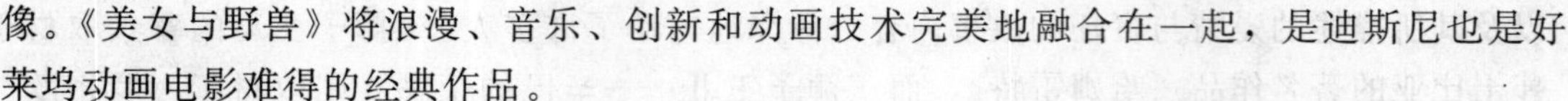

像。《美女与野兽》将浪漫、音乐、创新和动画技术完美地融合在一起，是迪斯尼也是好莱坞动画电影难得的经典作品。

6)《小熊维尼》(见图 2—28)。小熊维尼在世界上可谓是家喻户晓，2003 年，这只可爱的小熊还被《福布斯》杂志列在了“全球 10 大虚拟人物富豪榜”榜首。作为欧洲儿童早期人格教育的重要伙伴，小熊维尼已经成为了“亲切、团结、友爱、互助”的代名词。

小熊维尼还相当讲究生活的品味与舒适，有柔软舒适的床、花卉图案的漂亮窗帘、适合不同季节的衣服，还有源源不断的蜂蜜供应来满足他那永无餍足的胃口。迪斯尼小熊维尼家族的作品繁多，近几年一连推出多部长篇剧情作品，各个角色都有独当一面的作品。

图 2—28 《小熊维尼》经典形象

7)《史努比》(见图 2—29)。史努比震撼了半个世纪，查尔斯·舒尔茨以其睿智、诚实和极具表现力的作品，营造了一个充满幽默、幻想、温暖和忧伤的漫画世界，开创了漫画的新天地。

史努比身为一只小猎犬却偏偏不承认自己是只狗，自认为潇洒，尤其对女孩子温顺、亲切。他不喜欢草丛和猫。他的特技是名人模仿秀，在运动方面是万能选手。它是一只爱运动、爱写小说、喜欢吃比萨、饼干及冰淇淋，却老是记不住主人名字的漫画小狗，50 年来，他的足迹已遍布全球 75 个国家，通过 2 600 多家报纸连载、三亿本漫画、50 部卡通和数以万计的周边商品与世人见面。

图 2—29 《史努比》经典形象

8)《加菲猫》(见图 2—30)。加菲猫一脸傲气，有着语出惊人的独特魅力和人性化的自由享乐主义。这只自由的猫，爱说风凉话、贪睡午觉、喜饮咖啡、大嚼千层面、见蜘蛛就扁、见邮差就穷追猛打。这只世界上最懒惰的猫却成为全世界最受欢迎的猫。

正如加菲猫的创作者——漫画家吉姆·戴维斯所评价的那样：大家爱加菲猫是因为它说出来的话与做出来的事，人们也想说也想做，却因为环境所限不能完成。我们从加菲猫身上看到很多平凡人身上的品质，同时又能够在它身上实现他们无法达到的随心所欲。

图 2—30　《加菲猫》经典形象

9)《忍者神龟》(见图 2—31)。《忍者神龟》诞生于 1984 年，1987 年其第一部动画片播出，它是 20 世纪 80 年代末 90 年代初最棒的动画片之一。据说这四只海龟的相关产品总销售额达 30 亿美元之多。一句“神龟的力量”，就能勾起多少美好回忆。故事讲述了四只平凡的宠物小乌龟和一只来自日本的老鼠，在一场车祸中相逢，并沾上了一种奇怪的液体。奇迹随之发生，他们的身体开始不断长大，智力也快速提高，最终成为四个绿色的变种小海龟，他们为了维护正义，保卫城市家园，勇敢对抗几个不同的邪恶势力。

图 2—31　《忍者神龟》经典形象

10)《可爱的蓝精灵》(见图 2—32)。蓝精灵是一群由 100 多个深蓝色肤色、三个苹果高的人形小生物所组成的精灵群体，他们住在蓝精灵村的蘑菇屋里面。543 岁高龄的蓝爸爸是整个集体的领导者。他们的生活原本该是完美的，但是魔法师格格巫出现了，他是一个坏巫师，整天想方设法抓这些小精灵。

“蓝精灵”征服了世界，其造型深受各国儿童和商家的青睐。蓝精灵的原形取自贝约创作的一个充满稚气的动画形象，贝约寓教于画、循循善诱，通过这一故事展现了人类高尚的情怀和善良品质，也显示了贝约未泯的童心。

图 2—32 《可爱的蓝精灵》经典形象

(2) 日本

1)《铁臂阿童木》(见图 2—33)。《铁臂阿童木》是由漫画家手冢治虫 (1928—1989) 于 1952 年起在月刊《少年》等杂志上连载的。1963 年，《铁臂阿童木》成为第一部真正意义上的日本国产电视动画系列片。在长达四年的播出期间里，创下了未曾有过的高收视率，卷起了一股巨大的热潮。这个可爱、勇敢的机器人形象已经深深印在了那一代人的脑海之中。

图 2—33 《铁臂阿童木》经典形象

2)《圣斗士星矢》(见图 2—34)。《圣斗士星矢》在 1988 年日本动画优秀作品排行榜中名列榜首，是开创了一个时代的作品，它的主题很抽象：“为了世界的爱和正义”。动画片中美轮美奂的圣衣、眩目华丽的招式、动感十足的战斗场面和令人荡气回肠的感情描写，不仅令男生们热血沸腾，也吸引了众多少女的目光。永不放弃的信念、男子汉血与泪的战斗、信赖朋友的友谊更使本片升华到更高的层次。

图 2—34 《圣斗士星矢》经典形象

3)《聪明的一休》(见图 2—35)。《聪明的一休》以历史人物一休宗纯禅师的童年为背景。故事发生在室町幕府时期。曾经是皇子的一休不得不与母亲分开，到安国寺当小和尚，一休不光聪明过人，还富有正义感，他用自己的机智和勇气帮助那些贫困的人，教训那些仗势欺人的人，人们都在传颂他斗智斗勇的动人故事。他一累了就会说“哎，休息，休息一下”，结束时会说“就到这里”，“咯叽咯叽……”的音乐也深深地留在了人们的记忆里。

图 2—35 《聪明的一休》经典形象

片中还有很多令人难忘的形象：贪心的桔梗店老板和小姐、将军阁下、鲁莽的新佑卫门、善良的小叶子、秀年大师、和蔼的长老，他们都个性鲜明。

4)《花仙子》(见图 2—36)。《花仙子》是一部少女风格的日本动画片，是一部阳光灿烂、花香四溢、健康而又美丽的动画片。故事的主人公是一位勇敢、美丽、善良的小姑娘，她的名字叫小蓓，她接受了花王国的任务，去寻找象征着王位的七色花，传说能找到七色花的人，就能得到很大的幸福。在寻找的过程中小蓓受到了娜娜小姐和浣熊波

图 2—36 《花仙子》经典形象

琪的阻挠，但勇敢的小蓓有着非凡的毅力与智能，在朋友咪咪、来福和嘉文的帮助下，并借助花钥匙的神奇力量，小蓓克服旅途中的困难，一次次化险为夷。她热心帮助别人，在旅行中结交了许许多多的朋友，并且得到了他们的祝福。历经了千辛万苦，小蓓终于在充满了大家爱与真诚的花园中，找到了七色花，完成了国王交给的任务，也找到了自己的幸福。

5)《篮球飞人》(见图 2—37)。《篮球飞人》中的每个角色都有他的拥护者，每个人物都能表现出他们的个性，每组镜头、每个动作都能传达一定的意义。《篮球飞人》的播出，奠定了它在日本漫画界的稳固地位。

图 2—37　《篮球飞人》经典形象

6)《机器猫》(见图 2—38)。《机器猫》是 20 世纪 70—80 年代的人们最爱看的漫画之一，它承载着我们儿时的梦想，当时的机器猫或小叮当已经被全面更名为哆啦 A 梦了。机器猫的创造要追溯到 1970 年的某个截稿日，大师藤子不二雄的家里突然闯进了一只小猫，虽然很快就要截稿了，但大师还是和小猫玩了起来，还替小猫挠虱子，而这一挠就是几个小时，等大师发现时间不够用的时候，已经来不及完成稿子了，这时老师像热锅上的蚂蚁走来走去，突然踢倒了女儿的不倒翁玩具，于是老师灵机一动，把猫的形象和不倒翁结合了起来。

图 2—38　《机器猫》经典形象

7)《樱桃小丸子》(见图 2—39)。《樱桃小丸子》原著漫画诞生于 1968 年，作者名叫樱桃子，她把自己的名字作为主人公的名字推出了这部令人捧腹的漫画。每集都围绕着聪明活泼的“小丸子”在生活和学习中和她的家人、朋友、老师、同学之间发生的一桩桩趣事展开。樱桃小丸子小小的豆豆眼，锯齿般的头发帘，一副丑丑的样子，深得孩子和成年人的喜爱。其幽默、夸张又机智的语言和行为，将一个俏皮、聪慧、富有创意又缺点不少的小孩子的性格表现得淋漓尽致。

图 2—39 《樱桃小丸子》经典形象

8)《蜡笔小新》(见图 2—40)。日本动画片《蜡笔小新》和《樱桃小丸子》似乎在中国成人观众中更有人缘。小丸子算是个“正常”孩子，有点蔫儿坏，有点小脾气，有点爱面子，有点羞答答；小新是个幼儿园小班的五岁学生，但他总是喜欢扮大人，做大人的事，他会甜言蜜语，喜欢装傻演戏，让人头大，他深谙成人心理，能服软，也会要挟，闯出什么祸来都有本事自圆其说，让家长、老师哑口无言。

图 2—40 《蜡笔小新》经典形象

(3) 中国

1)《大闹天宫》(见图 2—41)。《大闹天宫》从 1960—1964 年历时四年时间创作完成，绘制了近 7 万幅画作，是一部鸿篇巨制。没有现代的特技、计算机和数字技术，完全凭手工制作出来的这部动画片，从造型设计到人物动作，从脚本到音乐，每一个镜头拿到现在与世界优秀的动画片相比仍然毫不逊色。该动画片可被堪称为中国版的《米老鼠和唐老鸭》。而美猴王孙悟空早在 20 世纪 60 年代就因《大闹天宫》在国际动画界名声大振。

图 2—41 《大闹天宫》经典形象

2)《哪吒闹海》(见图 2—42)。《哪吒闹海》是我国第一部彩色宽银幕动画片，动画片中那精细的画面、充满个性的人物造型、张弛有度的音乐和有趣的神话故事，无不给观众留下深刻印象。

动画的拍摄凝重华丽并重，人物造型参照民间的门神、寺庙壁画的形象，具有典型的装饰风格；而影片中的音乐则承袭了中国传统动画的一贯风格，音乐的表现力跌宕起伏，悲伤时低沉婉转，催人泪下；紧张时高亢激昂，时时紧扣观众的心弦。其实对于那些在 20 世纪 80 年代出生的观众而言，《哪吒闹海》不仅是一个神话，更是那深埋于人们心底的光荣与梦想。

3)《骄傲的将军》(见图 2—43)。《骄傲的将军》开创了中国民族风格动画片的先河，在中国动画史上占有重要的地位。该片在创作上借鉴了中国的传统戏曲尤其是京剧的许多元素，主要人物造型也采用了京剧脸谱：将军是大花脸，食客师爷则是二花脸。在场景安排上强调舞台感和空间感，颇有特色。另外，影片把“临阵磨枪”这个成语非常巧妙地诠释了一番。将军得胜后沉湎花天酒地，纸醉金迷。伴他征战的枪搁置在架上，被蜘蛛网围了个密密麻麻。眼看他日渐发福，武功日渐退化，举个一百多斤的石担也把他的脸色憋成酱爆猪肝色。待敌军逼到家门口，他才慌忙叫手下去取武器。此时的枪已锈蚀成废铁，

图 2—42 《哪吒闹海》经典形象

图 2—43 《骄傲的将军》经典形象

再磨也无济于事。将军只好束手就擒，怎么也骄傲不起来了。

4)《小蝌蚪找妈妈》(见图 2—44)。《小蝌蚪找妈妈》是中国第一部水墨动画片，打破了动画片“单线平涂”的模式，没有边缘线，意境优美，气韵生动。20 世纪 50—60 年代的中国水墨动画是世界动画界的珍宝，《小蝌蚪找妈妈》就是代表作之一，取材于齐白石的鱼虾形象，奠定了影片的美术水准。

图 2—44　《小蝌蚪找妈妈》经典形象

5)《三个和尚》(见图 2—45)。“一个和尚挑水吃，两个和尚抬水吃，三个和尚没水吃”，这部动画片的脍炙人口程度已经无须多说了。其中的人物造型运用简单的线条勾勒而成，令人耳目一新。作为一部从头到尾都没有一句台词的影片，其中的配乐就大显功力了，事实表明其配乐堪称经典，至今在音乐会上都能听到此音乐的演奏。

图 2—45　《三个和尚》经典形象

6)《天书奇谭》(见图 2—46)。《天书奇谭》是中国第三部剧场版动画长片。这是美影厂迄今的五部长片中唯一一部使用原创情节的动画。由童话家包蕾编剧的这部动画情节曲折，妖精并非无能之辈，主人公反反复复的几次斗争都充满了悬念。而且无论正面人物还是反面人物，蛋生、袁公、狐精、县太爷、府尹、小皇帝均非常有特点。

图 2—46　《天书奇谭》经典形象

7)《葫芦兄弟》(见图 2—47)。传说葫芦山里关着蝎子精和蛇精，穿山甲告诉一个老汉，只有种出七色葫芦才能消灭这两个妖精。葫芦种子是神为了克制妖精的力量而赐予人类的宝物，葫芦兄弟们就是神的使徒。老汉种出了红、橙、黄、绿、青、蓝、紫七个大葫芦，红娃是大力士，但有勇无谋，落入蜘蛛网被擒。橙娃是千里眼和顺风耳，却被妖精的六棱镜射瞎了眼睛 。黄娃是硬铁头，由于寡不敌众，被妖精用磁石吸住。绿娃有水性，被妖精用罂粟花醉倒。青娃会火功，又被妖镜的寒光变成冰人。蓝娃有隐身术 ，想去偷妖精的如意宝镜，反被他们吸进石塔。紫娃想把妖精吸进自己的宝葫芦，也被他们活捉。妖精把七兄弟送进炼丹炉，想炼成七心丹。这时，他们联合起来，发挥各人的法术，冲出炼丹炉，终于打败了妖精，把他们收进宝葫芦里。

七色的葫芦，代表了人类的七种情感，大娃单纯、开朗，充满激情；二娃耳聪目明、善良温和；三娃铜头铁臂，刀枪不入，意气风发；四娃始终不曾伤害过任何一个人，对于他来说，喷水是为了救人，而不是伤人。五娃喷的是火焰，与四娃喷的水相比是个极端。六娃是隐形的，是自由的风，无拘无束。七娃是特别的存在，他的能力凌驾于其他六位葫芦娃之上，七娃的遭遇是矛盾的感情悖论在片中的倒影。《葫芦兄弟》隐喻着一个关于信念的故事、一个关于救赎的故事、一个关于牺牲的故事。

图 2—47　《葫芦兄弟》经典形象

2.1.2 卡通动物画法练习

1. 卡通动物的特征

在卡通画世界里，动物占有相当大的比例，它们是生态世界中重要的组成部分，是人类的生存伙伴。在卡通绘画中，它还充当着演绎人类丰富情感世界的主角。动物的千姿百态被设计师们充分地发挥利用，并注入了人类的思想感情，使得动物也变得和人一样感情丰富，在卡通的世界里，动物过着同人一样的生活，和人一样也有忠奸善恶、喜怒哀乐，也有幽默、滑稽、率直、凶残、冷酷、自私的特点，让原本有趣的卡通世界更加丰富多彩。

了解动物的形象特征是不够的，我们还要掌握动物的生活特征，这样绘制出来的作品才能更生动、更贴近生活。在卡通绘画中，由于动物的种类多，所以在表现手法上也会有所不同。可通过强化夸张的表现手法表现动物本身最显著的外部特征。比如，大象的鼻子、鸟的嘴巴、兔子的耳朵等。人的耳朵在头部的两侧，而动物的耳朵大多数是成45°角向上竖起，口鼻部也较人类更为突出（见图2—48）。

图2—48 动物外部特征

（1）哺乳类动物的主要特征（见图2—49）。哺乳类动物多数在陆地生活，更接近人类，最重要的特征是：智力和感觉能力的进一步发展；繁殖效率的提高；获得食物及处理食物能力的增强。这一切涉及身体各部分结构的改变，包括脑容量的增大和新脑皮层的出现，视觉和嗅觉的高度发展，听觉比其他脊椎动物有更大的特化；牙齿和消化系统的特化有利于食物的有效利用；四肢的特化增强了活动能力，有助于获得食物和逃避敌害。

a)

b)

图2—49 哺乳类动物

a）牛 b）狮

（2）两栖动物的主要特征（见图2—50）。两栖动物是一种具有四肢的脊椎动物，是人们熟知的一类动物，是脊椎动物进化史上由水生向陆生的过渡类型，成体可适应陆地生活，但繁殖和幼体发育还离不开水。它们皮肤的腺体发达，缺少其他四足动物特征性的鳞片、羽毛和毛发等表皮结构。大多数两栖动物的幼体生活在水中，像鱼一样有尾巴，并用鳃呼吸，而它们的成体在陆地上生活，用肺呼吸，尾部消失。

全世界的两栖动物共有4 000余种。根据它们的形态分为三大类：

1）蚓螈目（无足目）。主要特征是体细长，没有四肢，尾短或无，形似蚯蚓。

2）有尾目。主要特征是体圆筒形；有四肢，较短；终生有长尾而侧扁；爬行，多数种类以水栖生活为主，形似蜥蜴，如大鲵，俗称“娃娃鱼”，是现生体型最大的两栖动物。

3）无尾目。主要特征是体短宽；有四肢，较长；幼体有尾，成体无尾，跳跃型活动，幼体为蝌蚪，从蝌蚪到成体的发育中需经变态过程，如蛙和蟾蜍。

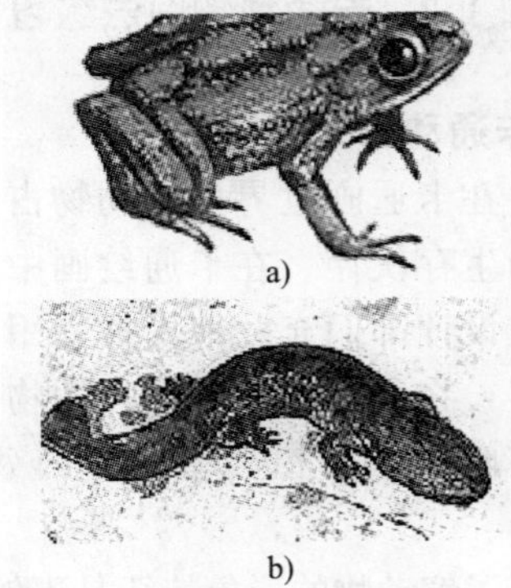

图 2—50 两栖动物

a）蟾蜍 b）大鲵

（3）鸟类的主要特征（见图 2—51）。鸟类是脊椎动物中最繁盛、分布最广的一类，是脊椎动物中最成功的飞行者，它具有区别于其他动物的特征——身上长有羽毛。鸟类有了羽毛，才获得了巨大的飞行能力，使它的外形更趋向流线形，更为五彩斑斓。鸟的羽毛与哺乳动物的毛不同，哺乳动物的毛是一根一根的，而鸟的羽毛（正羽）是一片一片的。鸟的身体呈纺锤形，全身覆盖羽毛，绒羽生在正羽下面，没有牙齿，有角质喙。

图 2—51 鸟类

a）大山雀 b）犀鸟 c）黄鹂 d）百灵

（4）鱼类的主要特征（见图 2—52）。鱼是适应水栖生活的低级冷血脊椎动物，终生生活在水中。鱼的头部不能灵活转动，用鳃呼吸，以鳍游泳，多数鱼用鳔来控制身体在水中的升降。鱼的身体分头、躯干和尾三部分。鱼的体型一般有纺锤形、侧扁形、平扁形和圆筒形四种，与生活条件有关。生活在中上层和开阔水面、避敌和追食能力强的鱼一般为纺锤形；生活在静水的中层和中下层的鱼一般为侧扁形；平扁形和圆筒形鱼一般生活在水的底层，游泳能力差。

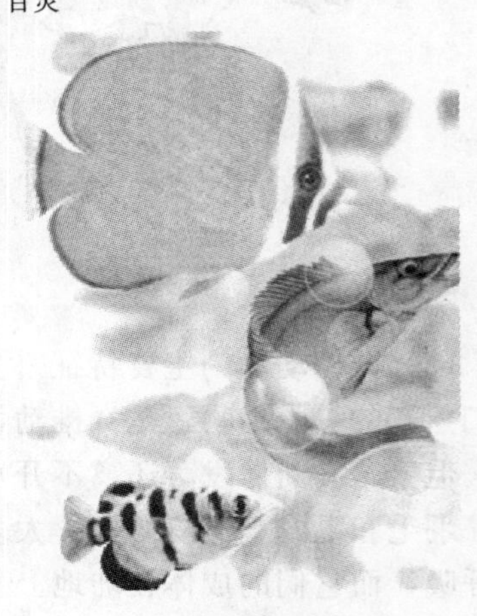

图 2—52 鱼类

（5）头足类动物的主要特征（见图 2—53）。头足类动物是一群足生在头部的软体动物。头足类动物包括现存于世的400多种软体动物，如乌贼、章鱼、蛸、船蛸以及较少见的鹦鹉螺等。鹦鹉螺在百米左右的浅海水底爬行，而章鱼则在水底洞窟、岩隙或石缝中潜居，并能利用生在头部的八条脚将有坚硬外壳的虾、蟹紧紧包住，继而食之，又称八爪怪。生活在深海中的大王乌贼，体长18 m，体重约30 t。它的一条腿的直径如同一根电线杆一样粗。它腿上的吸盘有好几百个，最大的吸盘有盛菜的盘子那么大。

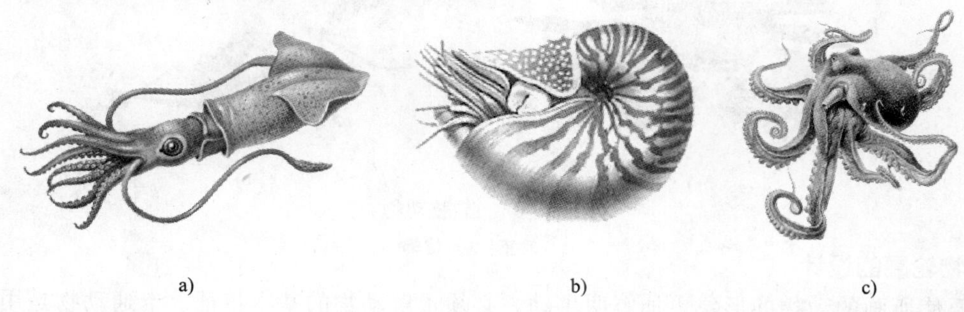

a)　b)　c)

图 2—53　头足类动物

a）乌贼　b）鹦鹉螺　c）章鱼

（6）环节动物的主要特征（见图 2—54）。环节动物身体由许多形态相似的体节构成，这是无脊椎动物在进化过程中的一个重要标志。体长圆柱形或长而扁平，左右对称，由前后相连的许多环节合成。有的有不分节的附肢，即疣足；有的无附肢，而只有刚毛，以佐运动。体腔多数明显。可分原环虫纲（如角虫）、毛足纲（如沙蚕、蚯蚓）和蛭纲（如蚂蟥）三纲。

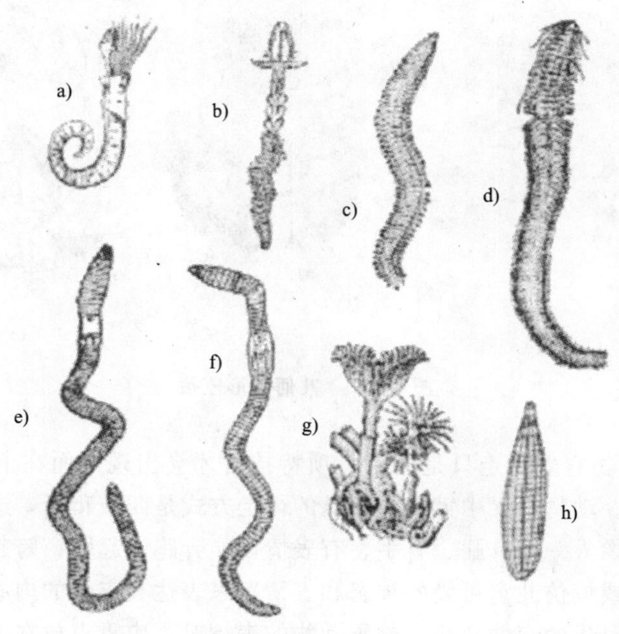

a)　b)　c)　d)　e)　f)　g)　h)

图 2—54　环节动物

a）螺旋虫　b）毛翼虫　c）疣吻沙蚕　d）沙蚕　e）环毛蚓　f）异唇蚓　g）龙介虫　h）宽体蚂蟥

(7) 节肢动物的主要特征（见图 2—55）。常见的节肢动物有螃蟹、蜈蚣、马陆、蝎子、蜘蛛、鼠妇、蝥虫、螳螂、蝉、斑蝥等。节肢动物身体两侧对称，身体分节和具有分节的附肢，营自由生活或部分寄生生活。

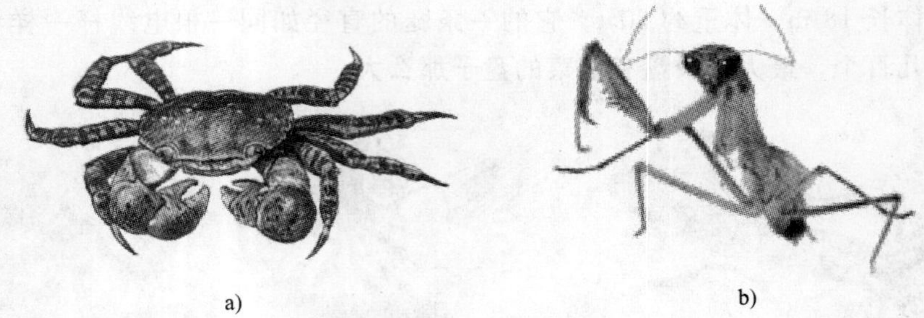

a) b)

图 2—55 节肢动物

a) 螃蟹 b) 螳螂

2. 动物轮廓的设计

要使所画的动物的形象更加鲜明生动，必须了解动物的基本特征。卡通动物是用几何图形表现动物的五官、四肢。大多数卡通动物形象都能用几个简单的几何图形加以概括（见图 2—56）。一般最常用的图形是圆形、三角形、椭圆形，还有云彩形、锯齿形等。不同的圆与椭圆是勾勒动物基本结构最好的几何图形。很多活泼可爱的动物造型都是由各种弧线的圆所构成。我们可以用写生的方式和画圆的手法，对动物在造型上加以概括。动物身体多呈梨形，随着它的身体运动，可任意拉长、变形、压扁，它们通常挺着小肚皮，四肢也较人类更丰满有力。一双大脚板更是显出动物的可爱与笨拙。

a) b) c)

图 2—56 几何图形概括

a) 小熊 b) 小猪 c) 小乌龟

现实生活中动物直立行走只是作为一项特技时才会出现，而在卡通世界里这是一件再普通不过的事了。动物世界中大多数成员的行走方式是四肢爬行，这是与人类的最大区别之一。卡通动物像人一样有腿、有手、有表情，能奔跑、起跳、跨越、攀登，能运用人的各种肢体语言，或模仿儿童可爱的神态和表情，来表达其丰富的内心世界。动物与人一样，同样具有喜怒哀乐的表情变化，刻画动物的表情时，应重点放在五官的造型上，通过适当的夸张与变形，使动物形象更有幽默感与趣味性（见图 2—57）。随着人们想象越来

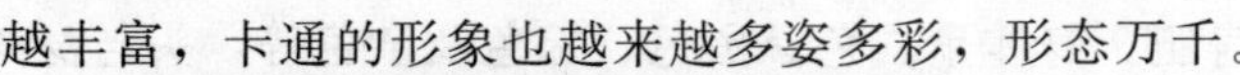

越丰富，卡通的形象也越来越多姿多彩，形态万千。

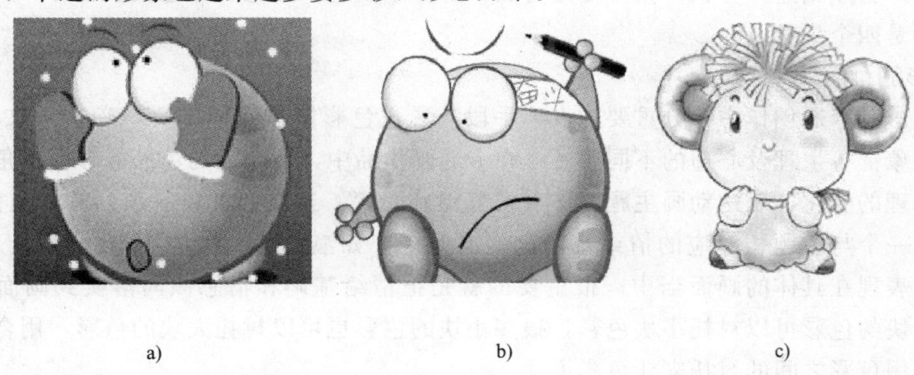

a)　　b)　　c)

图 2—57　卡通表情

a）惊讶　b）悲愤　c）可爱

十二生肖的特征（见彩图 36）：

鼠：体形比较小，尾长而尖，头与身体的比例约三个头长度，耳朵比较小，后腿比前腿长 2 倍，嘴上有长胡须。

牛：角比较短，角根粗尖细，头皮松垂，肌肉发达，大部分肌肉集中于头、胸、臀部，黄牛近乎赭黄色，头与身体的比例约四个头长，四肢粗壮。

虎：耳短尾长。四肢都有五趾及钩爪，尾尖黑色，头部黑纹较密，耳背黑色，当中有一白斑，身体与头的比例是四个头长，三个头高。

兔：耳朵有长的、有短的，能够左右转动。眼有红有黑，后肢比前肢约长两倍，兔头与身体的比例和鼠相似都是三个头长。

龙：头有角，脖子有长须，嘴比较大，身上有鱼鳞片、四肢都有利爪，头与身体的比例是 8 个头长，前腿在两个头长的位置，后腿在身体的三分之二处。

蛇：软体动物，头三角形，身体似绳形，体色为绿色、花色或黑色，眼睛小而圆，嘴比较大，尾巴细尖，身上有鱼鳞纹、圆纹、网纹等，蛇一般是盘起或成“S”形。

马：躯体雄健，头覆长鬃毛，四肢长，颈部稍长于头部，四肢各有一趾，颈部较长，头比脖子短点，身体的长度约两个头长。

羊：身毛短，有两只角，颌下有长鬃，毛有白色、黑色、杂色等，头骨略大，山羊的角从眉毛骨上方长出，腿细，尾巴也比较短小。

猴：背上部棕灰色或棕黄色，股底红色，脖子短，上肢长，下肢腿弯曲，头部与身体是三个头长。

鸡：雄者身体高大，色泽艳丽，并有高耸的肉冠，长尾，脚有距，能鸣善斗；雌者色暗，冠小尾短，眼睛圆形。

狗：爪有五趾，后腿长于前腿，听觉、嗅觉灵敏，耳根不外露，鼻子前部较平且湿润，爪较厚，不具收缩功能，用脚趾行走，头部与身体的比例约四个头长。

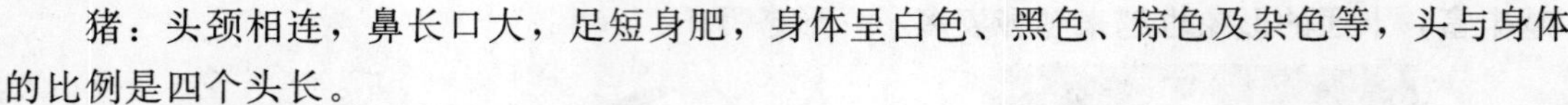

猪：头颈相连，鼻长口大，足短身肥，身体呈白色、黑色、棕色及杂色等，头与身体的比例是四个头长。

3. 色彩的运用

色彩是卡通创作中十分重要的表现手段，通过色彩能够传递感情，产生印象、情感、隐喻、象征等生理及心理的不同感受，在卡通画作品中，所使用的色彩能够反映角色的心理、生理的变化，表达动画主题、作者的思想感受等。当我们设计一系列的卡通作品时，都会有一个与主题相对应的情绪基调和情感倾向，如浪漫的、欢快的、沉闷的、悲伤的等。而表现在具体的画面当中，很重要的就是把情绪基调和情感倾向落实到画面的色彩上。大块的色彩可以衬托小块色彩，很多小块的色彩也可以衬托大块的色彩，用合适的色彩和利用色彩之间的衬托来让色彩说话。

色彩可以表现出生动、活泼，也可以表现出精细、庄重，还可以表现出冷漠、沉闷或亲切、明快等。亮丽的颜色，如黄、红、绿等通常用来表现生动、活泼、可爱，如欢快的小鸟（见彩图 37）；深颜色如黑、灰、赭等通常用来表现冷漠、凶猛、沉闷；灰色、黑色、土黄色、深红色通常用来表现古朴风格。比如美国动画影片《狮子王》中，代表反面角色的狮子就是使用黑褐色来突出其凶恶特征（见彩图 38）的。全片运用了强烈的色彩对比，如设计者把暖色调、冷色调分别设计在同一块石头中，分别代表善与恶，突出宏伟振奋与破落颓废，其色彩表现给观众带来的心理感受是完全不同的。

色调因不同的场景、不同的时间、不同的气氛而不同。它影响着卡通作品基调的形成和风格的展现，对色彩的选择与设计也体现了设计者的审美情趣和艺术素养。中国的卡通片在色彩运用上鲜艳无比，红花红得媚，热情、奔放，象征生命；绿草绿得嫩，是大自然草木的颜色，意味着自然和生长。不论是茂密的森林，还是多彩的海洋都做得很漂亮。色彩给人造成的视觉冲击力是毋庸置疑的，所以应正确选择动画中的色彩，达到突出主题的效果。

2.1.3 卡通人物画法练习

1. 卡通人物的特征

人物通常是卡通画的主要内容。首先应该了解人体的比例和结构。

（1）人体比例（见图 2—58）。成年人身体一般是头的 7.5 倍，孩子的头部较大，一般比例为 3～4 个头高。人体立姿为 7 个头高，坐姿为 5 个头高，蹲姿为 3 个半头高，立姿手臂下垂时，指尖位置在大腿 1/2 处。由于骨骼收缩，老年人的比例较成年人略小一些，在画老年人时，应注意头部与双肩略靠近一些，腿部稍有弯曲。在卡通世界里，经常采用一些夸张的画法，在适当的部位做一些变形处理，也常会运用一些夸张手法将人物的身材拉长或缩短。可爱的卡通形象可以是 2～3 个头高，不同的强大英雄、怪物，有 8～10 个头高的。

（2）性别特征（见图 2—59）。女性的特点是肩膀窄，肩膀坡度较大，脖子较细，四

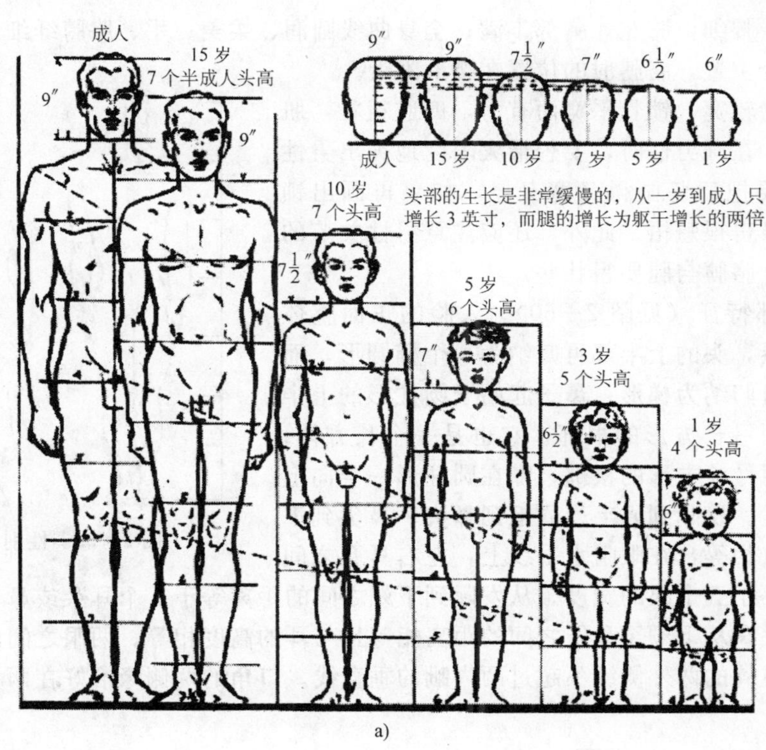

a)

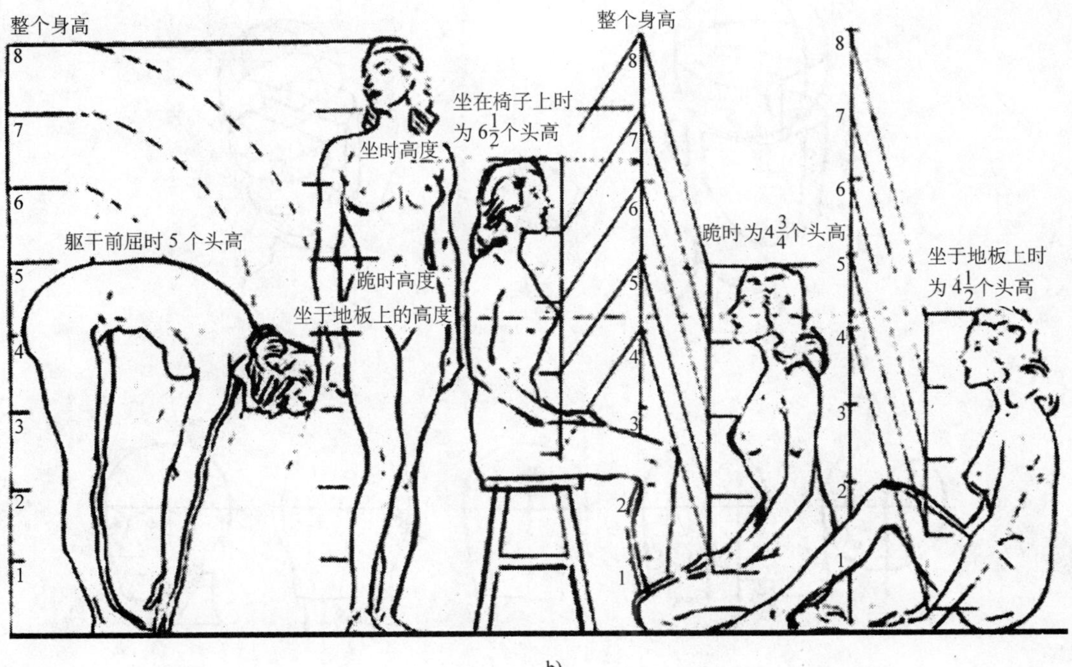

b)

图 2—58　人体比例

a）不同年龄身体比例　b）不同姿势身体比例

肢比例略小，腰细，胯宽，胸部丰满；全身曲线圆润、柔美；手、胳膊纤细，手腕和大腿根部在同一个位置，胳膊肘的位置在腰部附近。

男性肩膀较宽，锁骨平宽而有力，四肢粗壮，肌肉结实饱满。在画男性时，要想最大限度地突出男性的特征，就要把肩膀画得又宽又厚，如果再画出锁骨，人就会显得很魁梧。此外，还应注意男性关节的起伏感，手、胳膊与腿要粗壮些。

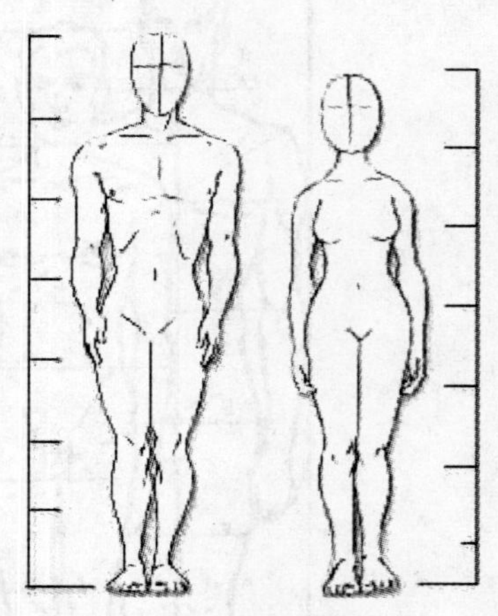

图 2—59　性别特征

（3）头部特征（见图 2—60）。人脸的正面整体形状像个鸭蛋，头的上半部可归纳为一个椭圆形，而头的下半部可归纳为梯形；鼻子起始于圆柱形的上半部，终止于眉弓长方形的根部，它也是一个长方体；眼睛也位于眉弓长方形的根部；嘴在圆柱形一半向上一点儿的位置。发际到眉毛、眉毛到鼻尖、鼻尖到下巴的距离大致相等，在眼睛水平线上，左右耳孔之间的距离正好等于五个眼的宽度。从发际到下颏之间的距离等于 3 个耳朵或鼻子的高度，即从发际至眉毛和从下颏至鼻子之间的距离相等且与耳的高度相等。两眼之间的距离为一个眼的宽度，鼻翼的两外侧缘不超过两内眦的垂直线。口角的两侧缘恰好在两角膜内侧缘的垂直线上。

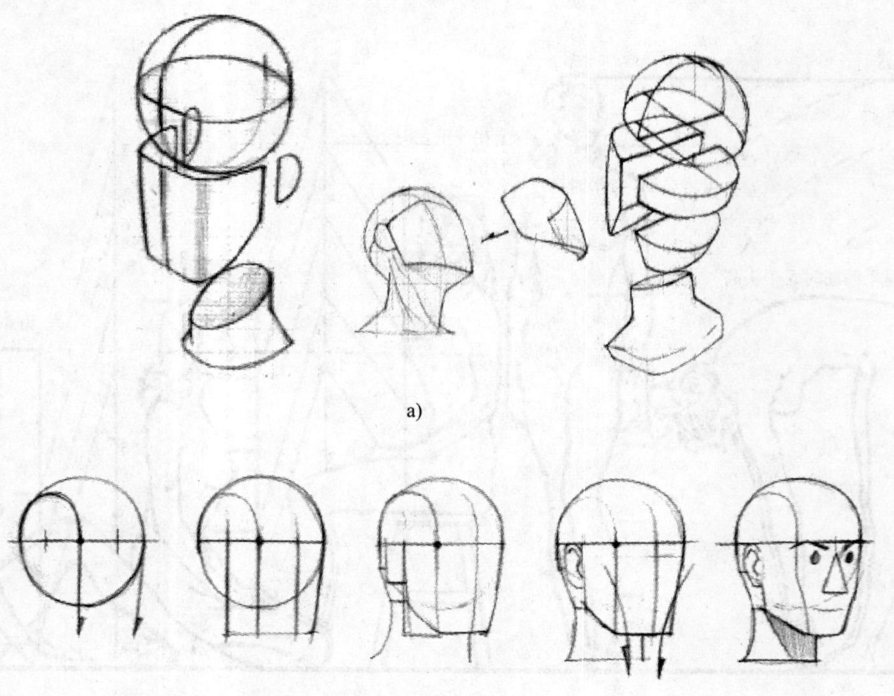

图 2—60　头部特征

a）头部结构　b）五官比例

通过对头部的基本结构的理解，可以画出头部的基本形状，这样会使其形体结构更准，然后在此基础上通过轻微变化便可以画出不同的人体头部。例如女性的头骨小，线条较柔和，脸、鼻线条圆润，前额圆满，眉骨不凸，下巴一般比男性稍尖，皮肤较白，睫毛长。在卡通画中，女孩的形象便成了大眼、圆脸、小翘鼻、小嘴的样子，这是由真实夸张而来的。男性眉骨较高，前额平坦，头骨形状较方，线条粗犷，脸一般比女性长，眉毛比较浓、粗，鼻子线条较接近直线，鼻形比女性的宽大，脖子比女的粗；男性的眉毛则一般画成剑眉，和眼睛的距离比较近，这样可以使眼睛透出一股英气。男性线条可用直线勾勒，平坦的前额，突出的眉骨，粗眉、粗脖子、笔直的鼻梁，转折明显的颌骨（见图2—61）。

图 2—61　不同性别的头部特征

(4) 表情特征（见图 2—62）。面部表情的变化是刻画人物的关键，通过人物面部表情，可以使读者了解人物内心的感受，丰富的表情富有极大的魅力，能使画面更加生动。

1) 笑。有微笑、大笑、抑郁的笑、紧张的笑、尴尬的笑等。一般表现为嘴角上翘或张大，眼睛变细、变弯。高扬的眉毛和一张微笑的大嘴通常最能表现欢快和兴奋的心情。

2) 悲哀。一般表现为眉毛下弯，下眼眶弯曲，表现压迫感、悲伤或愤怒的情绪，且嘴角向下弯曲。

3) 惊讶。一般表现为张大嘴，瞪大眼，眉毛往上飞起，眼睛很大而瞳孔相对小些，这是人物脸部独特的夸张方式，当人物极度吃惊的时候，眼睛几乎会撑满脸上空白部分。

4) 生气。一般表现为眉毛上竖，嘴角下扣，眼珠变大，眉头紧锁，鼻梁处与眉毛缠结到一起。

5) 哭泣。如委屈的哭、乐极而泣。一般表现为眉毛、眼角往下倾，张大嘴或嘴角向下，脸上挂泪或爆发出来。

图 2—62 各种表情特征
a）笑 b）悲哀 c）惊讶 d）生气 e）哭泣

2. 轮廓的设计

（1）外形轮廓（见图 2—63）

1）婴儿。头特别大，胖乎乎、圆墩墩的，宽额头，看不到脖子，身长是等分，脚短。

2）儿童。头较大，手脚的线条较细而且比较短。

3）年轻女性。线条比较细腻，肩部略斜，整体呈曲线形，腰部很细，胸部隆起，臀部较大，脚踝较细。

4）年轻男性。线条有力，肩幅较宽，胸部呈扇形，腰比肩窄，脖子较粗，脚大。

5）中年女性。要比年轻的女性更强调曲线，眼睛略小，微胖，脚踝较粗 。

6）中年男性。比年轻男性略胖，头发较稀疏。

7）老年女性。弯腰驼背，肩部略斜，膝盖略微弯曲。

8）老年男性。弯腰驼背，两脚分开，膝盖有点弯曲，肩部较窄，若再拄上拐杖就更显老了。

图 2—63　外形轮廓

a）婴儿和儿童　b）年轻男女　c）中年男女　d）老年男女

（2）头部轮廓（见图 2—64）

1）幼儿。幼儿的五官都集中在脸部下半部。

2）儿童。眼睛大大的，口、鼻小小的。眼睛的位置在脸部 1/2 以下的部位，下巴的曲线是圆的，眼睛和眉毛的位置距离远。

3）青年女性。眼睛大致在脸部 1/2 的位置。脸圆润，眼睛大大的，眼珠儿又黑又大，鼻子小巧玲珑，嘴巴娇小可爱，眉毛柔软弯曲，下巴的线条柔和。从脸蛋到下巴的线条要有弧度、柔美、流畅。

4）青年男性。眼睛在脸部 2/3 的部位。眼睛较小，口、鼻较大，眉毛略微上扬，嘴形清晰而且较长，鼻线画得越直越能显现出男子汉的刚毅，眉毛粗一点比较有男人味，若画成弧形会显得温柔。下巴应该画得方些，线条较粗犷，脖子要画得略粗，富有立体感。

5）中年人。中年人的眼睛比年轻人的要细小。而且眼睛和嘴的周围有细小的皱纹，男性的脸部块面分明，女性的脸则稍微丰满些。

6）老年人。老年男性脸部的骨骼最为凸出，女性则稍微丰满些，他们的口、眼、鼻四周都有很明显的皱纹，一般来说眼睛都是细细的。

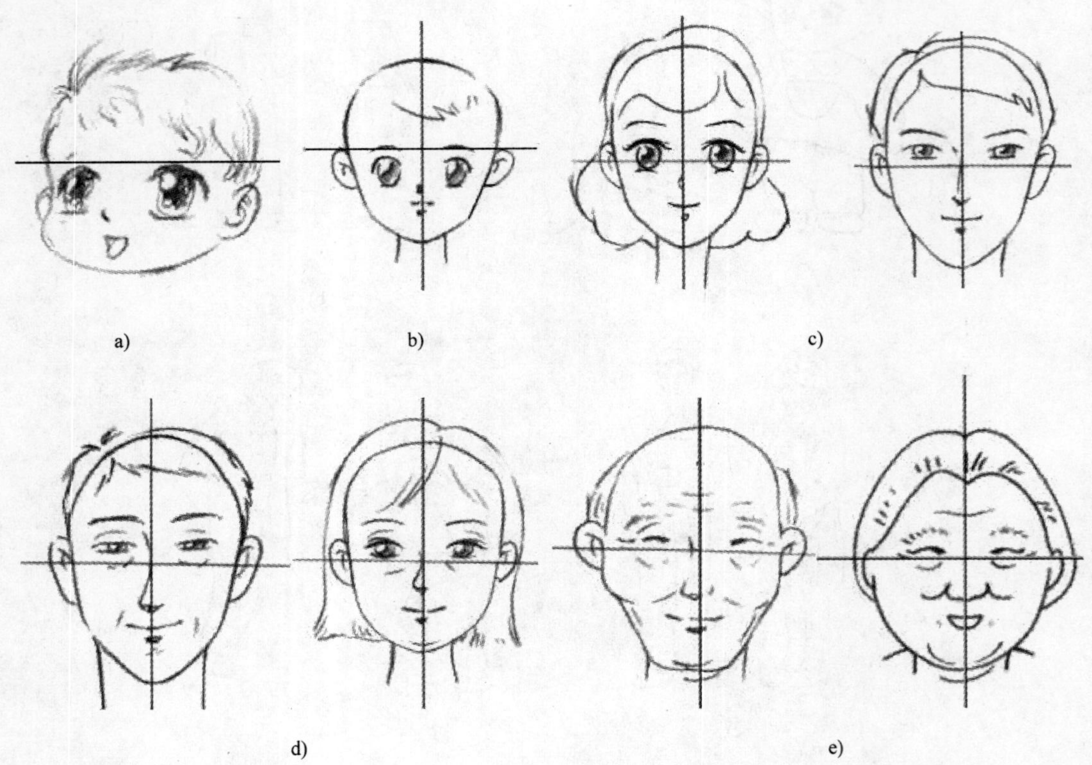

图 2—64　头部轮廓

a）幼儿　b）儿童　c）青年男女　d）中年男女　e）老年男女

（3）透视

1）身体透视（见图 2—65）

①正视。可以将人体看成是一个长方形，也就是说人体不同角度的透视就是不同长方形角度的透视。然后按分段的方法将长方形分为有透视的七段或八段，先将长方形画出对角线，然后按着几何的分法在对角线相交处画上一条平行线，长方形的每一段就是一个头高，而胸腔的长度、肘到手指尖和膝盖到脚底的长度均为两个头高。

②俯视。从正面或是背面正上方的角度来画，需要考虑其透视关系。就是说头部最大，到脚尖处越来越小，头部大，肩膀也大，和脚比起来手略长略大。

③仰视。脸朝上，比较小，腿比上身要长，略粗些，脚最大，越往上越小，给人感觉脚长身短，俯视和仰视正相反。

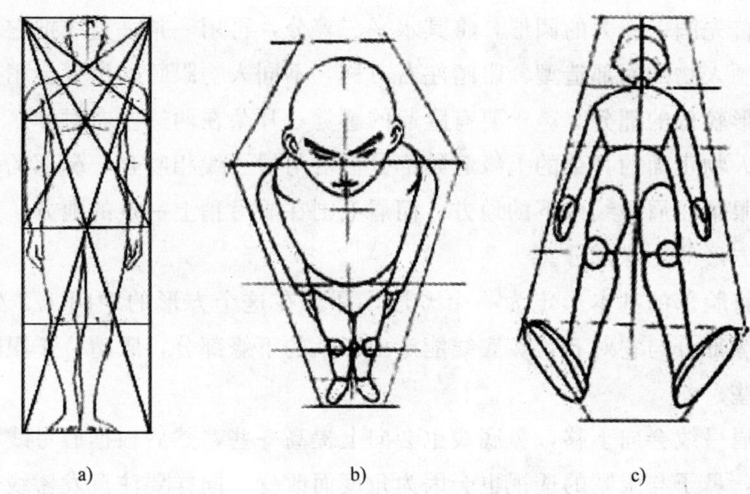

a）　　　　　　　　　b）　　　　　　　　　c）

图 2—65　身体透视

a）正视　b）俯视　c）仰视

2）头部透视（见图 2—66）。人的头是一个球体，是立体的。在圆形的基础上，将人脸部十字线画出来，根据十字线的位置来确定人物眼睛、鼻子、嘴等位置。

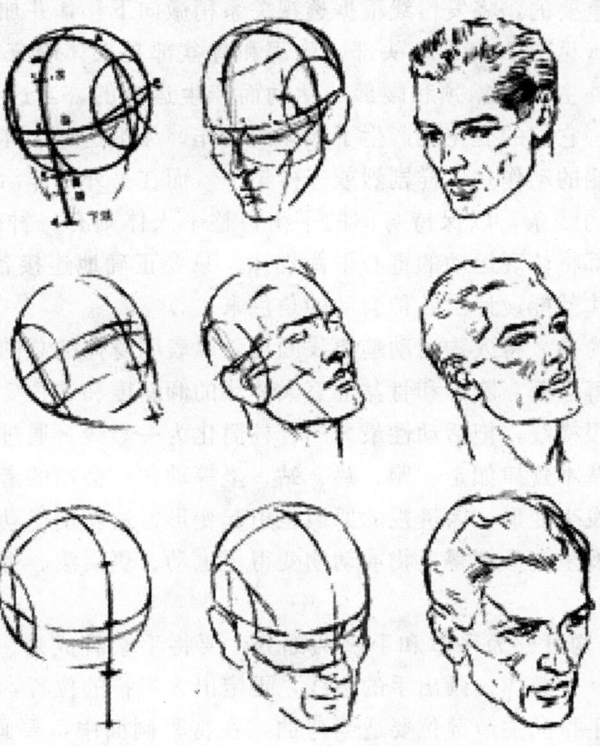

图 2—66　头部透视

①正视。首先画一个大的圆形，将其水平三等分，再用一条垂直线把它对半分开。其比例取决于所画人物的面部造型。眼睛左右对称，不同人物眼睛的位置会稍微不同，但它们通常位于圆形较低的部分。鼻子要有隆起的感觉，耳朵在两边左右对称，位置在眉弓到鼻底线之间。人物正面的耳朵的上缘起始部分恰恰与眉弓线相吻合，鼻部的鼻底线正好是耳朵的下缘，眼睛在眉弓线以下的地方，而眉毛则在眉弓稍上一点的地方，发髻线的位置在头部眉弓长方形的上缘部分。

②侧视。将脸部的基本形定为一个方形，耳部在这个方形的中间 1/2 处，定下眉弓线，耳朵的上缘部分与它对齐，鼻底线能定出耳朵的下缘部分，眼睛位于眼眶的里面，将它画得向里一些。

③仰视。眉弓线会向上移，鼻底线也会向上提高一些，然后根据眉弓线和鼻底线将耳朵的位置定好，鼻子与眼睛的透视也会因为角度而改变，同样要注意发髻线也要相应地向上提高。

④俯视。头顶变大，下颌变小，鼻子向下，眼睛眉毛略微向外侧上扬。头部的大体形定好后，根据俯视的透视关系将眉弓线定好，再根据眉弓线与鼻底线将耳朵的位置定好，并根据眉弓线将眉毛画好。其中有一点要注意的是，眼睛的形状和仰视相反，颈部与头部的穿插关系也是很重要的，将发髻线根据透视关系稍微向下移，并加上头发。

（4）动作特征（见图 2—67）。头部、胸部和骨盆部是人体中三个最大的体块，身体的活动除了四肢以外主要是靠颈和腰部的活动而产生运动的。当这些体块向前后左右屈伸、旋转、扭动时，它们的变化就产生了人体的动作。无论这三个体块是处于什么样的位置，不论它们在一侧的动作是怎样剧烈或怎样集中，而在另外的非活动的一侧，相对地总是有一种比较柔和的线条，以保持身体的平衡，整个人体则有一种微妙的、生动的协调感，人的所有动作都将体现运动的重心平衡规律。只要正确地连接各个关节人就会活动，按照关节活动的规律就能设计出各种会动的角色来。

以支重的一侧为准，将人物运动趋势线画出，以表明身体的总的倾向，然后，将四肢的运动线画出。理解头部、胸部和骨盆部三大体块的倾斜度和透视变化，可以把肩膀与骨盆的关系简化为两根横线，把活动性最大的脊柱简化为一竖线，通过它们之间的变化规律来掌握人体运动的基本规律如走、跑、跳、站、坐等动作。会动的卡通是连续的、渐变的动态形象，运动会发生变形，因透视的原因也引起变形，这就使得动态变形变得复杂。在运动中人物或动物发生变形使得人物或动物变得更生动、更活泼、更富有动感。

（5）四肢

1）手。手的结构可分为手掌和手腕两部分，要将手掌看成是一个不规则的五边形，把这两部分看做是一个整体，画出手的边线，再定出大拇指的位置，要明确每个手指的长度是各不相同的，手指的关节部位要适当弯曲，在特写画面中，要画出手指的两个关节，特别要强调一下拇指和小指的外轮廓线，这样会更有立体感（见图 2—68）。

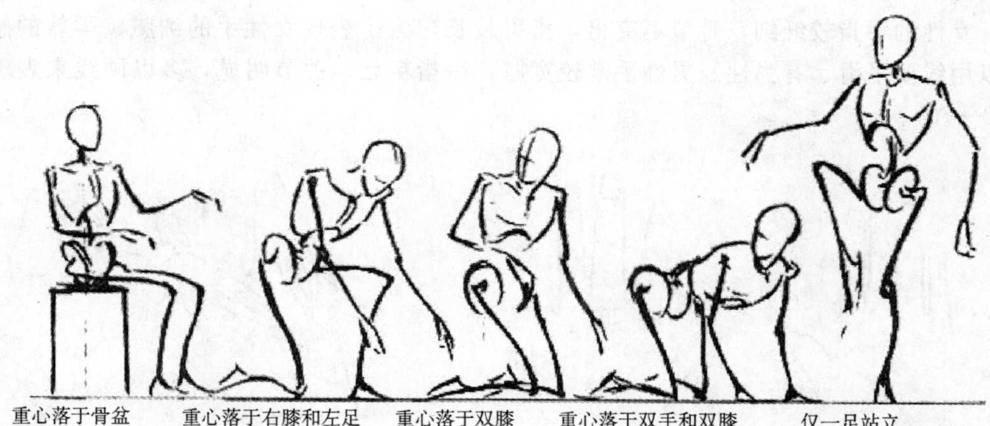

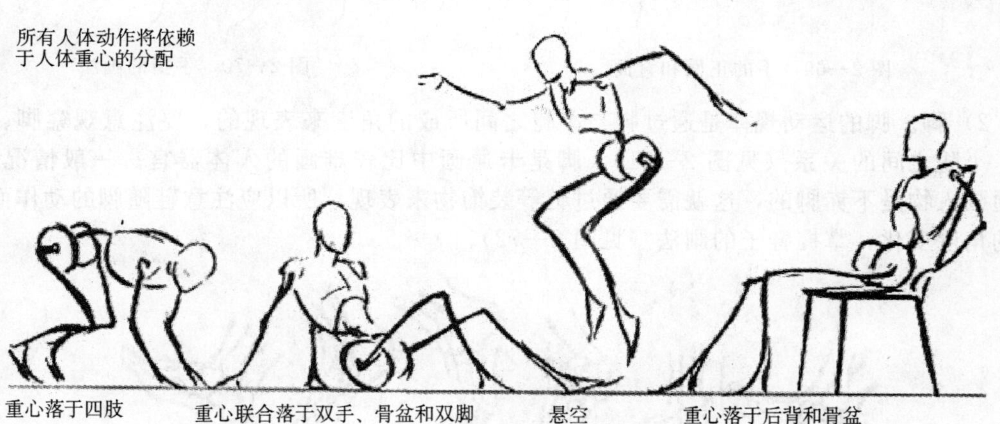

图 2—67　动作特征

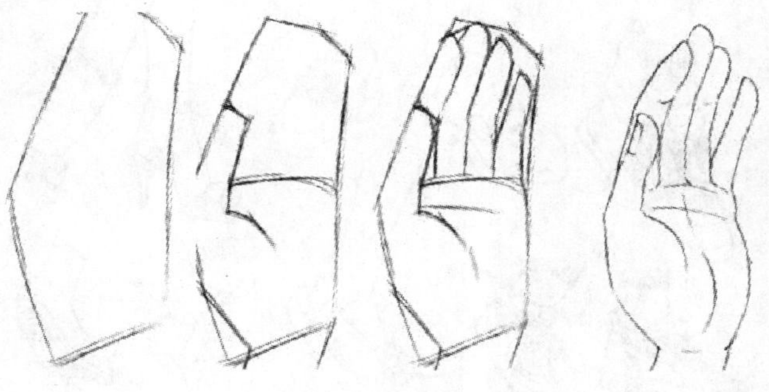

图 2—68　手的结构

画手的背面一侧应以硬线勾出，以表现骨骼的硬度，手掌一面要以软线来画，表现柔软的质感（见图 2—69）。而手指是很灵活的，所以，五个手指不要分开来观察，随着手

的动势，角度的不同，形状也不一样。

女性的手指较纤细，骨节不突出，指甲较长，为了表现女性手的细腻、柔软的感觉，所以用线要平滑、有弹性。男性手掌较宽厚，手指粗壮，关节明显，多以硬线来表现（见图 2—70）。

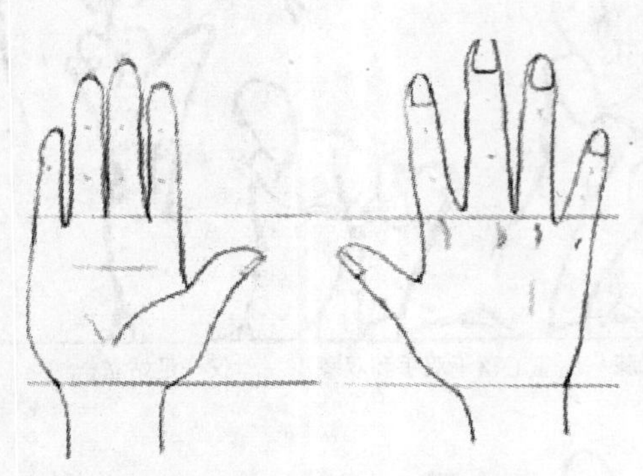

图 2—69 手的正面和背面

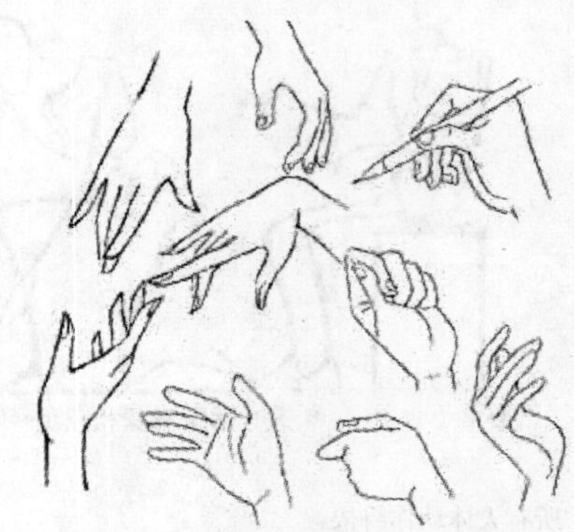

图 2—70 手指的画法

2）脚。脚的运动规律是通过脚与小腿之间所成的角度来表现的，要注意观察脚、脚踝、小腿之间的关系（见图 2—71），脚是卡通画中比较难画的人体器官。一般情况下，卡通画人物是不赤脚的，这就需要通过鞋等装饰物来表现，所以应注意鞋随脚的动作而发生的角度变化，掌握鞋子的画法（见图 2—72）。

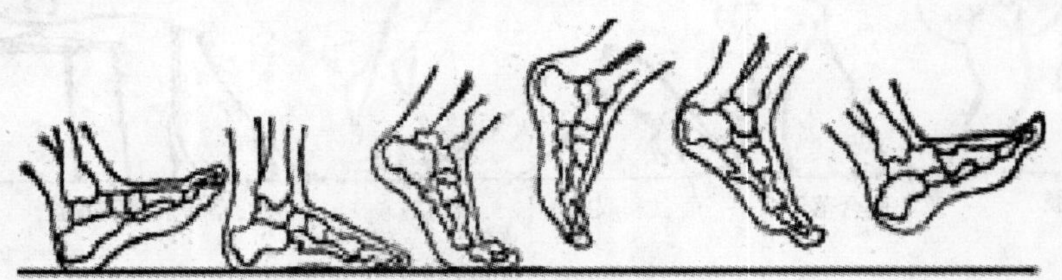

图 2—71 脚的运动

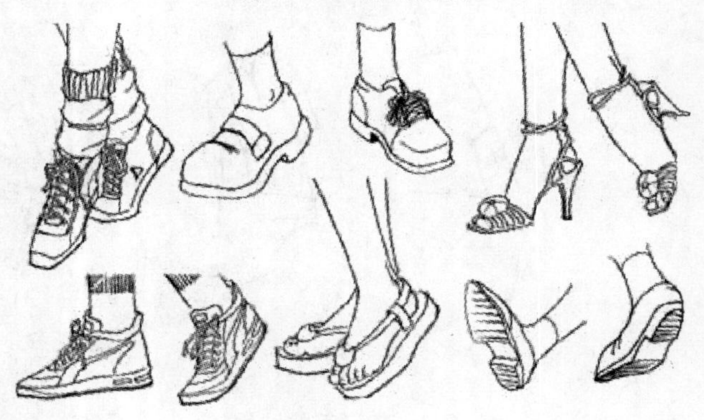

图 2—72 鞋子的画法

（6）五官轮廓（见图 2—73）。人体头部五官包括眼、眉、鼻、口、耳。五官外形直接影响着人体头部的造型。

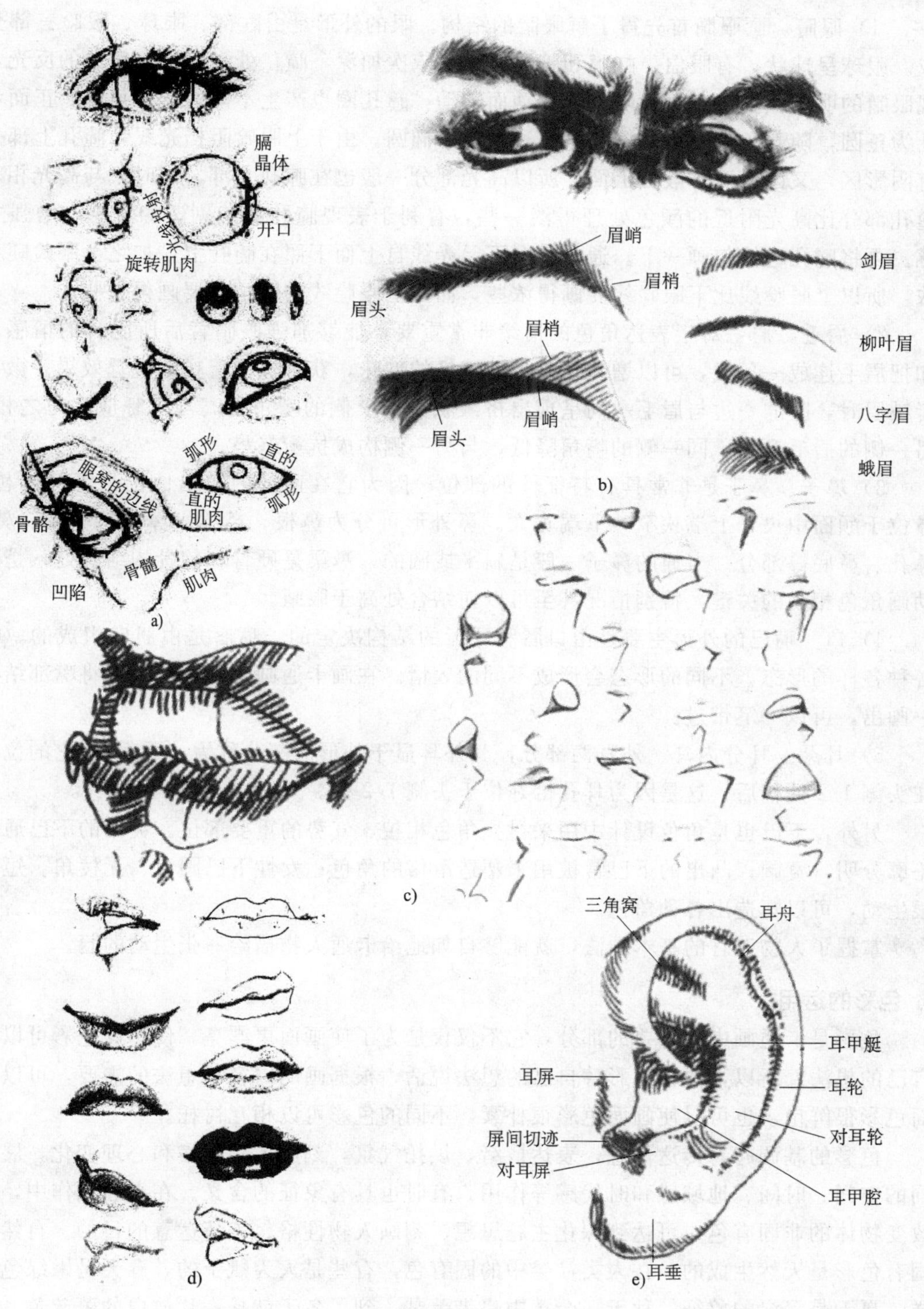

图 2—73　五官轮廓

a）眼睛　b）眉毛　c）鼻子　d）嘴巴　e）耳朵

1）眼睛。画眼睛首先得了解眼睛的结构。眼的外形是由眶部、眼球、眼睑三部分构成。眼球呈球状，有眼白、虹膜和瞳孔，颜色依次加深，瞳仁处常有来自侧向的反光，表现眼睛的明亮和神采。瞳孔随眼球转动而转动，瞳孔圈也产生不同的透视角度。正面看瞳孔为正圆，随着角度由正到侧，瞳孔逐渐变为椭圆。由于上眼睑阻挡光线，瞳孔上部一般有阴影区，又因光源一般在上面，所以高光部分一般也在瞳孔上部，同时，与高光相对的瞳孔部分比高光附近的颜色处理得淡一些，有利于表现瞳孔晶莹剔透的质感，增强立体感。再将瞳孔边线勾画一下。通常情况下，光线自上而下照在瞳孔上，加之上眼睑睫毛较浓，所以上眼睑线比下眼睑线要画得浓些，而且上眼睑线的眼梢也要画得长些。

2）眉毛。眉毛对于表达角色的情绪非常重要，能够加强眼睛背后所隐含的情感。比如把眉毛连成一条线，可以增强线条生动流畅的韵味，获得过渡流畅的视觉效果。微笑或者皱眉时，脸的一边与眉毛一同呈现出挤皱状，同一侧的嘴角抬高与之呼应；与之相反，另一侧的眉毛升高，同一侧的嘴角降低，与另一侧构成抗衡态势。

3）鼻子。鼻子是非常具有特征性的部位，因为它在面部的突出地位是无可代替的。鼻位于颜面中央，上端狭窄，下端宽大。鼻外形可分为鼻根、鼻梁、鼻背、鼻尖、鼻翼、鼻孔、鼻底等部分。卡通的鼻子一般是扁平或圆的，鼻梁是硬骨和软骨的结合处，是决定动画角色相貌的关键，特别情况甚至可以使结合处高于眼睛。

4）口。嘴巴的外形主要是由口唇和牙齿的结构决定的，嘴唇是由肌肉组成的。嘴有各种各样的形态，不同的形态会形成不同的表情。在画卡通画时并不一定要将嘴部结构一一画出，可以一笔带过。

5）耳朵。耳分内耳、外耳两部分，其外耳显于外形的部分称为“耳郭”。它的位置应在头侧 1/2 处稍后，这是因为耳孔恰好位于头侧 1/2 处。

另外，下巴也是角色设计中用来衬托角色相貌、气势的重要部位。英雄的下巴通常为轮廓分明，宽阔；凸出的下巴常被用来塑造滑稽的角色；女性下巴圆滑、无棱角。短下巴很生动，可以塑造出各种角色。

掌握了人物五官的基本画法，就能够自如地给卡通人物描绘一张生动的脸。

3. 色彩的运用

色彩是卡通画中很重要的部分，它不仅仅是为了使画面更漂亮。使用好色彩可以表达自己的想法。所以，要让色彩替自己的想法说话，根据画的内容和想法的需要，可以使画面色彩很鲜艳，也可以使画面色彩很朴素，不同的色彩可以相互衬托。

色彩的基调起着传达信息，表达情绪，烘托气氛，刻画人物性格和心理变化，展现不同的空间、时间、地域感和时代感等作用，有时也具有象征的含义。在卡通创作中，通过改变物体的非固有色，可达到深化主题思想、刻画人物性格、表情达意的目的。自然界的固有色彩是天然生成的。在人类社会中的固有色，有些是人为赋予的，春天是嫩绿色的海洋，夏天是深绿的象征，秋天在金黄中略带萧瑟，到了冬天就是一片洁白的蔚蓝色。在很多情况下背景的色彩可以衬托人物心情，晴朗的天气多运用鲜艳的色彩，象征人物的心情

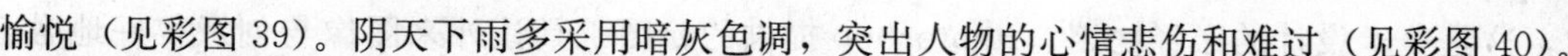

愉悦（见彩图 39）。阴天下雨多采用暗灰色调，突出人物的心情悲伤和难过（见彩图 40）。

色彩造型主要体现在对人物形象的塑造上。根据人物的不同性格特征、不同的生活背景和命运来设计人物的色彩。如人的肤色，不同种族的人肤色不相同，黄色是黄种人的特征，白色是白种人的特征，黑色则是黑种人的特征。通常在表现女性或儿童时都使用鲜艳的色彩（见彩图 41），柔和的色彩所呈现出的是弱小和柔美；在表现恐怖气氛、男性特写时常常运用一些深色的暗色调的色彩，会使人物表面看起来棱角分明、富有力度感。

用色彩来平衡画面构图是根据表现的内容、画面形象的主次关系及情绪氛围等需要，把选择入画的色彩分配以适当的面积，排放在合理的位置上，发挥出不同色彩组合在塑造形象、烘托主体、渲染气氛等方面的作用。可利用面积、明度、纯度、强弱配置平均布局，依据画面的特点，取得色彩总体感觉上的均衡。

正确地了解色彩的属性，对这些属性正确把握和运用，可以逐渐提高画面人物和各种物体的真实感，并且能使画面具有特殊的表现效果。

2.2 卡通画的计算机辅助制作

2.2.1 Photoshop 软件简介

1. Photoshop 软件的功能

Photoshop 是功能非常强大的平面图像编辑工具，功能相当多。Photoshop 是对已有的位图图像进行编辑加工处理以及运用一些特殊效果，其重点在于对图像的处理加工；它区别于图形创作，图形创作软件是按照自己的构思创意，使用矢量图形来设计图形。

Photoshop 是 Adobe 公司旗下最有名的图像处理软件之一。Adobe 公司成立于 1982 年，是美国最大的个人计算机软件公司之一。Photoshop 系列中，在中国地区使用最广泛的有 Photoshop5.0、Photoshop7.01、Photoshop8.01、Photoshop9.01，其中 Photoshop8.0的官方版本号是 CS，Photoshop9.0 的版本号是 CS2 等。

从功能上看，Photoshop 可分为图像编辑、图像合成、校色调色及特效制作等部分。其主要应用在以下方面：平面效果设计、图像编辑及修复、广告设计、摄影处理、数码摄影、影视及卡通制作、建筑效果设计、网络图像制作等。随着版本的提高，功能更多，使用更简单。Photoshop 支持几乎所有的图像格式和色彩模式，能够同时进行多图层的处理；它的绘画功能和选择功能让编辑图像变得十分方便；它的图层样式功能和滤镜功能给图像带来无穷无尽的奇特效果。

图像编辑是图像处理的基础，可以对图像做各种变换，放大、缩小、旋转、倾斜、镜像、透视等。也可进行复制、去除斑点、修补、修饰图像的残损等，这在摄影、人像处理制作中有非常大的用场。

图像合成则是将几幅图像通过图层操作、工具应用合成完整的、传达明确意义的图像，这是美术设计的必经之路。Photoshop 提供的绘图工具让外来图像与创意很好地融合成为可能，使图像的合成天衣无缝。

校色调色是 Photoshop 中深具威力的功能之一，可方便快捷地对图像的颜色进行明暗、色编的调整和校正，也可在不同颜色间进行切换以满足图像在不同领域如网页设计、印刷、多媒体等方面的应用。

特效制作在 Photoshop 中主要由滤镜、通道及工具综合应用完成。包括图像的特效创意和特效字的制作，如油画、浮雕、石膏画、素描等常用的传统美术技巧都可借由 Photoshop特效完成。而各种特效字的制作更是很多美术设计师热衷于研究 Photoshop 的原因。

2. 软件界面与工具

（1）界面（见图 2—74）。Photoshop CS 的工作界面由以下部分组成，分别是：

图 2—74　Photoshop 界面

1）标题栏。位于主窗口的顶端，最左边是 Photoshop 标记，右边分别为最小化、最大化/还原和关闭按钮。

2）菜单栏。为整个环境下使用窗口提供菜单的控制。使用菜单栏中的菜单可以执行 Photoshop 的许多命令，在该菜单栏中共列有 9 个菜单，其中每个菜单都带有一组自己的命令。

文件：用以执行文件操作命令，如“新建”“打开”等。

编辑：用以执行对图像进行编辑处理的命令，如“复制”“粘贴”等。

图像：用以对图像的大小、颜色等进行操作。

图层：用以对图层进行处理。

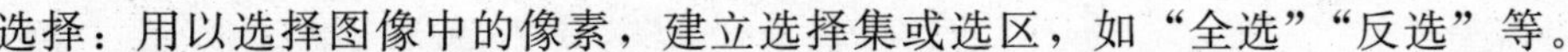

选择：用以选择图像中的像素，建立选择集或选区，如“全选”“反选”等。

滤镜：其集成了各种滤镜，用以对图像进行各种特殊效果处理。

视图：用以设置当前操作图像的视图，如“放大”“标尺”等。

窗口：用以排列当前操作的多个文档或布置工作空间、显示控制调板。

帮助：帮助菜单中的命令可用于提供在线帮助的查询、版权信息等。

3）工具选项栏（又称属性栏）。从 Photoshop 6.0 开始，工具选项栏取代了以往版本中的工具选项面板，从而使得我们对工具属性的调整变得更加直接和简单。在工具箱中选择不同的工具后，工具选项栏会出现不同的选项内容。

4）工具箱。工具箱包含了 Photoshop 中各种常用的工具，单击某一工具按钮就可以调出相应的工具使用。工具箱中存放着用于创建和编辑图像的各种工具。

单击工具箱内的工具图标可以选择工具。许多同类的工具是集成在一起的。其标记是工具图标右下方有小三角形，单击小三角形可以显示隐藏的工具。将指针停放在工具上一会儿，会显示工具提示。

从菜单选择“窗口”——“工具”可以显示工具箱，取消选择则隐藏工具箱。

工具箱是浮动的，可以将工具箱拖动到任何方便的位置。

可通过快捷键来使用工具。

5）图像编辑窗口。即图像显示的区域，它是 Photoshop 的重要工作区，在这里可以编辑和修改图像，对图像窗口我们也可以进行放大、缩小和移动等操作。

6）参数设置面板。窗口右侧的小窗口称为控制面板，我们可以使用它们配合图像编辑操作和 Photoshop 的各种功能设置。执行“窗口”菜单中的一些命令，可打开或者关闭各种参数设置面板。其中包括导航器、动作、段落、工具、工具预设、画笔、历史记录、路径、色板、通道、图层、文件浏览器、信息、选项、颜色、样式、直方图、字符和状态栏等。调板用来监视和修改图像。对应不同的功能有不同的调板。默认情况下，调板以组的方式堆叠在一起。

7）状态栏。窗口底部的横条称为状态栏，它能够提供一些当前操作的帮助信息。状态栏位于窗口底部，用以显示有用的信息。如，可显示当前图像显示比例、文件大小、文件尺寸以及现有工具用法的简要说明等。

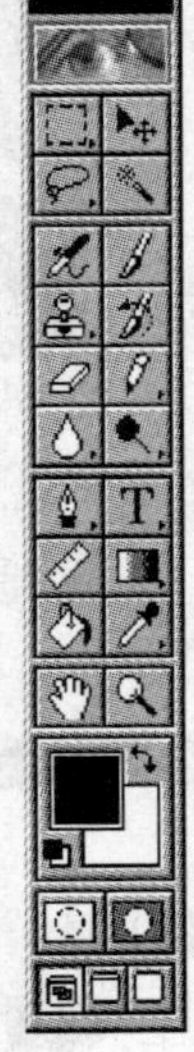

图 2—75　Photoshop 工具栏

（2）工具栏（见图 2—75）。Photoshop 工具栏中的工具非常多，下面将常用工具的功能及其基本操作进行讲解。

1）选框工具（见图 2—76）

①矩形选框工具▢。对图像选一个矩形的选择范围，同时按住 Shift 键，则为正方形

选择。

②椭圆形选框工具。对图像选一个椭圆形的选择范围，同时按住 Shift 键，则为椭圆形选择。

③单行选框工具。对图像在水平方向选择一行像素，一般用于比较细微的选择。

④单列选框工具。对图像在垂直方向选择一列像素，一般用于比较细微的选择。

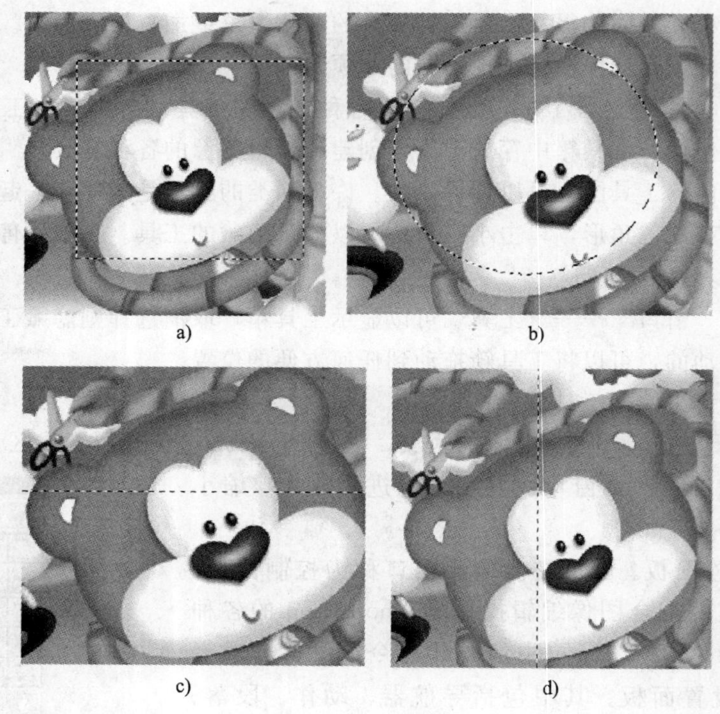

图 2—76 选框工具

a）矩形选框工具 b）椭圆形选框工具 c）单行选框工具 d）单列选框工具

2）移动工具。用于移动选取区域内的图像，也可以对 Photoshop 里的图层进行移动。

3）套索工具

①套索工具。自由画出选择范围，可任意按住鼠标不放并拖动进行选择。

②多边形套索工具。自由画出首尾相接的多边形选择范围，所选择区域由多条线组成。

③磁性套索工具。不需按鼠标左键就可以捕捉颜色边界和网格以及辅助线，在工具头处会出现自动跟踪的线，边界越明显磁力越强。

4）魔棒工具。用鼠标对图像中某颜色单击一下对图像颜色进行选择，以颜色相近的程度作为选择尺度，选择大面积颜色相近的区域。

5）裁切工具。对图像进行剪裁，可以对选择框进行旋转，选择外的内容则被切掉。

6）切片工具

①切片工具。选定该工具后在图像工作区拖动，可画出一个矩形的薄片区域。

②切片选取工具。选定该工具后在切片上单击可选中该切片，如果在单击的同时按下 Shift 键可同时选取多个切片。

7）修复画笔工具

①修复画笔工具和仿制图章的功能一样，区别在于所复制出来的图案会与图像产生交融。修复画笔的交融效果兼顾了复制前后的图像，在两者间取得平衡。

②修补工具。修补工具的作用原理和效果与修复画笔工具是完全一样的，只是修补工具的操作是基于区域的，要先定义好一个区域。

③红眼画笔工具。主要用来处理照片中由于使用闪光灯引起的红眼现象，使用起来极为简单，只需要框选红眼区域就可以消除。

8）画笔工具

①画笔工具。比较柔和的手绘线条着色工具。用于绘制具有画笔特性的线条。

②铅笔工具。生硬的手绘线条着色工具。具有铅笔特性的绘线工具，绘线的粗细可调。

9）图章工具

①仿制图章工具。用于对图像的复制。先按住“Alt”键选取一点，然后在其他地方绘制，即可将选取点的颜色复制。

②图案图章工具。可以将 Define Pattern 后的图案复制到图像中。

10）历史记录画笔工具。将它定位在 History 面板的某一步操作上，然后在画面中绘制，所经过的部分即出现那一步的效果。

①历史记录画笔工具。用于恢复图像中被修改的部分。

②历史记录艺术画笔工具。可以使用指定历史记录状态或快照中的源数据，通过尝试使用不同的绘画样式、大小和容差选项，用不同的色彩和艺术风格模拟绘画的纹理。

11）橡皮擦工具

①橡皮擦工具。用于擦除图像中不需要的部分，并在擦过的地方显示背景图层的内容。

②背景色橡皮擦工具。用于擦除图像中不需要的部分，并使擦过区域变成透明，从而可以在抹除背景的同时在前景中保留对象的边缘。

③魔术橡皮擦工具。用魔术橡皮擦工具在图层中点按时，该工具会自动更改所有相似的像素。

12）油漆桶工具与渐变工具

①油漆桶工具。用于在图像的确定区域内填充前景色。

②渐变工具。该工具默认为由前景色到背景色的渐变填充，也可以创建多种颜色间的逐渐混合。在工具箱中选中“渐变工具”后，在属性栏中可再进一步选择具体的渐变类型。

13）图像处理工具

①模糊工具。通过减少相邻像素间的颜色反差来使图像变得柔和模糊。选用该工具后，光标在图像上划动便可使划过的图像变得模糊。

②锐化工具。通过增加像素间的颜色反差来使图像变得更清晰。选用该工具后，光标在图像上划动便可使划过的图像变得更清晰。

③涂抹工具。混合经过部分两侧的颜色，用于产生一种类似水彩的效果。

④减淡工具。增加经过部分图像的亮度，对于曝光不足的区域，可用该工具增加亮度。

⑤加深工具。降低经过部分图像的亮度。对于曝光过度的区域，该工具可使该区域变得暗淡，使图像的细节表现得更清楚。

⑥海绵工具。用来调节图像中颜色的浓度，增加经过部分图像的对比度。压力值越大，作用的效果越明显。

14）路径工具

①路径选择工具

a. 路径选择工具。此工具可以选择某一节点进行拖动修改，调整路径节点的位置。

b. 直接选择工具。用于调整路径上固定点的位置。

②路径绘制工具

a. 钢笔工具。勾画出首尾相接的路径。选定该工具后，在要绘制的路径上依次单击，可将各个单击点连成路径。

b. 自由钢笔工具。用于手绘任意形状的路径。选定该工具后，在要绘制的路径上拖动，即可画出一条连续的路径。

c. 添加锚点工具。用于增加路径上的固定点。

d. 删除锚点工具。用于减少路径上的固定点。用鼠标在路径上的某一节点上单击，可将路径中的该节点删除。

e. 转换点工具。使用该工具可以在平滑曲线转折点和直线转折点之间进行转换。

15）文字工具。用于在图像上添加文字图层或放置文字。

①横排文字工具。用于在图像的水平方向上添加文字。

②直排文字工具。用于在图像的垂直方向上添加文字。

③横向文字蒙板工具。用于向文字添加蒙版或将文字作为选区选定。

④直排文字蒙版工具。用于在图像的垂直方向添加蒙版或将文字作为选区选定。

16）多边形工具（见图 2—77）。包括矩形、圆角矩形、椭圆、多边形、直线、自定形状工具等。选定该工具后，在图像工作区内拖动可产生一个相对应的图形。

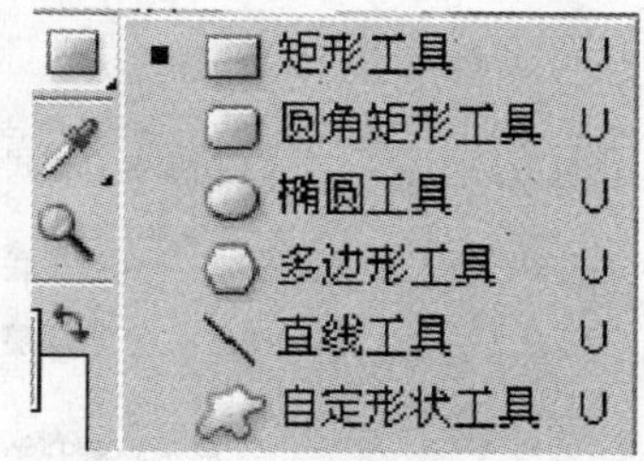

图 2—77 多边形工具

17）注解工具

①注释工具。用于生成文字形式的附加注解文件。

②语音注解工具。用于生成声音形式的附加注解文件。

18）吸管与测量工具

①颜色取样器工具。将所取位置的点的颜色值记录入 Info 面板，按住 Alt 键点取样点，则将其删除。最多可以显示四个不同位置的检验点颜色信息。

②度量工具。其主要作用就是精确测量图像上两点的距离和线条的角度。

19）抓手工具。用于改变图像在窗口中的位置，只有当图像显示得比窗口大时才起作用。

20）缩放工具。用于缩放图像处理窗口中的图像。选中它后，用鼠标左键单击图像则图像放大一倍，按住 Alt 键的同时用鼠标左键单击图像则图像缩小到原来的 50%，双击此工具可以让图像以 100%显示。

21）前景色与背景色选取工具。上下两个方块分别代表当前的前景色和背景色，可以使用不同的颜色模式和空间定义前景色及背景色。

22）以标准模式编辑与以快速蒙版模式编辑。表明当前图像的编辑状态。默认状态下，打开的每幅图像都在标准模式下，这时可对图像进行正常的操作，在快速蒙版模式下，用画笔工具或其他工具着色时，着色结果导致在图像表面上轻微地染上一层色，切换回标准模式后，着色的范围将变成选择区域。

标准模式工具用于由遮罩模式转回标准模式状态，快速遮罩模式工具用于迅速创建一个选区，应用好遮罩选择技术对于选取极不规则的图像有很大的益处。

23）屏幕显示工具。屏幕显示工具包含三个工具：左边为正常显示模式工具，用于以标准模式进行显示；中间为全屏显示模式工具，用于将图像窗口放大到可用屏幕范围；右边为满屏显示模式工具，用于将图像满屏显示，并将菜单栏隐藏。

24）软件转换工具。该工具可以用来在 Photoshop 和 Image Ready 之间进行快速切换。

3. 图层、通道与蒙版的概念

（1）图层（见图 2—78）。图层是 Photoshop 工作中最基本的组成部分。层像一张没有厚度的透明纸，可以在纸上绘画，没有绘画的部分保持透明。将各图层叠在一起，可以组成一幅完整的画面。

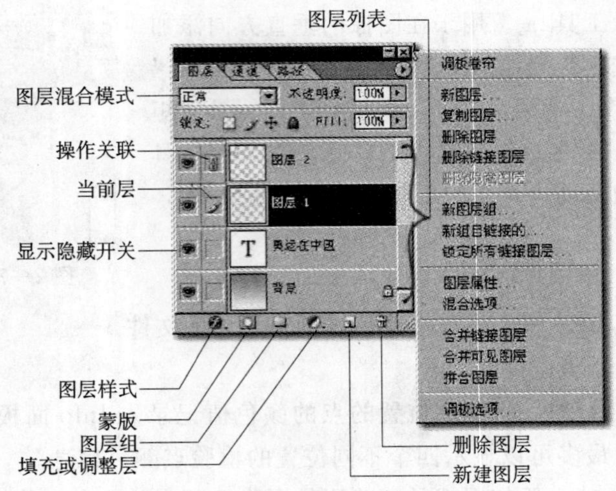

图 2—78 图层

Photoshop 中的层都是独立的单元，最前面的主体会依次遮挡住后面的图像，任意移动其中一层的位置和添加造型时，绝对不会影响到其他的图层。同一个图像文件中，所有图层具有相同的分辨率、通道数和图像模式，但每一个图层可以有各自不同的混合模式和不透明度。我们可以对图层进行创建、隐藏、显示、复制、链接、合并、锁定和删除等操作。

1）添加图层样式。在 Photoshop 中，我们可以为除背景层外的所有图层设置阴影、发光、立体浮雕等样式特效。在“图层”面板的底部单击“添加图层样式”按钮（见图 2—79），在弹出的菜单中选择一个命令即可打开“图层样式”对话框（见图 2—80）。

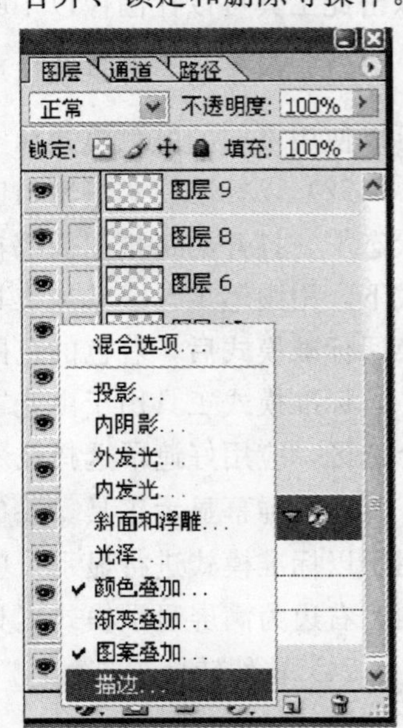

图 2—79 单击“添加图层样式”按钮

在“图层样式”对话框的左侧有许多图层效果复选框，当选中这些复选框中的任意一个，则当前图层会自动添加被选取的图层效果；对话框的右侧提供了大量的参数选项，在这里可以轻松地对样式效果进行设置。可选择的图层样式有投影、内阴影、外发光、内发光、斜面和浮雕、光泽、颜色叠加、渐变叠加、图案叠加、描边。

2）图层混合模式。当两个图层的图像重叠的时候，Photoshop 提供了上下图层颜色间多种不同的色彩混合方法，这就是图层的“混合模式”。不同的“混合模式”会带给图像完全不同的合成效果。可选择的混合模式有正常、溶解、变暗、正片叠底、颜色加深、线性加深、变亮、滤色、颜色减淡、线性减淡、叠加、柔光、强光、亮光、线性光、点光、差值、排除、色相、饱和度、颜色、亮度。

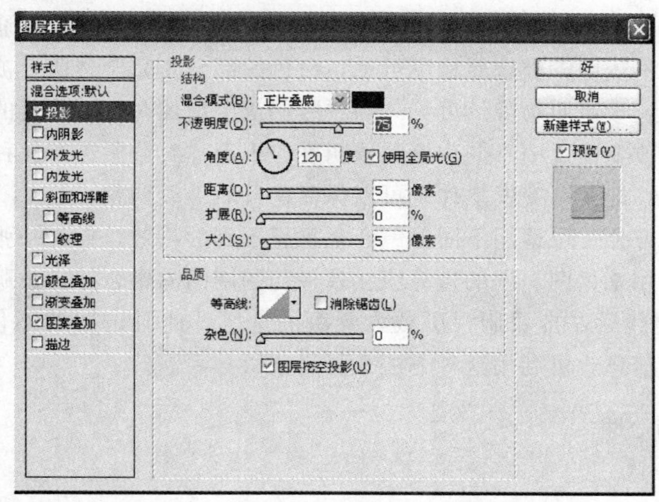

图 2—80 “图层样式”对话框

(2) 通道。Photoshop 中，通道的概念源于图像的模式，它是存储不同类型信息的灰度图像，主要用于存放图像的颜色分量和选区信息。

对于不同的色彩模式，其色彩通道略有区别。如：RGB 模式和 CMYK 模式中（见彩图 42)，色彩通道所代表的颜色不同；Lab 模式中既有亮度通道（见彩图 43)，又有色彩通道；而 HSB 模式中的通道则代表了颜色的色相、饱和度、亮度三个属性（见彩图 44)。

通道列表包括：合成的主通道、单个通道、专色通道和 Alpha 通道；面板按钮菜单包括：将通道作为选区载入、将选区保存为通道、新建通道、删除通道；通道的基本操作包括：新建通道、通道的复制与删除、通道的分离与合并、通道混合、通道编辑等。

通道的用途包括：根据偏色程度调整相应颜色通道的亮度。去除网纹和马赛克扫描的图片存在网纹，在处理压缩过的 jpeg 图片存在马赛克的时候，可以找到情况最严重的颜色通道，然后对其进行模糊。可以通过复制颜色通道，然后增加亮度或对比度，将其完全转换成黑白效果。建立特殊选区比如抽丝效果，其实就是在新建的通道中填充黑白像素的图案，然后通过按 Ctrl＋点击该复制通道得到选区。在新建通道中绘制白色图形，然后高斯模糊，回到图层后，建立一个灰色图层，对该层使用滤镜里的光照效果，就可选择刚才建立的通道。加之曲线调整，就可以得到金属的 3D 效果。

(3) 蒙版。在使用 Photoshop 等软件进行图形处理时，常常需要保护一部分图像，使它们不受各种处理操作的影响，蒙版就像一张布，可以遮盖住处理区域中的一部分，当我们处理区域内的整个图像时，蒙版保护被选取或指定的区域不受编辑操作的影响，被蒙版遮盖起来的部分不会受到改变。蒙版影响的是图层的透明度，通过不同的灰度影响图层不同的透明度；蒙版像玻璃一样，单色的层就是单色玻璃，有图案的层就是花纹玻璃，然后透过玻璃看照片就会有颜色或花纹的变化。

蒙版是将不同灰度色值转化为不同的透明度，并作用到它所在的图层，使图层不同部位透明度产生相应的变化。蒙版作用于被遮照物，遮照物是以8位灰度通道形式存储，其中黑色的部分完全不透明，被遮照物不可见；白色的部分为完全透明，被遮照物可见；灰度的部分为半透明，被遮照物隐约可见。当蒙版的灰度增加时，被覆盖的区域会变得愈加透明，可以用蒙版改变图片中不同位置的透明度。不论你对蒙版进行何种操作都不会直接影响到原有的图片，即使有突发事件也可以保存供日后继续调整。

蒙版具有修改方便、可运用不同滤镜产生意想不到的特效、任何一张灰度图都可用作蒙版等优点。主要用来抠图、图的边缘淡化效果和图层间的融合等。蒙版的某些属性与通道类似，按 Ctrl 键然后左击蒙版，可载入蒙版的选区，此时选中的不仅仅是一个轮廓，它包含了所有灰度信息，可利用这种方法来复制蒙版。

2.2.2 卡通画的处理

1. 图形的扫描

Photoshop 具有强大的图像处理功能，被广泛用于调用扫描仪以及直接编辑扫描结果。很多用户都是用此软件调用扫描仪，然后再直接编辑扫描结果的。扫描图像时若能巧妙运用会使扫描的图像达到令人满意的效果。Photoshop 扫描步骤如下：

(1) 扫描。将要扫描的资料或物体画面向下放在扫描仪的平台上，打开 Photoshop，选择“文件”菜单中“导入”选项中的具体扫描仪设备，见图 2—81。

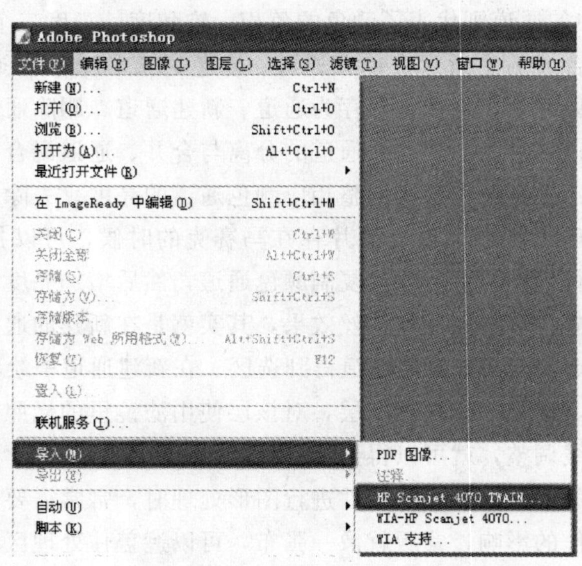

图 2—81 选择扫描设备

这时扫描仪对图片进行一次预扫描，在预览框中能看到扫描的图片。拉动虚线框选定需要的范围，从中选定要扫描的区域以及设定扫描参数，操作完成后单击“扫描”。等待过程中能看到文件的处理过程（见图 2—82），处理速度和计算机硬件配置有关。

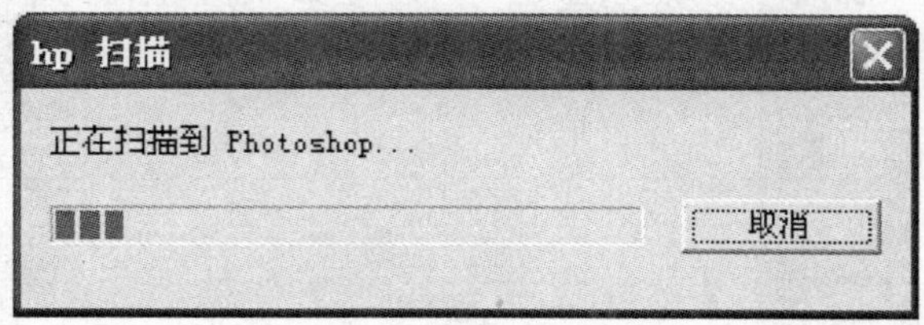

图 2—82　文件处理过程

等待一段时间后，扫描的图片就会在 Photoshop 窗口出现（见彩图 45）。

(2) 保存。图片处理完毕后就可以保存了。依次点击“文件”菜单中的“存储为”命令（见图 2—83），保存图片。可以根据 Photoshop 强大的存储功能将图片保存为各种格式，如 BMP，JPEG，TIF 等。

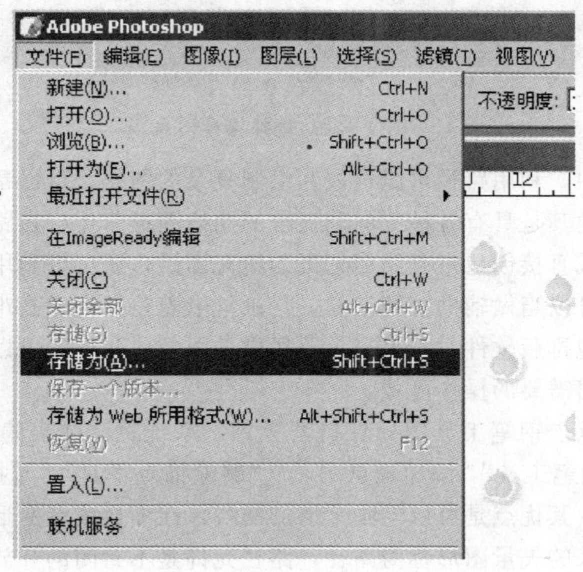

图 2—83　保存图片

Photoshop 还具备将已经保存的图片转换成其他图片格式的功能。我们打开一个 BMP 格式的文件，可以把它转存为 JPEG 或其他格式的图片文件（见图 2—84）。

2. 路径功能的使用

路径指在 Photoshop 中使用贝赛尔曲线所构成的一段闭合或者开放的曲线段。路径可以是一个点、一条直线或一条曲线，但它通常是与终点连接在一起的一系列直线段或曲线段。利用路径可以选取和绘制复杂的图形，尤其是具有各种方向和弧度的曲线图形，还可以利用各种工具和命令来修改和编辑。

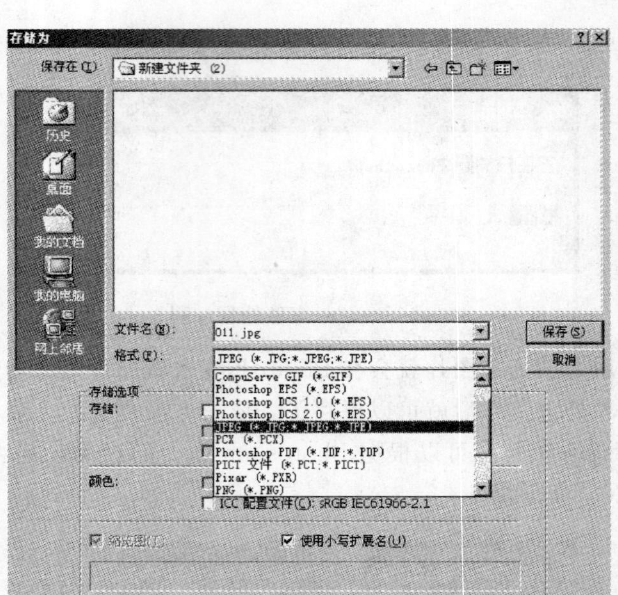

图 2—84　选择保存格式

在 Photoshop 中，利用路径可以选取和绘制复杂的图形，可以帮助我们建立精确的选区进行精确编辑，尤其是具有各种方向和弧度的曲线图形。可以在路径区域里直接进行颜色和纹理的填充，或直接创建带有路径选区的填充图层，还可以利用各种工具和命令来修改和编辑。路径还可以当做辅助绘画工具，让画笔沿着路径完成高难度的绘制。创建好路径的图像插入到其他排版软件时，只显示路径中的图像。我们还可以在路径和选区之间进行转换，从而创造出需要的操作区域。

使用鼠标左键点击钢笔工具图标保持两秒钟，系统将会弹出隐藏的工具组，分别是“钢笔工具”“自由钢笔工具”“添加锚点工具”“删除锚点工具”“转换点工具”。钢笔工具属于矢量绘图工具，其优点是可以勾画平滑的曲线，在缩放或者变形之后仍能保持平滑效果。钢笔工具画出来的矢量图形称为路径，路径允许是不封闭的开放状，如果把起点与终点重合绘制就可以得到封闭的路径。

“钢笔工具”和“自由钢笔工具”主要用于贝赛尔曲线组的节点定义及初步规划；“添加锚点工具”“删除锚点工具”用于根据实际需要增删贝赛尔曲线节点；“转换点工具”用于调节曲线节点的位置与调节曲线的曲率。

(1) 用“钢笔工具”在画面中单击，定义各个点的位置，会看到点之间的直线段相连。那些点称为锚点，锚点间的线段称为片断，这样的贝赛尔曲线组成一般用来勾勒出一个直线段组成的多边形区域（见图 2—85）。按住键盘上的 Shift 键，将强制创建出的关键点与原先最后一节点的连线保持以 45°角的整数倍数角，当按住键盘上的 Alt 键时，原先的“钢笔工具”将暂时变换成“节点圆滑度调整工具”，当按住 Ctrl 键时，原先的“钢笔工具”将暂时变换成“节点位置调节工具”。

（2）对于一条已经绘制完毕的路径，有时候需要在其上追加或减少锚点。利用“添加锚点工具”和“减少锚点工具”对贝赛尔曲线中的线段添加或减少锚点，可以通过修改方向点来进行曲线形状的改变（见图 2—86）。增加和减少锚点对线条的形状都会有所影响。

图 2—85 定义各个点的位置

图 2—86 修改曲线形状

一条贝赛尔曲线由锚点、控制点、方向线（见图 2—87）组成。其中构成曲线的点称为锚点，用来调节曲率的点称为控制点。方向线则可以灵活地控制整条贝赛尔曲线的曲率，以满足实际需要。

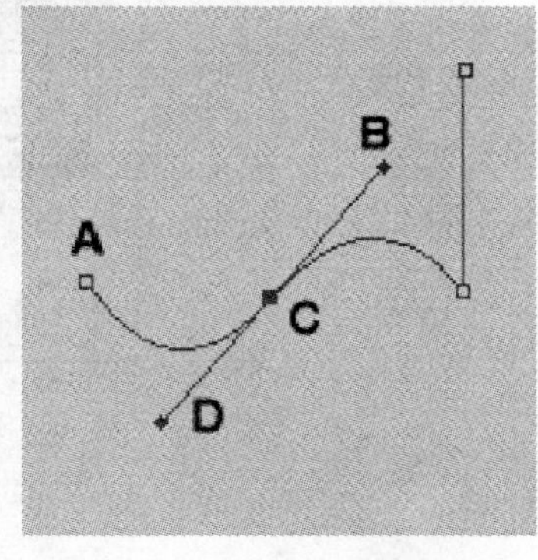

图 2—87 贝赛尔曲线
A—没有被选中的锚点 B—方向点
C—选中的锚点 CD—方向线

3. 图像的绘制

（1）勾勒轮廓

1）创建新的图层，降低图片透明度。选择画笔工具，调节画笔的粗细和颜色待描边（见图 2—88）。

2）选择新建的图层，打开路径面板，点击鼠标右键，选择“描边路径”。这样就勾勒出小熊的轮廓（见图 2—89）。

（2）建立选区

1）打开路径面板，将会看到前面绘制的路径，点击鼠标右键，会出现一个菜单选项，选择“建立选区”（见图 2—90）。

2）将画面上原先的路径转化为选择区域后，可以在选择区域里做任何的图像编辑（见图 2—91）。

a)

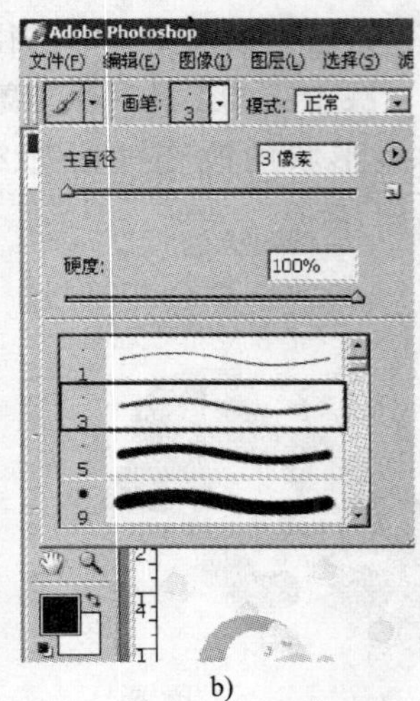

b)

图 2—88　选择工具

a）创建新的图层，降低图片透明度　b）调节画笔的粗细

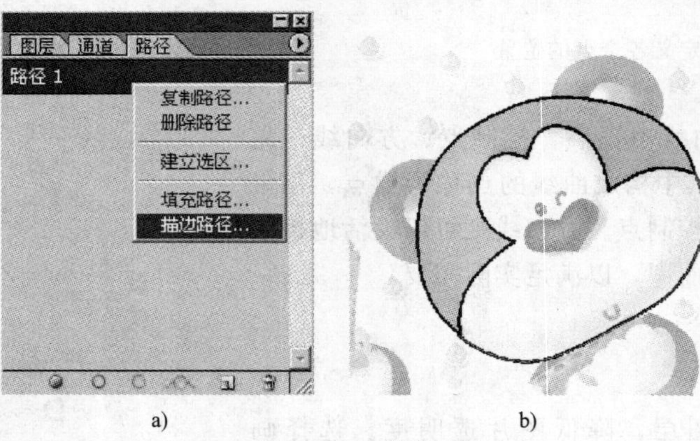

a)　　b)

图 2—89　描边路径

a）选择描边路径　b）勾勒轮廓

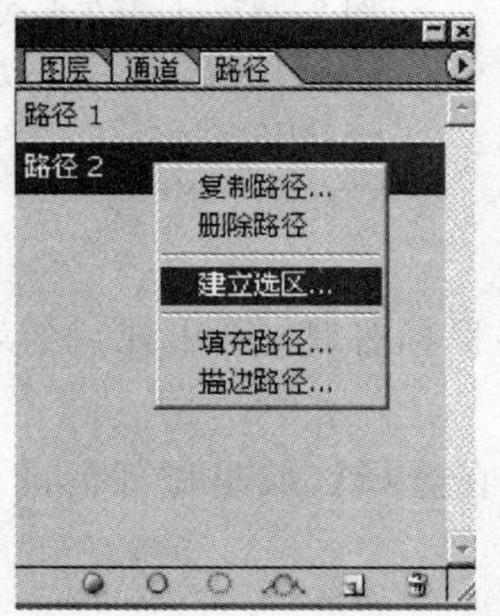

图 2—90　建立选区

图 2—91　选区可编辑状态

(3) 上色

1) 先将扫描原图透明度参数定为 100。选择滴管工具，选取所扫描图片中的颜色，将此颜色作为前景色（见图 2—92)。

2) 可用选择工具，如魔术棒工具等选择所要填充的区域（见图 2—93)。

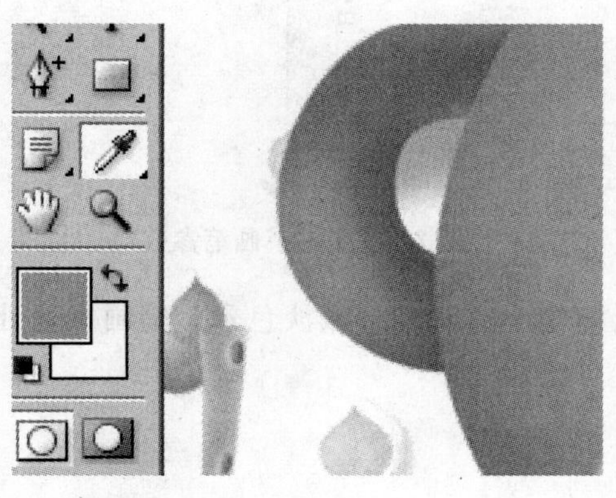

图 2—92　选择颜色

图 2—93　选择上色区域

3) 选择“油漆工具”，以前景色填充选择区域，将颜色填充到新建图层中去（见图 2—94)。

(4) 图像局部调整

1) 使用加深工具对图案进行明暗处理，使图案立体化（见图 2—95)。

图 2—94　上色

图 2—95　加深工具进行明暗处理

2) 可以利用渐变工具，选择圆形渐变画出图案（见图 2—96)。

(5) 画笔的使用

1) 从工具栏选择画笔工具，选择颜色。调节画笔的主直径、形状、模式、不透明度和流量等（见图 2—97)。

图 2—96　运用渐变工具画出小熊鼻子

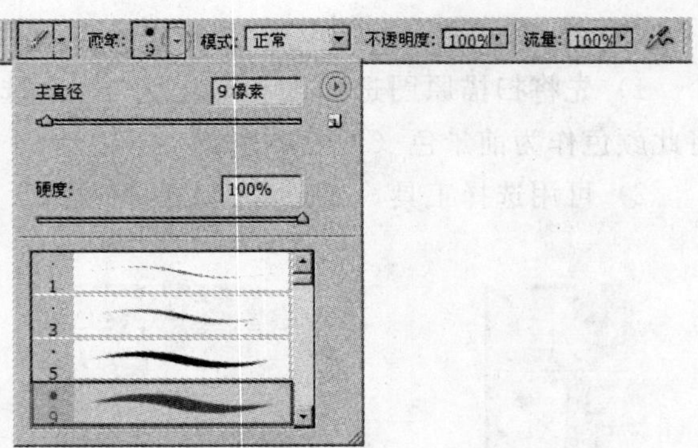

图 2—97　调节画笔参数

2）根据需要选择不同透明度作画。降低画笔不透明度将减淡色彩，笔画重叠处会出现加深效果（见图 2—98）。

图 2—98　透明笔画的重叠

3）画笔的主直径和硬度可在画笔工具预设中改变。画笔的硬度数值越高，边缘越硬朗，反之越虚化（见图 2—99）。

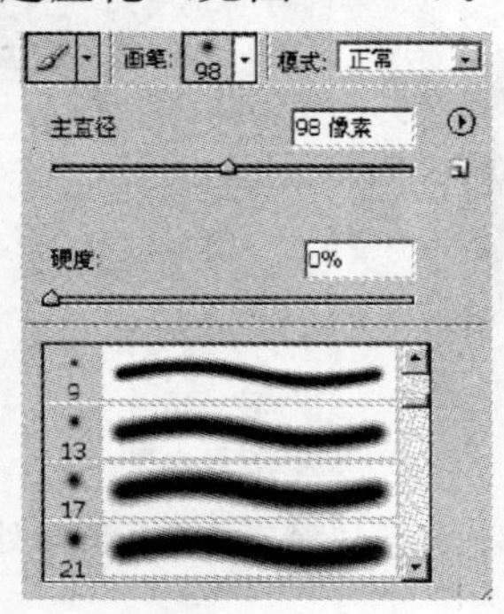

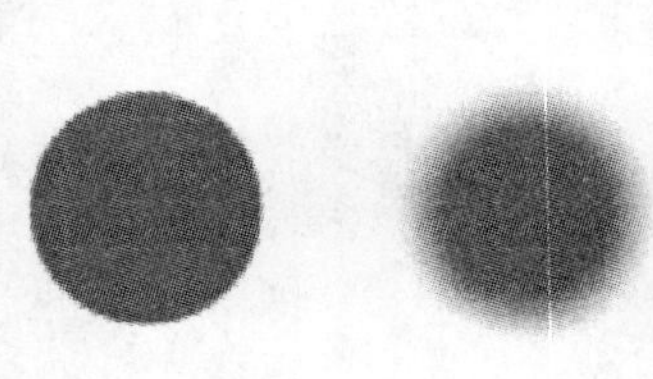

图 2—99　画笔直径和硬度

（6）背景处理

1）加上背景色彩（见图 2—100）。

2）描绘背景图案（见图 2—101）。我们经常会看到很多卡通图片都有一些背景图案，背景的添加增加了趣味性，也更好地突出了主题。我们可以用画笔、渐变、滤镜等工具来制作不同形式的背景图案。

图 2—100　加上背景色彩

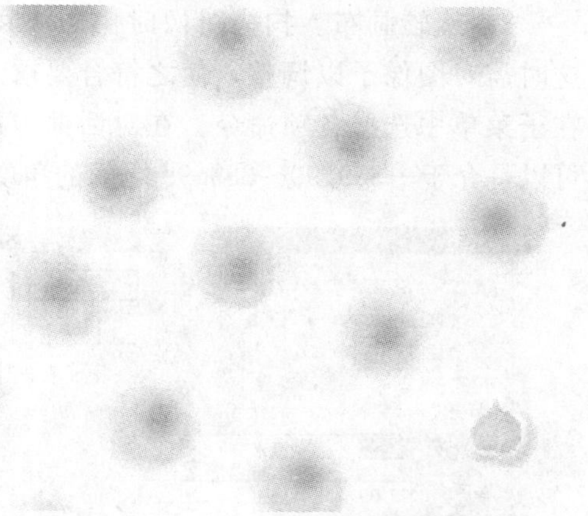

图 2—101　描绘背景图案

（7）历史纪录。历史记录面板（见图 2—102）中记录了图像新建以来所做过的所有操作步骤。点击相应的步骤就可以回到那个动作之后图像的状态。如果对图像做了不满意的修改，可以通过这个工具来撤销。可以撤销的步骤默认是 20 步。如果纪录的步骤超过 20 步，将逐步取代原有的步骤。

4. 图像的编辑

（1）图像大小的调整。通过图像、画布的改变对图像进行大小、伸展、卷曲等改变。

1）改变图像大小（见图 2—103）。图像分辨率及图像尺寸决定了图像文件的大小，图像分析辨率是决定图像输出质量的首要因素。该命令可改变图像的分辨率，改变图像分辨率并不影响图像屏幕显示效果，但会影响其打印效果。图像文件大小与分辨率成正比，分辨率越高图像越清晰。

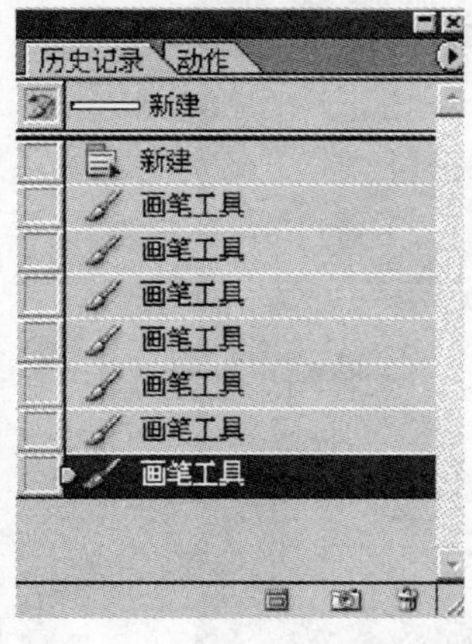

图 2—102　历史记录面板

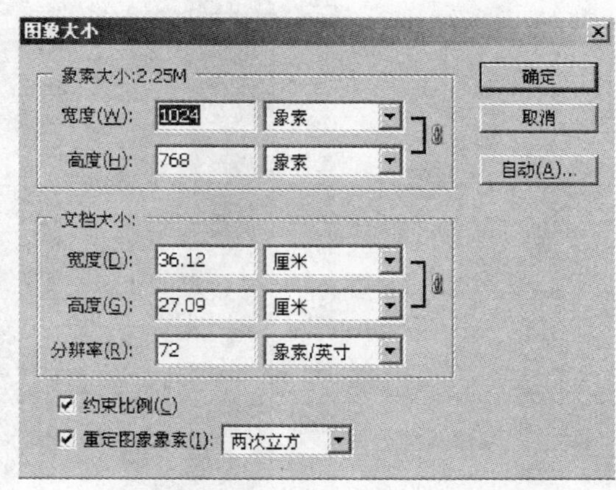

图 2—103　改变图像大小

2）改变画布大小。在不改变图像的显示或打印尺寸的情况下，对画布进行裁减或增加空白区；单击 9 个方格可以设置裁减或扩展的方向（见图 2—104）。

3）旋转画布。扫描图像时由于原稿放得不正，往往使得扫描后的图像倾斜或颠倒，这时需对图像予以调整，使之符合要求。选择“图像”菜单中的“旋转画布”选项，可以在子菜单中选择各项命令。在对话框中进行旋转角度设置，其中“任意角度”命令的参数可以是介于—359.99～359.99 之间的角度。单击“确定”，画布即可调正（见图 2—105）。

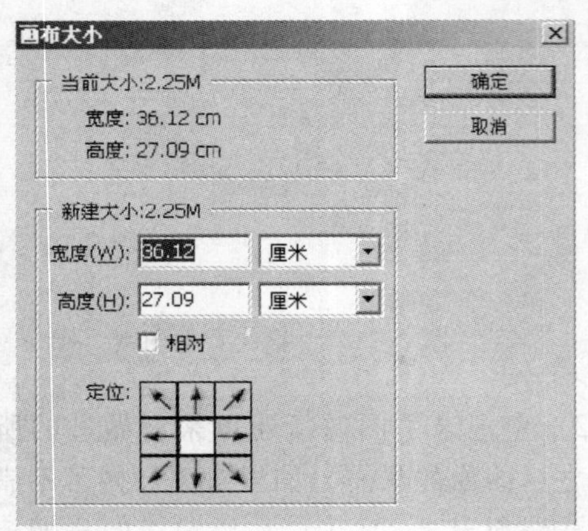

图 2—104　改变画布大小

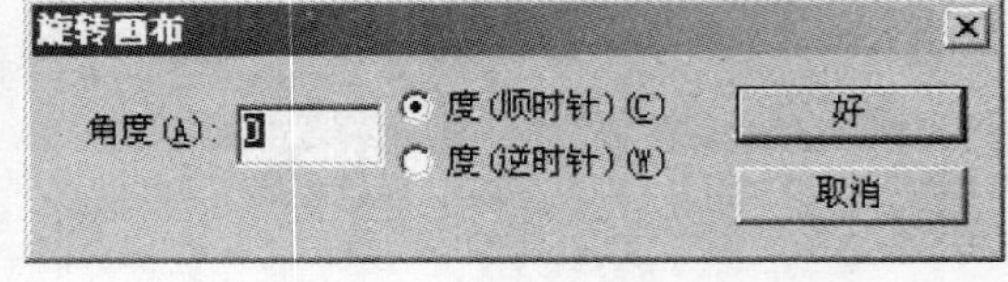

图 2—105　旋转画布

4）图像的裁切和修整。为了突出主体或强化其余部分的视觉效果，可以有选择地裁切图像；裁切工具主要用来将图像中多余的部分剪切掉，只保留需要的部分。图像修整可以裁切图像中的透明区域，确定要保留的图像部分已经在选区内后，选择“图像”菜单中的“裁切”选项或按 Enter 键即可（见图 2—106）。

图 2—106　图像的裁切和修整

（2）图像色彩的调整

1）曲线。曲线的主要功能是用于调整图片整体的明暗程度，选择“图像”菜单中的“调整”命令，在弹出的菜单中选择“曲线”命令。用鼠标选中并拉伸曲线，可以看到图片色调发生变化（见图 2—107）。

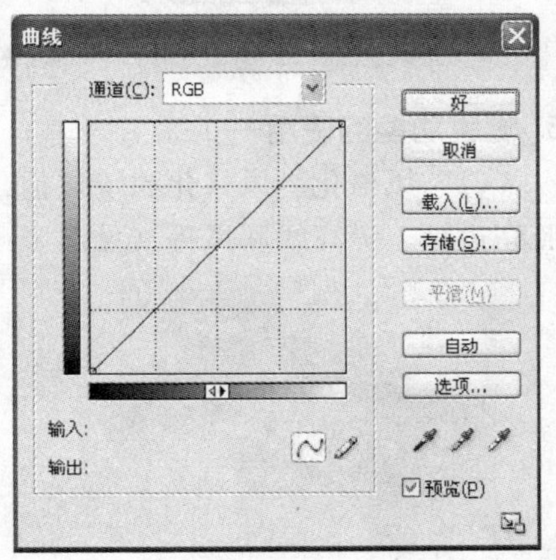

图 2—107　曲线

2）色相/饱和度。色相/饱和度的主要功能是用于调整图片整体的色彩鲜艳程度和明暗程度。选择“图像”菜单中的“调整”命令，选择其中的“色相/饱和度”（见图 2—108）。色相指红、橙、黄、绿、蓝、靛、紫等色彩成分，黑、白以及各种灰色属于无色系。亮度彩色光的功率越大，其亮度感觉也越大。饱和度指色彩的纯度。加入白光可以降低色彩饱和度。还可以通过着色工具对图片进行整体上色。通过着色工具，将颜色应用于图稿的任何区域或边缘并使用重叠的路径创建新的形状，该工具可以直观地给图稿着色并自动检测和纠正偏差（见彩图 46）。

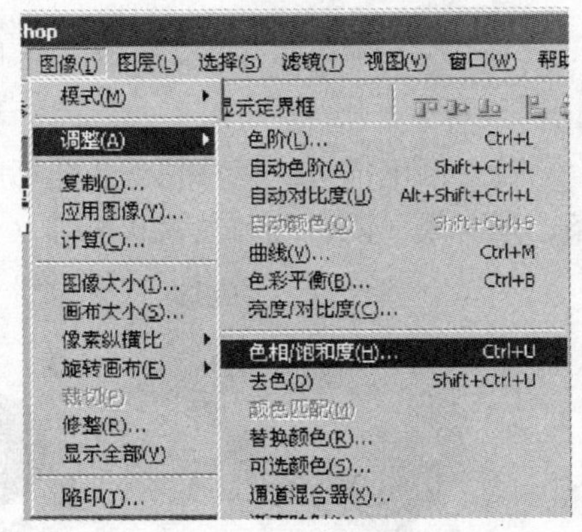

图 2—108　色相/饱和度

3）亮度/对比度。亮度/对比度的主要功能是用于调整图片整体的明亮程度和对比度。选择“图像”菜单中的“调整”命令，选择其中的“亮度/对比度”（见图 2—109）。

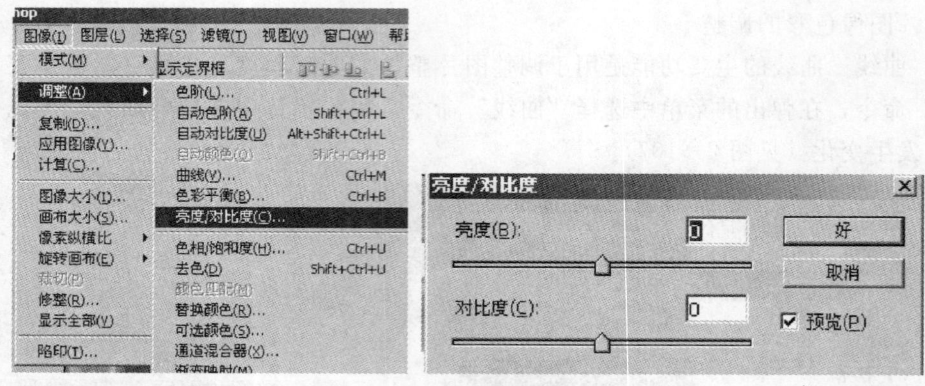

图 2—109　亮度/对比度

5. 滤镜功能的使用

（1）风格化。风格化滤镜包括凸出、扩散、拼贴、曝光过度、查找边缘、浮雕效果、照亮边缘、等高线和风等（见图 2—110）。

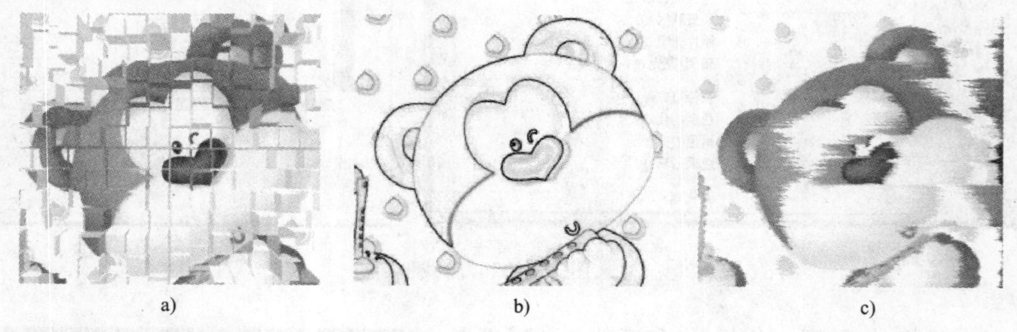

a）　　b）　　c）

图 2—110　风格化

a）凸出　b）查找边缘　c）风

（2）画笔描边。风格化滤镜包括喷溅、喷色描边、强化的边缘、成角的线条、深色线条、烟灰墨、阴影线和油墨状况等（见图 2—111）。

a）　　b）　　c）

图 2—111　画笔描边

a）喷溅　b）深色线条　c）油墨状况

（3）模糊。使用模糊滤镜不仅可以起到修饰作用，还可以模拟物体运动的效果，使图像变化显得柔和。包括动感模糊、径向模糊、模糊、特殊模糊、进一步模糊和高斯模糊等（见图 2—112）。

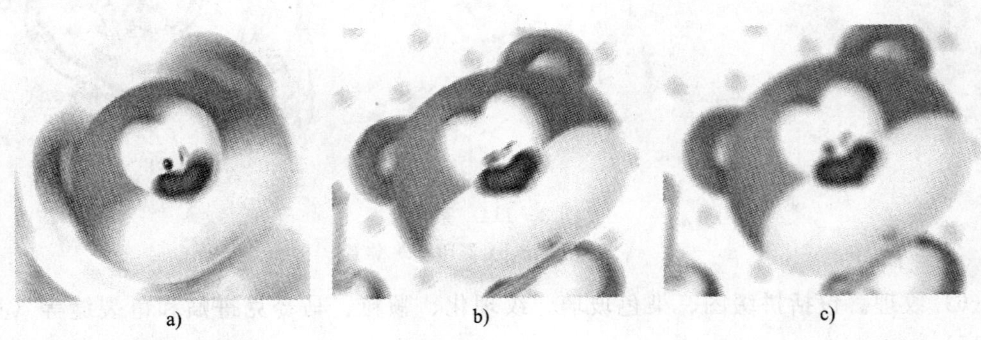

a)　　b)　　c)

图 2—112　模糊

a）径向模糊　b）动感模糊　c）高斯模糊

模糊滤镜通过平衡已定义的线条和遮蔽区域的清晰边缘旁边的像素，使图像变化显得柔和；进一步模糊滤镜效果要比模糊效果强烈得多；高斯模糊滤镜可以快速模糊选区，并且可以添加低频细节，产生一种朦胧的效果；动感模糊滤镜是沿特定方向，以特定强度进行模糊；径向模糊是模拟移动或旋转的相机所形成的模糊，产生一种柔化的模糊；特殊模糊滤镜可精确地模糊图像。

（4）扭曲。扭曲滤镜可以对图像进行集合扭曲，创建 3D 或其他整形效果。使用这个滤镜命令要比其他的滤镜命令更消耗内存。包括切变、扩散亮光、挤压、旋转扭曲、极坐标、水波、波浪、波纹、海洋波纹、玻璃、球面化和置换等（见图 2—113）。

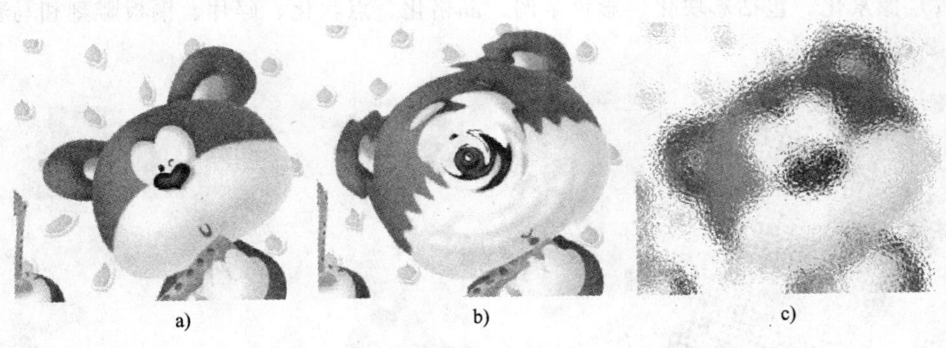

a)　　b)　　c)

图 2—113　扭曲

a）挤压　b）水波　c）玻璃

（5）素描。包括便条纸、半调图案、图章、基底凸现、塑料效果、影印、撕边、水彩画纸、炭笔、粉笔和炭笔、绘图笔、网状和铬黄等（见图 2—114）。

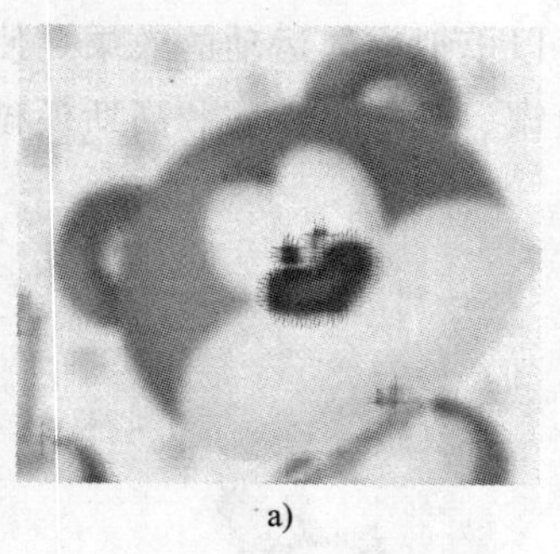

a)

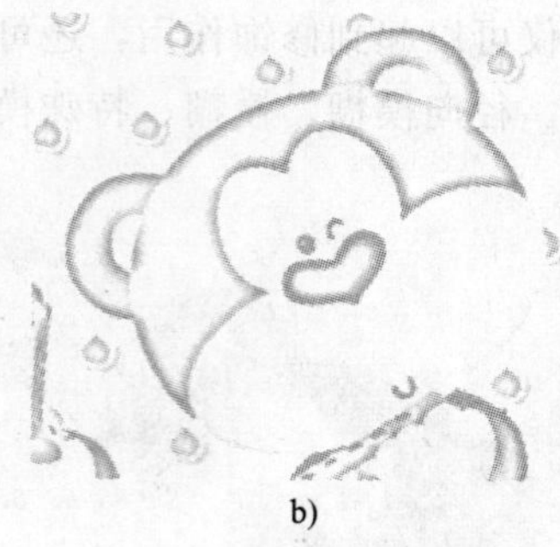

b)

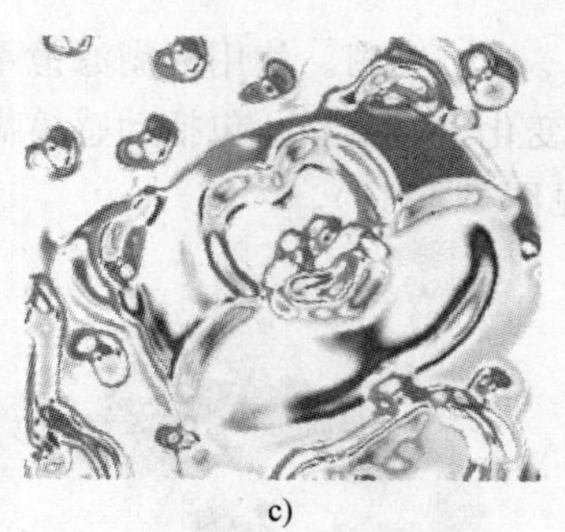

c)

图 2—114 素描

a）水彩画纸 b）影印 c）铬黄

（6）纹理。包括拼缀图、染色玻璃、纹理化、颗粒、马赛克拼贴和龟裂缝等（见图 2—115）。

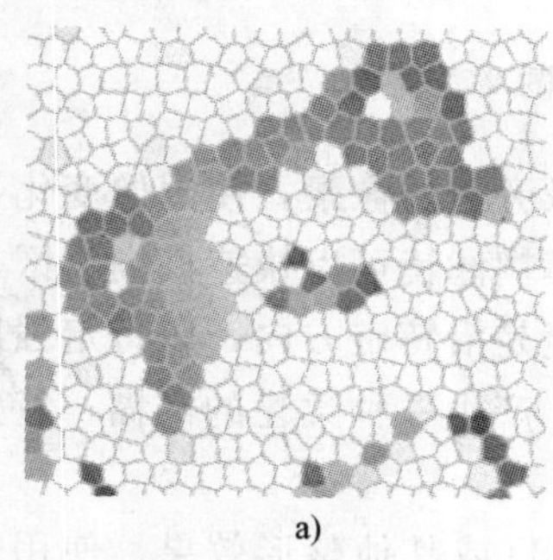

a)

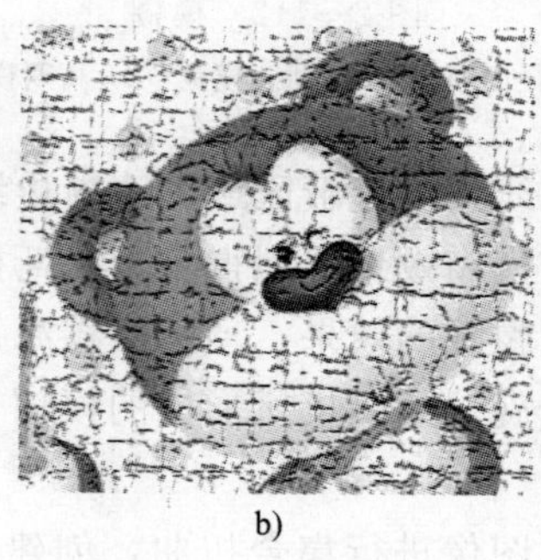

b)

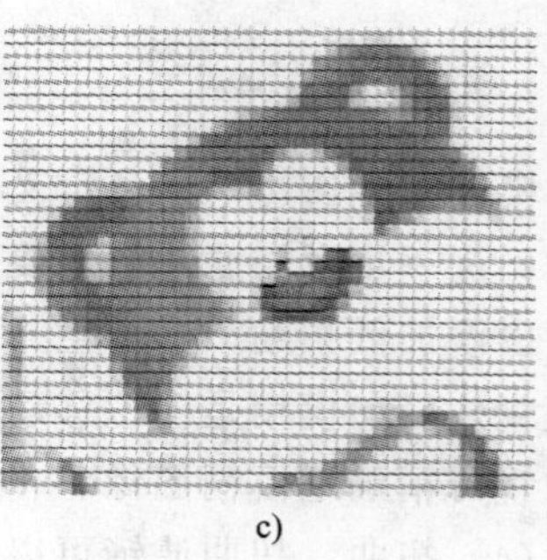

c)

图 2—115 纹理

a）染色玻璃 b）龟裂缝 c）拼缀图

（7）像素化。包括彩块化、彩色半调、晶格化、点状化、碎片、铜板雕刻和马赛克等（见图 2—116）。

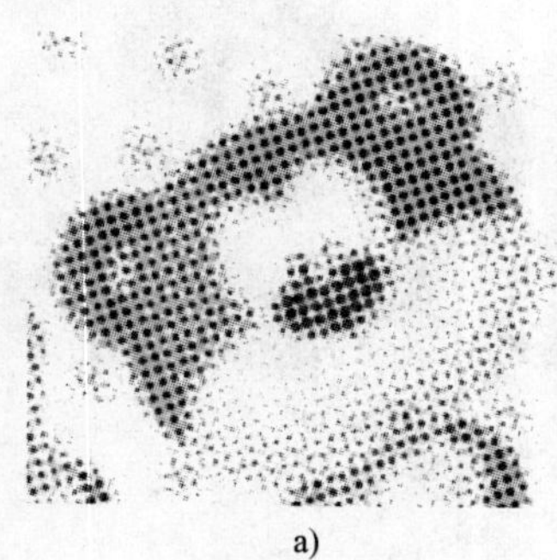

a)

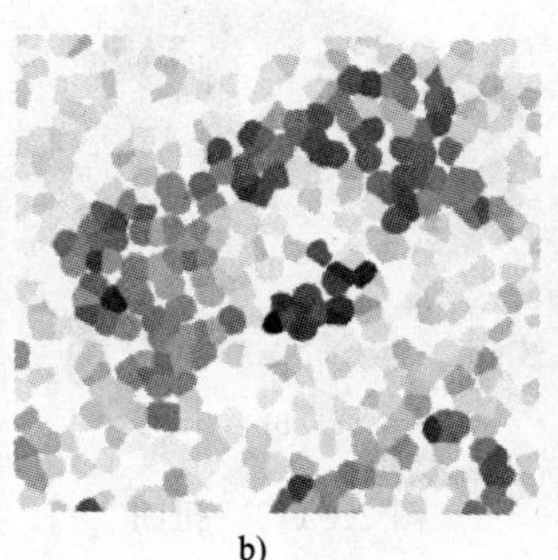

b)

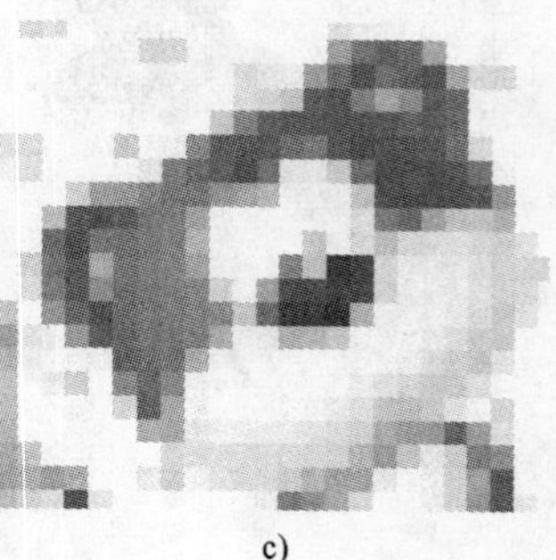

c)

图 2—116 像素化

a）彩色半调 b）点状化 c）马赛克

（8）渲染。包括云彩、光照效果、分层云彩、镜头光晕和 3D 变换等（见图 2—117）。

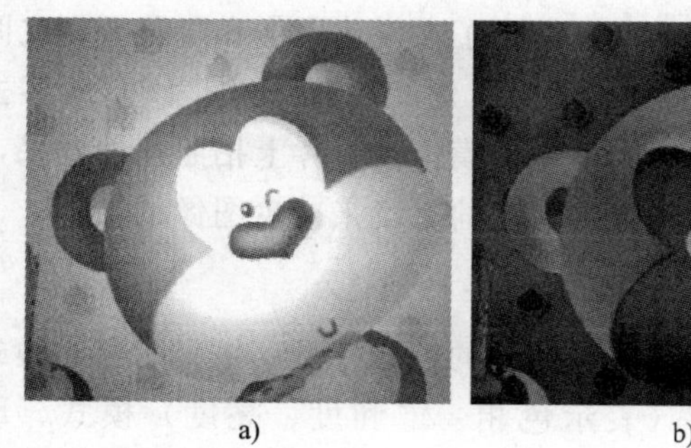
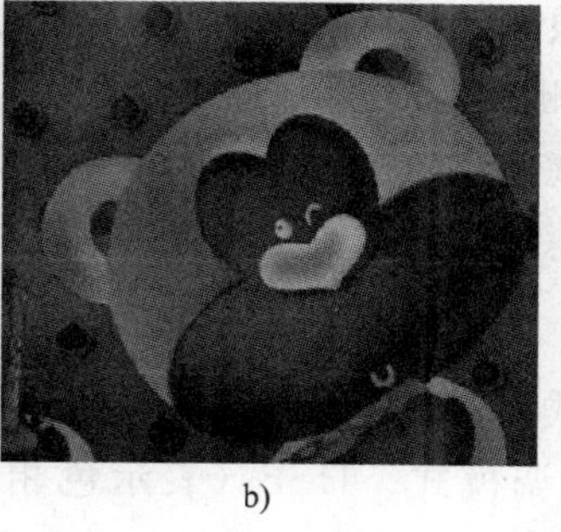

a) b) c)

图 2—117 渲染

a）光照效果 b）分层云彩 c）镜头光晕

（9）艺术效果。包括塑料包装、壁画、干画笔、底纹效果、彩色铅笔、木刻、水彩、海报边缘、海绵、涂抹棒、粗糙蜡笔、绘画涂抹、胶片颗粒、调色刀和霓虹灯光等（见图2—118）。

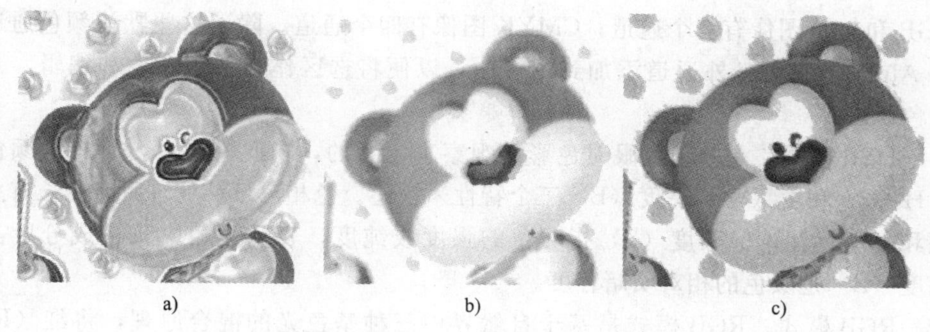

a) b) c)

图 2—118 艺术效果

a）塑料包装 b）调色刀 c）涂抹棒

（10）杂色。这种滤镜可以添加或去除杂色，这有助于将选取的效果混合到周围的像素中。包括中间值、去斑、添加杂色和蒙尘与划痕（见图 2—119）。

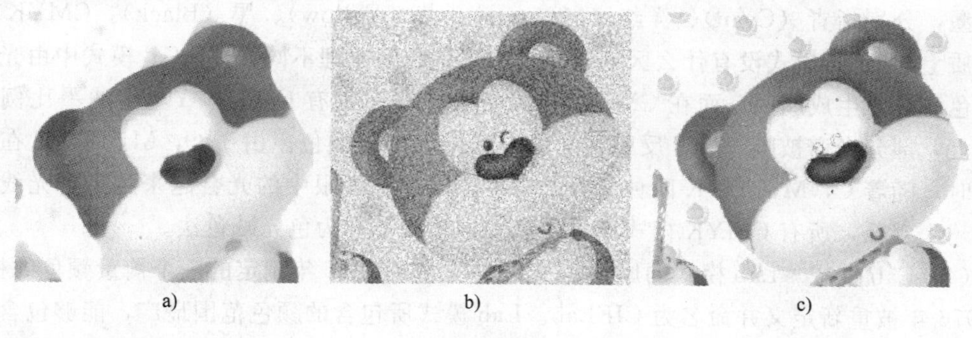

a) b) c)

图 2—119 杂色

a）中间值 b）添加杂色 c）蒙尘与划痕

蒙尘与划痕滤镜可通过更改相异的像素减少杂色。为了在锐化图像和隐蔽瑕疵之间取得平衡，去斑滤镜可以自动检测图像的边缘并模糊除边缘外的所有选区，该模糊移去杂色，同时保留细节。添加杂色滤镜将随机像素用于图像，模拟在胶片上拍照片的效果，也可用作减少羽化选区。中间值滤镜是通过混合选区中像素的亮度来减少图像的杂色。

6. 色彩和色调模式

在 Photoshop 中，色彩模式决定显示和打印电子图像的色彩模型。常见的色彩模式包括位图模式、灰度模式、双色调模式、HSB（表示色相、饱和度、亮度）模式、RGB（表示红、绿、蓝）模式、CMYK（表示青、洋红、黄、黑）模式、Lab 模式、索引色模式、多通道模式以及 8 位/16 位模式，每种模式的图像描述和重现色彩的原理及所能显示的颜色数量是不同的。

色彩模式除确定图像中能显示的颜色数之外，还影响图像的通道数和文件大小。每个图像具有一个或多个通道，每个通道都存放着图像中颜色元素的信息。图像中默认的颜色通道数取决于其色彩模式。默认情况下，位图模式、灰度双色调和索引色图像有一个通道；RGB 和 Lab 图像有三个通道；CMYK 图像有四个通道。除了这些默认颜色通道，还可以将 Alpha 通道的额外通道添加到图像中，以便将选区作为蒙版存放和编辑，并且可添加专色通道。

（1）HSB 模式。是基于人眼对色彩的观察来定义的，在此模式中，所有的颜色都用色相（H）、饱和度（S）、亮度（B）三个特性来描述。色相（H）是与颜色波长有关的颜色物理和心理特性；饱和度（S）指颜色的强度或纯度，表示色相中灰色成分所占的比例；亮度（B）是颜色的相对明暗程度。

（2）RGB 模式。RGB 模式是基于自然界中三种基色光的混合原理，将红（R）、绿（G）和蓝（B）三种基色按照从 0（黑）到 255（白色）的亮度值在每个色阶中分配，从而指定其色彩。当不同亮度的基色混合后，便会产生出 256×256×256 种颜色，约为 1 670万种。RGB 模式产生颜色的方法又被称为色光加色法。

（3）CMYK 模式。CMYK 颜色模式是一种印刷模式。CMYK 在印刷中代表四种颜色的油墨，分别指青（Cyan）、洋红（Magenta）、黄（Yellow）、黑（Black）。CMYK 模式在本质上与 RGB 模式没有什么区别，只是产生色彩的原理不同，在 RGB 模式中由光源发出的色光混合生成颜色，而在 CMYK 模式中由光线照到有 C，M，Y，K 油墨比例不同的纸上，部分光谱被吸收后，反射到人眼中的光产生的颜色。由于 C，M，Y，K 在混合成色时，随着 C，M，Y，K 四种成分的增多，反射到人眼中的光会越来越少，光线的亮度会越来越低，所有 CMYK 模式产生颜色的方法又被称为色光减色法。

（4）Lab 模式。Lab 模式的原型是由 CIE 协会在 1931 年制定的一个衡量颜色的标准，在 1976 年被重新定义并命名为 CIELab。Lab 模式所包含的颜色范围最广，能够包含所有的 RGB 和 CMYK 模式中的颜色。CMYK 模式所包含的颜色最少，有些在屏幕上的颜色在印刷品上却无法实现。

Lab 颜色是以一个亮度分量 L 及两个颜色分量 a 和 b 来表示颜色的。其中 L 的取值范围是 0～100，a 分量代表由绿色到红色的光谱变化，而 b 分量代表由蓝色到黄色的光谱变化，a 和 b 的取值范围均为—120～120。

(5) 位图（Bitmap）模式。位图模式用黑和白两种颜色来表示图像中的像素。位图模式的图像也成为黑白图像（见图 2—120）。

图 2—120　位图模式

(6) 灰度（Grayscale）模式。灰度模式可以使用多达 256 级灰度来表现图像，使图像的过渡更平滑细腻。灰度图像的每个像素有一个 0（黑色）到 255（白色）之间的亮度值。灰度值也可以用黑色油墨覆盖的百分比来表示（0 等于白色，100%等于黑色）。使用黑色或灰度扫描仪产生的图像常以灰度显示（见图 2—121）。

图 2—121　灰度模式

(7) 双色调（Duotone）模式。双色调模式采用 2～4 种彩色油墨来创建由双色调、三色调和四色调混合其色阶组成的图像。在将灰度图像转换为双色调模式的过程中，可以对色调进行编辑，产生特殊的效果（见彩图 47）。

（8）索引颜色（Indexed Color）模式。索引颜色模式是网上和动画中常用的图像模式，当彩色图像转换为索引颜色的图像后包含近 256 种颜色。索引颜色图像包含一个颜色表。如果原图像中颜色不能用 256 色表现，则 Photoshop 会从可使用的颜色中选出最相近颜色来模拟这些颜色，这样可以减小图像文件的尺寸。用来存放图像中的颜色并为这些颜色建立颜色索引，颜色表可在转换的过程中定义或在声称索引图像后修改（见图 2—122）。

图 2—122　索引颜色模式

（9）多通道（Multichannel）模式。多通道模式对有特殊打印要求的图像非常有用。如果图像中只使用了一两种或两三种颜色时，使用多通道模式可以减少印刷成本并保证图像颜色的正确输出（见彩图 48）。

（10）8 位/16 位通道模式。在灰度、RGB 或 CMYK 模式下，可以使用 16 位通道来代替默认的 8 位通道。8 位通道中包含 256 个色阶，如果增到 16 位，每个通道的色阶数量为 65 536 个，这样能得到更多的色彩细节，但对于这种图像限制很多，所有的滤镜都不能使用，16 位通道模式的图像不能被印刷。

为了在 Photoshop 中成功地选择正确的颜色，必须首先懂得颜色模式。创建颜色模式是用来提供一种将颜色翻译成数字数据的方法，从而使颜色能在多种媒体中得到连续的描述。

2.2.3　感压式手写板的使用

随着全球计算机的普及率逐年快速提升，鼠标和键盘渐渐成为人们工作和生活的必备之物，但鼠标是缺乏人性化的计算机外部设备，不能绘图写字。手写辨识技术可以立即解决许多人使用键盘的困难，让使用者以最自然的书写习惯与计算机沟通。手写辨识技术的应用，在近年需求更是明显增强。随着科学技术的发展，手写板作为一种输入工具，会成为鼠标和键盘等输入工具的有益补充，其应用也会越来越普及。

随着中国各方面的不断发展，计算机、扫描仪和打印机等越来越普及，Photoshop 等绘图设计软件的使用者也不断增多，“WACOM”诞生于日本，是全球顶尖的用户界面产品生产商，一直致力于创意、改善人与计算机的关系并使之协调的发展。感压式手写板的出现可以大幅度提高工作效率和制作出高质量用于设计制作的作品。手写板让使用者以最自然的手写方式取代键盘或鼠标的输入方式。WACOM 压感笔系统和相应软件为人们发挥绘画、书法、多媒体、视频等艺术才干提供了全新的工具，是计算机帮助人创造新艺术的桥梁。WACOM 产品含输入板，无线、无电池压感笔，无线鼠标各一支及多种捆绑软件，满足不同人的习惯和需要。

感压式手写板（见图 2—123）是由一块板和一支压感笔组成，就像画板和画笔，其输入笔独有的锥形笔身在手指握处呈收缩状，符合手指曲线，遵循人体工程学原理，最大限度地降低了疲劳度。压感型的输入板可以通过感知输入笔传输的轻微压力作出反应，感压级别达到 512 级，在绘图时能巧妙地掩饰画面的不足之处。在性能指标和读取方式上，读取范围 127.6 mm×92.8 mm，分辨率 0.025 mm，读取精度为±0.5 mm，最大笔尖感应高度 3 mm，接口规格为 USB/串口，适用的范围相当广泛。

感压式手写板同键盘、鼠标一样都是计算机输入设备，可以提供鼠标按键无法实现的很多功能。它独特的压感技术，使系统可以敏锐地侦测到运笔的力度，创作者更可随意调制自己喜爱的颜色，并对作品精雕细琢、尽情挥洒、轻松创作。很多深为观众喜爱的《狮子王》等卡通片段就是用 WACOM 压感笔绘制的。

Photoshop 有非常好的支持压感功能，压感笔完全允许人们按平时用笔的方式模拟最常见的画笔方式创作出各种风格的作品，如油画、水彩画、素描等。它能够在计算机上直接书写出独具东方水墨韵味的中国书法，当我们用力的时候毛笔能画很粗的线条，当我们用力很轻的时候，它可以画出很细很淡的线条（见图 2—124）。它还提供了强大的画笔工具和纹理叠加功能，让数字绘画同样具有传统绘画的生命力，它可以根据笔倾斜的角度，喷出各种笔触效果。它的细腻压感和笔锋识别的功能，可以把高超的运笔技巧淋漓尽致地发挥出来，让整个绘制过程更加得心应手。它还可以利用计算机的优势，获得传统工具无法实现的效果。

图 2—123　感压式手写板

图 2—124　绘制线条

感压式手写板的主要参数有感应技术、压感级数、书写方式、个性化造型以及识别率，其中压感级数是关键参数。比如手写板标称压感级数 512 级，也就是说利用手写笔笔尖从接触手写板到下压 100 克力，在约 5 mm 之间的微细电磁变化中区分 512 个级数，手写笔将这些信息反馈给计算机，从而形成粗细不同的笔触效果。当电子笔靠近时，EMR 传感器便会察觉，通过内置驱动器进行切换后，就会对利用电子笔的输入产生反应，而不再对基于手指的输入产生反应。

2.2.4 卡通画的输出

Photoshop 是一个专业的图像处理软件，对输出图像通常要求精度在 300dpi 以上，精度太低，会引起图像起锯齿且轮廓边沿不清晰；若精度太高，会造成图片容量大、占空间且输出解释速度慢。

在处理图片时通常把图片设置成 CMYK 模式，如果是 RGB 模式会改变颜色的组成与搭配，造成出稿颜色偏差。若图片在 Photoshop 里有路径，则图片一定要存成 EPS 格式，并选择路径，最好不要存压缩格式，容易把四色图出成黑白图。若双色调格式图片，则要注意设置油墨曲线，数值不能全部为“0”，并存成 EPS 格式，图片取名中不能有空格或符号乱码，否则容易造成输出无法解释。在 Photoshop 里不要做四色黑字，四色黑字很难对位，且出来不清晰，这是图片用 Photoshop 处理时要注意的事项。

Photoshop 支持几十种文件格式，常见的格式主要包括：固有格式（PSD）、应用软件交换格式（EPS，DCS，Filmstrip）、专有格式（GIF，BMP，Amiga IFF，PCX，PDF，PICT，PNG，Scitex CT，TGA）、主流格式（JPEG，TIFF）、其他格式（Photo CD YCC，FlashPix）。

1. PSD 格式

PSD 格式是 Photoshop 的固有格式，PSD 格式可以比其他格式更快速地打开和保存图像，很好地保存层、通道、路径、蒙版以及压缩方案，不会导致数据丢失等，但是其他大多数软件不能够支持 Photoshop 这种固有格式。

2. GIF 格式

GIF 格式是输出图像到网页最常采用的格式。GIF 采用 LZW 压缩，限定在 256 色以内的色彩。GIF 格式以 87a 和 89a 两种代码表示。GIF87a 严格支持不透明像素。而 GIF89a 可以控制区域透明，更大地缩小了 GIF 的尺寸。如果要使用 GIF 格式，就必须转换成索引色模式（Indexed Color），使色彩数目转为 256 或更少。

3. BMP 格式

BMP（Windows Bitmap）格式是微软开发的 Microsoft Pain 的固有格式，这种格式被大多数软件所支持。BMP 格式采用了一种叫 RLE 的无损压缩方式，对图像质量不会产生什么影响。

4. PDF 格式

PDF（Portable Document Format）格式是由 Adobe Systems 创建的一种文件格式，允许在屏幕上查看电子文档。PDF 文件还可被嵌入到 Web 的 HTML 文档中。

5. TGA 格式

TGA（Targa）格式是计算机上应用最广泛的图像文件格式，它支持 32 位图像。

6. EPS 格式

EPS（Encapsulated PostScript）是我们处理图像工作中的最重要的格式，它在 Mac 和 PC 环境下的图形和版面设计中广泛使用，用在 PostScript 输出设备上进行打印。

7. DCS 格式

DCS 是 Quark 开发的一个 EPS 格式的变种，称为 Desk Color Separation（DCS），在支持这种格式的 QuarkXPress，PageMaker 和其他应用软件上工作，DCS 便于分色打印，而 Photoshop 在使用 DCS 格式时，必须转换成 CMYK 四色模式。

8. Filmstrip 格式

Filmstrip 是 Adobe Premiere（Adobe 公司的影片编辑应用软件）和 Photoshop 专有的文件转换格式。Photoshop 可以任意通过 Filmstrip 格式修改 Premiere 每一幅图像，但是不能改变 Filmstrip 文档的尺寸，否则，将不能存回 Premiere 中。同样，也不能把 Photoshop创建的文件转换为 Filmstrip 格式。

9. JPEG 格式

JPEG（由 Joint Photographic Experts Group 缩写而成，意为联合图形专家组）是我们平时最常用的图像格式。它是一个最有效、最基本的有损压缩格式，被绝大多数的图形处理软件所支持。JPEG 格式的图像还广泛用于网页的制作。如果对图像质量要求不高，但又要求存储大量图片，对于要求进行图像输出打印，最好不使用 JPEG 格式，因为它是以损坏图像质量为前提来提高压缩质量的。

10. TIFF 格式

TIFF（Tag Image File Format，意为有标签的图像文件格式）是 Aldus 在 Mac 初期开发的，目的是使扫描图像标准化。它是跨越 Mac 与 PC 平台最广泛的图像打印格式。TIFF 使用 LZW 无损压缩方式，大大减少了图像尺寸。TIFF 格式可以保存通道，对于处理图像是非常有好处的。

单元测试题（知识部分）

一、判断题（下列判断正确的请打“√”，错误的打“×”）

1. 卡通画可以夸张，但不能无限夸张。（　）
2. 线条是绘画的基础，卡通画中更离不开线条的运用。（　）

3. Photoshop 绘制直线时按住 Ctrl 键不放，可以绘制出水平、垂直线条和成 45°角的直线。（ ）

4. Photoshop 滤镜不能应用于 16 位通道模式。（ ）

5. 画卡通画时，幼儿的五官都集中在脸部下半部 1/3 的部位。（ ）

二、单项选择题（下列每题的选项中，只有 1 个是正确的，请将其代号填在横线空白处）

1. 卡通画人物左右耳孔之间的距离是________个眼睛的宽度。

A. 3　　B. 4

C. 5　　D. 6

2. 在绘制卡通画时，首先应标出全身与________的关系。

A. 手　　B. 头

C. 身　　D. 腿

3. 在编辑图像时，使用减淡工具是为了达到________的目的。

A. 使图像中某些区域变暗　　B. 删除图像中的某些像素

C. 使图像中某些区域变亮　　D. 使图像中某些区域的饱和度增加

4. 在文字图层中不能进行以下哪种操作________。

A. 添加图层效果　　B. 更改字体

C. 改变不透明度　　D. 使用填充

5. 下列________不是表现卡通画中笑的特征。

A. 嘴角上翘　　B. 眼睛变细

C. 眉头紧锁　　D. 舌头外露

三、多项选择题（下列每题的选项中，至少有 2 个是正确的，请将其代号填在横线空白处）

1. 卡通画中表现发怒的表情应________。

A. 眉毛上竖　　B. 嘴角向下

C. 眼睛变小　　D. 眉头紧锁

2. ________类型的文件可置入到 Photoshop 中。

A. TIFF　　B. JPEG

C. PDF　　D. EPS

3. 下列哪些滤镜不对 RGB 滤镜起作用：________。

A. 马赛克　　B. 光照效果

C. 波纹　　D. 浮雕效果

4. 下列描述正确的是：________。

A. 在 Photoshop 中的路径和 illustrator 中的路径是不同的

B. 在 Photoshop 中的路径和 illustrator 中的路径是完全相同的，都是矢量的

C. 在 Photoshop 中的路径可以转换为浮动的选择范围

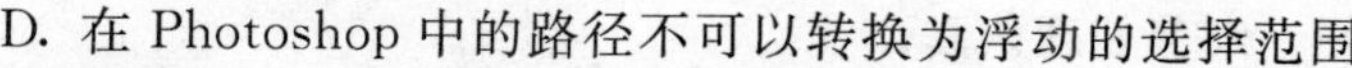

D. 在 Photoshop 中的路径不可以转换为浮动的选择范围

四、简答题

1. 试举例分析卡通画的特点

2. 卡通人物中的婴儿、儿童、年轻人、中年人、老年人外形轮廓各有什么特征？

单元测试题（技能部分）

试题 1：卡通动物制作

规定用时：120 min

1. 操作条件

A4 草稿纸 3 张、卡纸 1 张、铅笔、彩色铅笔、颜料、尺、圆规等。

2. 操作内容

用手绘的方式创作一个卡通动物形象，种类不限，创作一系列卡通画，包括动物的造型、动作和故事情节。

3. 操作要求

（1）画面主题突出，创意新颖，构图比例恰当。

（2）1 张特写，2 张以上的整体或局部造型动作。

（3）有一定想象力，可运用“夸张”“联想”“借喻”等创意元素。

（4）色彩明快和谐，具有较强的视觉冲击力。

（5）手绘效果表现良好，细节处理认真，把一定深度的内在情感表现在创作之中。

（6）写出 200 字的设计说明，并编写一个关于这个动物的小故事。

（7）写出如果把这个卡通形象做成布绒玩具所要做的准备（如用何种面料、常用布绒玩具辅料的分类、面料的选择和搭配等）。

（8）试卷尺寸：A3。

试题 2：卡通手表制作

规定用时：180 min

1. 操作条件

（1）配有 Photoshop 软件和 WACOM 液晶手写板的电脑工作站 1 台。

（2）A4 彩色打印机、打印纸 1 张、A4 草稿纸 3 张。

（3）卡纸 1 张、铅笔、彩色铅笔、尺、圆规等。

2. 操作内容

在卡纸上用手绘的方式绘制 3 个方案的草图，种类不限。挑选一张用 Photoshop 软件设计出其效果图。

3. 操作要求

（1）创意新颖，有一定想象力，表现真实。

（2）用 Photoshop 软件作效果图，画面的构图恰当，主题突出。

(3) 草图方案表现良好，细节处理认真。

(4) 色彩明快和谐，具有较强的视觉冲击力。

(5) 写出 300 字的设计说明及制作步骤。

(6) 试卷尺寸：A4。

单元测试题答案（知识部分）

一、判断题

1. √　2. √　3. ×　4. √　5. ×

二、单项选择题

1. C　2. B　3. C　4. D　5. C

三、多项选择题

1. ABD　2. ABC　3. ACD　4. AC

四、简答题

1. 答：卡通画的特点主要表现在风格多样、表现手法多样、造型夸张多变、可爱风趣幽默、色彩鲜艳协调、富有情趣等方面。

2. 答：1）婴儿。头特别大，胖乎乎、圆墩墩的，宽额头，看不到脖子，身长是等分，脚短。

2）儿童。头较大，手脚的线条较细而且比较短。

3）年轻女性。线条比较细腻，肩部略斜，整体呈曲线形，腰部很细，胸部隆起，臂部较大，脚踝较细。

4）年轻男性。线条有力，肩幅较宽，胸部呈扇形，腰比肩窄，脖子较粗，脚大。

5）中年女性。要比年轻的女性更强调曲线，眼睛略小，微胖，脚踝较粗。

6）中年男性。比年轻男性略胖，头发较稀疏。

7）老年女性。弯腰驼背，肩部略斜，膝盖略微弯曲。

8）老年男性。弯腰驼背，两脚分开，膝盖有点弯曲，肩部较窄，若再拄上拐杖就更显老了。

第 3 单元

布绒玩具的设计与制作

3.1 布绒玩具的设计

3.1.1 布绒玩具造型设计

1. 布绒玩具造型的特点

布绒玩具（见彩图 49）就是指用各种化纤、棉、无纺布、皮革、长毛绒、短绒等原料通过剪裁、缝制、装配、填充、整型、包装等工序而制作的玩具。布绒玩具是玩具中的一种，它的优点是美观大方、造型逼真、手感柔软、耐压、安全性高、卫生、清洗方便、装饰性强、开发智力、老少皆宜等。布绒玩具已经成为人们文化生活的一部分，一个心爱的玩具可以从孩子出生玩到年老，玩具不是孩子的专利。

一件玩具的好坏，取决于它的设计，设计是灵魂、是总的方向。在设计时，我们要充分利用现有资料，大胆发挥想象，多进行市场调查，了解市场流行趋势，只有这样才能走在设计流行的前沿。中国布绒玩具市场刚刚起步，有待于更多的设计师设计出更多更优秀的布绒玩具。

布绒玩具在造型上和卡通画有着非常密切的联系，许多布绒玩具都是在卡通画造型的基础上制作出来的，布绒玩具造型与卡通画的造型相结合，是二维卡通画的三维立体化，是平面的卡通作品在现实生活中的塑造。不少成功的卡通布绒玩具造型如 Hello Kitty、机器猫、阿童木、超人、米老鼠、唐老鸭等（见图 3—1）造型夸张、滑稽可笑、惹人喜爱。

布绒玩具在其造型的设计上需要有造型独特、美观可爱、柔软舒适、色彩鲜艳、满足需求等特点。

（1）造型独特。布绒玩具造型多样，主要以动物、人物或生物等为题材，有的布绒玩具还将一些无生命的东西，如生活中的茶壶、杯子、扫帚等为题材。它们在造型上给人以美的享受，其基本造型用拟人化的基本艺术手法加入丰富的表情以形求神、以形逗人，对玩具的特征加以概括、提炼和夸张，体现一种娃娃的特征。他们的造型可以千奇百怪，在形态比例上远远夸张于生活中的事物，可以把人物的身体用动物的头部嫁接，把没有生命的物体赋予其真实的生命感，令人感到亲切自然，稚气可爱。布绒玩具所表达的大多是人类的情感，它们的表情、动作都模仿人类的某些特征进行设计。

（2）美观可爱。布绒玩具造型活泼可爱、憨态可掬，深受大人和孩子的喜爱。布绒玩具那惹人喜爱的形象，在各种场合中可以引人注目、活跃现场气氛，给人以欢乐、愉悦。米老鼠玩具造型非常经典（见图 3—2），生活中令人生厌的老鼠居然长得如此可爱：大眼睛、圆脑袋、招风耳、下肢较短、脚掌较宽，这些特征无疑是非常可爱的。米老鼠招人喜欢的秘密就在于其可爱的特征与儿童的特征是非常相似的。

小熊维尼（见彩图 50）是英国作家笔下的一只十分爱吃蜂蜜的熊，它几乎成为所有孩

图 3—1 布绒卡通玩具

a）Hello Kitty b）机器猫 c）阿童木 d）超人

子的礼物。这只可爱的小熊抓住了一代又一代儿童的心。维尼是小男孩 Robin 的玩具熊，住在一个叫“百亩森林”的地方，他总是丢三落四，看上去有些木讷，却能给人们带来童年般的梦想。

图 3—2 米老鼠玩具

小猪麦兜（见图 3—3）和许许多多的孩子一样，有着许许多多的疑惑和烦恼。他却总能发现平淡生活中的闪亮之处，教会人们乐天知命，带着感恩的心情生活。

加菲猫（见图 3—4）自私、贪婪、好吃、胆怯、市侩，他生命中最大的乐趣就是吃和戏弄主人及主人的宠物狗。它人性化的形象备受欢迎。

机器猫没有耳朵，全身发蓝，最怕老鼠，最爱吃红豆饼，他代表了有难时能全心帮助你的朋友；Kitty 猫是个很女性化的猫，她干净、温顺、乖巧、无害，绑着一条红丝带，天生一副明星相；兔八哥永远拿着一根胡萝卜，永远让猎人晕头转向、七窍生烟；史努比外形威猛，却天生胆小，走路时都会被自己的影子吓着，每当遇到怪现象的时候他更是吓得缩成一团，但它却是团队的精神象征，他总会在紧要关头勇敢地面对自己的恐惧和即将来临的挑战；樱桃小丸子会变着法儿占便宜，贪吃贪睡，长得不怎样却臭美得不得了。

（3）柔软舒适。柔软舒适是设计布绒玩具时要考虑的一个重要方面。如彩图 51 所示。

图 3—3　小猪麦兜

图 3—4　加菲猫

布绒玩具表面不能有毛刺，边缘要光滑，以免孩子玩耍时割破皮肤。触感尖锐的玩具会使孩子的神经趋于紧张，产生不愉快的感觉，柔软的玩具会使孩子的精神松弛，进而产生舒适、安详的感觉。布绒玩具的各种配件要安全，布绒玩具内填充料中不能含有金属物或断针等杂质，以免造成危险。布绒玩具特有的柔软质地对性格孤独和渴望关怀的孩子有安慰、稳定情绪的作用。

（4）色彩鲜艳。较高的色彩饱和度与强烈的对比是布绒玩具的特点之一，人们在感受环境的时候，首先注意的是色彩，婴儿也会首先对色彩鲜亮的物品产生兴趣，玩具色彩的魅力举足轻重，影响着人们的精神感觉，人们更喜欢色彩鲜艳的布绒玩具是因为其丰富的色彩使人产生舒适感、完全感和美感。很多商家抓住商机，运用色彩理论进行产品营销。例如绿色的鳄鱼、红黄相间的麦当劳炸薯条（见彩图 52）、蓝色的苹果计算机等。

布绒玩具应用红、黄、蓝、绿四种颜色居多：红色给人以兴奋、喜庆之感；黄色给人以温暖、灿烂之感；蓝色给人以宁静、深邃之感；橙色给人以厚实、温暖之感；绿色给人以凉爽、清新之感。色彩处理得好可以协调或弥补造型中的某些不足，使之更加完美，更容易博得消费者的青睐。小熊维尼套上了红色圆领衫，米老鼠打上粉红色的蝴蝶结，唐老鸭戴上漂亮的绅士帽（见彩图 53），小鸡家族穿上中国唐装（见彩图 54），超人家族全都披上了红风衣，帅气十足……

（5）满足需求。布绒玩具针对不同的需求有着不同的造型特点，这些需求包括节日需求、生活需求、年龄需求、心理需求、性别需求、市场需求等。

1）节日需求。节日可谓多种多样，西方的东方的，只要有节日就有玩具市场。比如情人节玩具，毛毛熊、斑点狗、洋娃娃等玩具代替情人节花束（见彩图 55），成为情人节礼物的新宠。中国情人节礼物可以是生肖玩具（见图 3—5）。

图 3—5　生肖礼物

圣诞节礼物可以是圣诞老人玩具、圣诞靴、圣诞帽等玩具。

2）生活需求。布绒玩具与日常生活日渐融合，卡通造型的枕头、背包、靠垫（见图3—6）、围巾、手提包（见图3—7）、拖鞋（见彩图56）、小饰物（见彩图57）等玩具衍生品也悄然进入我们的生活，而且无处不在，它可以放置于家中的每个角落，增加情趣及和谐温馨的气氛。

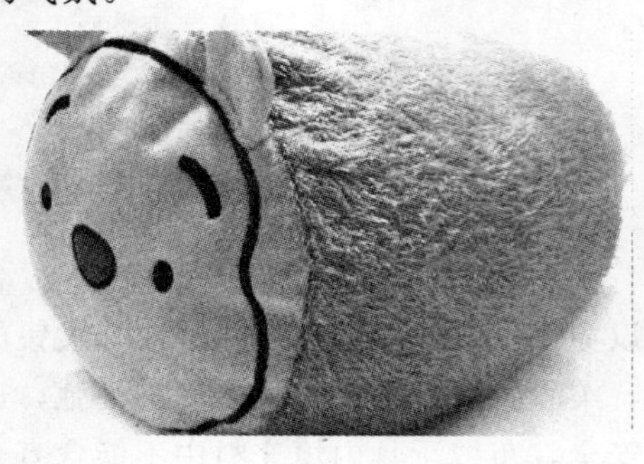

a)

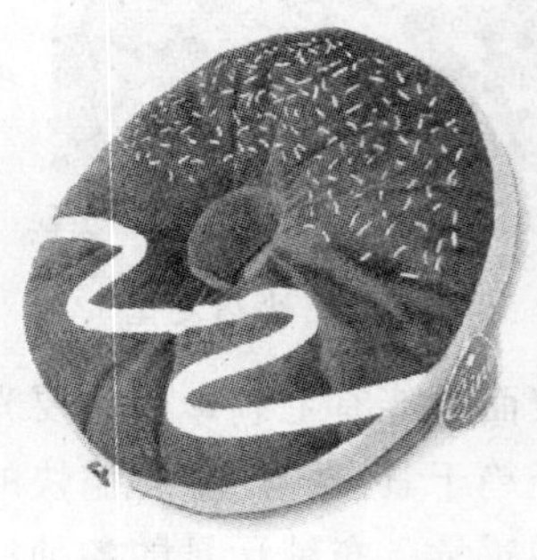

b)

图3—6　靠垫

a）维尼靠垫　b）面包形状靠垫

3）年龄需求。不同年龄的人们对玩具的造型有着不同的需求和认识，婴儿布绒玩具要求面料柔软、无毒无刺激。婴儿对世界比较陌生，求知欲望较强烈，所以婴儿玩具主要以帮助婴儿认识事物为主，多采用简单的动物造型，如小狗、小猫等，配上一些图案，颜色鲜艳，色彩冲击力强（见彩图58）。将婴儿喜欢的小动物布绒玩具放在沙发上或床上，能帮助宝宝辨认颜色、形状，提高宝宝的想象能力，激发宝宝的兴趣。

相对年龄较大的儿童来说，一些大型的布绒玩具（见图3—8）是他们的最爱。抱着巨大的布绒玩具孩子们能在接触中获得安全感，消除不安，体验母亲的温暖。得到的满足和爱抚，胜过通过视、听觉得到的满足。

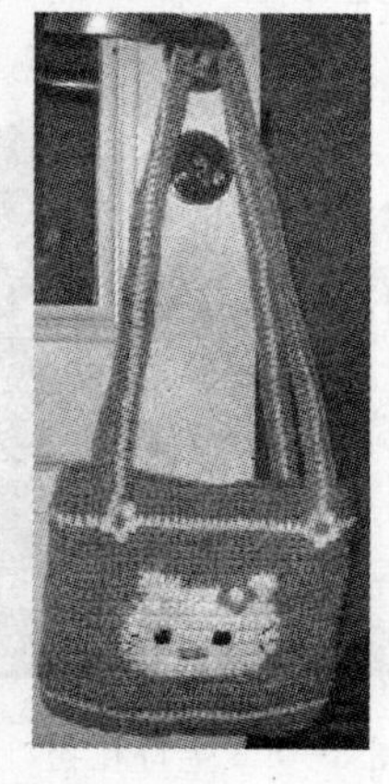

图3—7　卡通手提包

图3—8　大型布绒玩具

4）心理需求。人类有许多心理需求：谦卑心理，主宰和操纵心理，克服障碍、超越他人、控制他人、领导他人、取乐他人心理，独立心理，逆反心理，羡慕赞美心理，同情心理，娱乐心理，依赖心理等。我们可以经常见到一些幼儿，为达到某种目的特别任性，孩子任性是某种心理需求的表现。孩子很想接触更多新事物，这就是一种好奇的心理需求。布绒玩具在一定程度上可以满足人类的一些心理需求，使人体验到温暖和爱，让人们感到自己的价值所在，相信自己的能力。

5）性别需求。男性身体比较结实、高大，向往体育活动，好动。他们一般对有棱角、有刚强气质类型的玩具感兴趣，例如，汽车模型和造型怪异的玩具。他们对汽车模型的品牌、车型、颜色、车门、操纵杆等小部件都十分钻研和喜爱，体现了一种好斗、好胜和钻研精神。女性安静、谨慎、温柔，具有母性的爱，女性比男性脆弱，女性所特有的柔性就注定她们对圆形、椭圆形组合的、非常可爱的布绒玩具感兴趣。她们可以把柔软的布绒玩具当成是好朋友，向它们宣泄心中的郁闷和苦衷。她们抱着柔软的玩具会感到一种关注与体贴，在一定的社会压力下这有助于他们保持幸福愉快的心境和乐观的心态，健康地生活。

6）市场需求。让孩子爱之若狂的卡通玩具，让女人爱不释手的毛绒玩具，让男人爱恋不已的车模玩具，让居室生辉、轿车添彩的时尚饰品玩具（见彩图 59）、传递情感的礼品玩具无不占据着人们的心。一些公司投合消费者喜好，针对消费者的个性心理，给玩具冠以富有感情色彩与风格独特的称号，令其或典雅别致，或朴实无华，或可爱美丽。肯德基、麦当劳玩具一直以来都深受人们的喜爱（见图 3—9）。这些促销玩具一直是花样翻新、乐此不疲，为了俘获儿童易变的心理，有逗人的，有可以让人放松心情的，有可以挂在提包、手机上的（见图 3—10），也有令人眼前一亮的、适于收藏的。玩具精巧的造型、精美的组合，都让喜欢收藏玩具的朋友们爱不释手。它具有刺激消费者知觉和条件反射系统，使人产生认知和记忆等心理活动的功能。它迎合消费者的实用心理，顺乎情感，增强消费者的信任感，顺应消费者求实赏新心理，满足消费者的求知欲，符合消费者审美要求，还根据不同的国情、文化背景、民族习惯、社会阶层等因素，赢得消费者青睐，满足消费者需要，诱发其购买动机。

a)

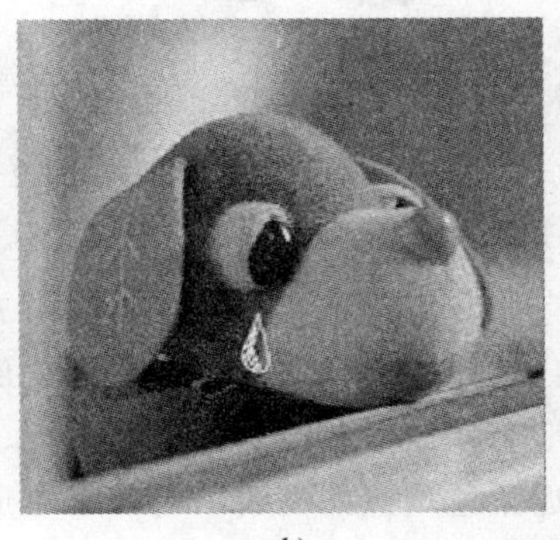

b)

图 3—9 肯德基、麦当劳主题玩具

a）机器猫 b）茶犬

2. 布绒玩具卡通造型的设计

卡通形象和卡通故事历来就是卡通布绒玩具设计的主题。卡通形象色形鲜明、干净简洁、轻松幽默、表情达意都显得极具亲和力，造型活泼可爱有趣，极富个性。米老鼠、唐老鸭、小熊维尼、Kitty 猫、史奴比等卡通形象都有许许多多动人的故事，由这些卡通形象衍生的玩具已在玩具业中居重要地位，至今仍畅销全球。

图 3—10　手机挂件

玩具设计师在设计布绒玩具造型时应弥补传统布绒玩具设计中出现的缺乏个性和缺乏人性化的缺点，在造型上应立足于现实，反映未来。玩具贵在创新、发挥想象力、赋予非生命以生命、化抽象为形象、把人们的幻想与现实紧密交织在一起。布绒玩具可以促使人们去触及那些具有开放特性的创意思路，进而为满足创造的欲望而大胆地进行主观上的创意性虚构。

玩具设计师在设计布绒玩具卡通造型时应考虑以下几方面内容：

（1）拟人化。拟人化是布绒玩具卡通造型中常用的艺术手法。卡通形象有的是人，有的是动物，有的是食品，他们都具有活生生的人的情感（见图 3—11）。一只平凡的猪可以赋予人性化特征（见彩图 60），可以给他取名字、穿上衣服、编写各式稀奇古怪的故事……水果、零食加上手和脚就会跳、会唱、会出主意。

a)　　b)

图 3—11　食物造型的人性化

a）苹果　b）蔬菜

（2）夸张和变形。布绒玩具是用填充料填充起来的、柔软的立体玩具，它区分于活生生的宠物：在形体上卡通化，在形态比例上既要体现创造性的原理又不能脱离动物本身原有的艺术形态；表情和肢体语言简单化、概括化、系统化。对自然形象进行夸张与变形，使其更接近角色塑造的需要，对非自然形象的创作设计更需要想象力。肢体的造型与表情的应用使它富有艺术性。这是艺术赋予它们的生命。例如，把现实生活中人物或动物的眼睛、头部、身体、器官等按比例放大，耳朵拉长，手脚变细，所呈现出的效果会更出彩，更吸引人（见图 3—12）。

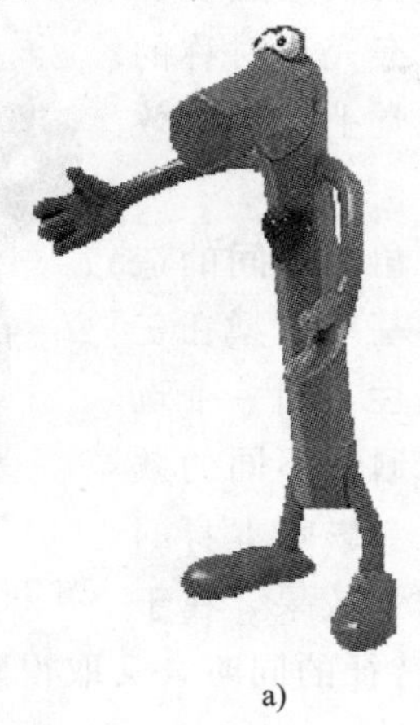

a)　　b)

图 3—12　造型的夸张

a）身体拉长　b）头部放大腿部加长

（3）幽默和戏剧性。幽默与戏剧性是卡通布绒玩具造型设计的主要特征，贪吃的加菲猫和贪玩的樱桃小丸子让人感到亲切，他们的种种念头不时让观众省悟自己的内心。卡通布绒玩具造型的设计也是力图突出并更加强调这一要点，因而具有审美意义。一些夸张的造型设计给人以荒诞、离奇、匪夷所思之感，观者会非常清楚地意识到玩具设计师所要表达的特定情感、情绪、理念。布绒玩具是将生活中常见的某种表情放大成为一个特别的视觉符号，能给人以新奇的视觉与心理感受，这种感觉正是卡通布绒玩具的独特魅力，更是设计者所要追求的目的。可以根据夸张程度的大小不同划分为以自然中的物象为参照，模仿自然的基本规律，以及与客观现实的状态有较大距离，如图 3—13 所示。

a)　　b)　　c)

图 3—13　造型的幽默和戏剧性

a）手部　b）人体器官　c）耳朵

（4）视觉平衡。人的感觉器官有喜爱比例得当的本能，视觉上的不平衡不仅难以取得美的造型效果，而且难以让人接受。传统布绒玩具的设计大多为对称形式（见图 3—14），给人以安定的感觉，但缺乏生气，显得呆板。在现代玩具造型设计中应考虑变化与统一结合，对称与均衡灵活运用。屏弃完全对称的造型方式，通过艺术造型使完全不对称的造型取得视觉上的平衡效果（见彩图 61）。

图 3—14　对称平衡

（5）角色组合关系。在布绒玩具造型设计中，各角色之间的造型关系也是应考虑的重点因素之一。将不同或相同的基本造型在三维空间内构筑丰富的新视觉形象，存在着极大的灵活性，同一个玩具基本造型由于不用方式的排列组合，也会出现多个迥然不同的效果。好的组合能增强传达效果，如果排列不当，不仅会影响本身的美感，还难以产生良好的视觉效果。要取得良好的排列效果，在于找出不同个体之间的内在联系，在保持其各自的个性特征的同时，又取得整体的协调感。通常我们可以使用秩序、比例、均衡、对称、对比、连续、间隔、交叉、节奏等手法表现主题。为了取得生动的视觉效果，也可以从风格、大小、方向、色彩、明暗度等方面选择对比的因素，如大与小、曲与直、强与弱、长与短、高与低、粗与细、疏与密、黑与白、美与丑等（见图 3—15），做到统一与和谐，使玩具造型更加富有生气。在组合时，要充分考虑不同个体的差异，进行不同的组合处理。

a)

b)

c)

图 3—15　角色组合关系

a）明暗组合　b）高低组合　c）大小组合

不同的组合角色，要具有一种符合整个作品风格的风格倾向，形成总体的情调和感情倾向，造型的巧妙运用不仅能带来极大的美感，而且能较好地突出形象，与人的视觉感受形成一种沟通，符合人们的欣赏心理，产生心灵的共鸣。

3. 布绒玩具仿真造型的设计

仿真玩具以毛绒为材料，以真实事物、人物、动物等为原形，在造型设计上都有各自的特点，其基本造型遵循真实形象的比例、结构和质感，在真实、自然、生物形象的基础上，进行恰当的剪裁组合，对其特征部分进行艺术塑造，使之更典型，更具代表性，更趋向完美，仿真造型上的真实性让人难辨真伪。布绒仿真玩具的造型逼真、真实感强、手感好、安全性高、惟妙惟肖的造型甚至让人觉得惊奇。

(1) 仿真人物造型设计。仿真人物以人物形象为题材，鼻子、眼睛、嘴巴、耳朵、手、脚甚至细小的地方如眼球、睫毛、毛发等都仿照真实人物的特征；还通过对手、足等造型方面的设计传达一定的信息，体态语言、脸部表情、动作变化等反映出其性格、职业、年龄等特征。仿真布绒娃娃（见图 3—16)。在造型上和真的婴儿大小尺寸比例差不多，有些迷人的仿真娃娃还加入了许多人性化的本领，如吃饱了会吹泡泡、不高兴了会皱眉头、喝多了水会尿尿。有的布绒娃娃很乖地坐在手推车里（见彩图 62)，车里面有奶瓶、坐便器等婴儿用品，他们需要细心照顾。他们哭的时候，会变得愁眉苦脸，又哭又闹地自己趴到地上往前爬；他们高兴的时候则又会变得眉开眼笑。仿真布绒鞋子和真鞋几乎没有什么区别，尺寸和童鞋的一样，色彩鲜艳，样式美观，真让人爱不释手。仿真娃娃以及其服装服饰款式非常多，很可爱。

(2) 仿真动植物造型设计。仿真动植物以动植物形象为题材，造型逼真。狮、虎、豹等仿真玩具勇猛无比、刚劲有力，猫、狗、兔等仿真玩具可爱顽皮，海洋动物、园林动物、昆虫等仿真玩具让人爱不释手，这类玩具通常为很多人所喜爱。仿真狗（见图3—17）可以放在床头，也可以放在桌上，你可以和他说话，传授它知识，也可以把它当成真实的宠物来养着，你不需要给它喂食，不需要每天放它出去散步，更不会因为它的伤亡感到悲伤；黑黄相间的仿真老虎（见彩图 63）威风凛凛地出现在你面前一定会把你吓一跳；弯曲柔软的蛇能在路上爬行，着实让人胆战心惊。

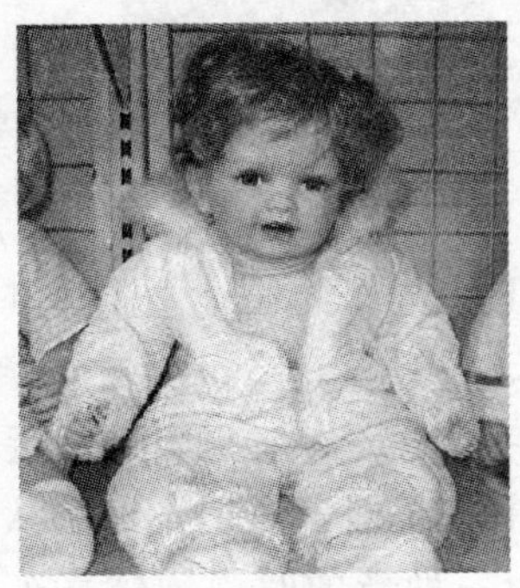

图 3—16　仿真娃娃

图 3—17　仿真狗

（3）仿真食物造型设计。这类仿真布绒玩具要求做工精细、形态逼真、色彩鲜艳、跟真实食物相差无几。这种高逼真的仿真食物对于爱吃的人来说具有不可抵抗的诱惑力，可使人享受视觉上的大餐，享受生活带来的快乐。仿真食物如：法式可丽饼、草莓蛋糕（见彩图 64）、棒棒糖、巧克力圈、冰淇淋（见图 3—18）、水果让人垂涎欲滴。仿真食物还具有意想不到的广告效应，是商场吸引消费者、商家竞争的手段之一。

a)　　b)　　c)

图 3—18　仿真食物

a）棒棒糖　b）巧克力圈　c）冰淇淋

（4）仿真运动玩具造型设计。许多仿真运动玩具在造型上与真实的运动产品完全相同，比如篮球的橙底和黑色的曲线线条、足球的六边形块面的拼贴、网球的黄绿色绒毛（见图 3—19）。此类玩具利于儿童身体健康而无危害。1stbabytoy 推出了一种婴儿运动玩具，一个支架上吊挂着两个转筒，用脚一踢就会发出声音。由于婴儿最先学会支配的是自己的双腿，所以让婴儿平躺在床上，双脚接触玩具时，悦耳的声音会促使他不断地碰触吊着的转筒，从而达到引导婴儿运动的目的。

a)

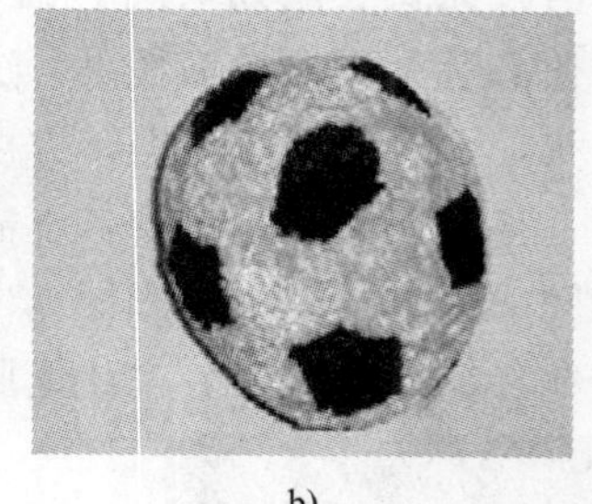

b)

图 3—19　仿真运动玩具

a）网球　b）足球

（5）仿真交通工具造型设计。仿真交通工具历来是玩具世界里的一个主流，其造型多样，如电动车、回力车、遥控车、童车、独轮车、滑行车、玩具马、飞机、轮船、火车造型（见图 3—20）等。千变万化的组合模型有飞机、轮船，甚至还有航空母舰。近几年来由于汽车工业的迅猛发展，汽车开始走入寻常百姓家，随着人们对汽车的了解和认识程度的不断提高，收藏仿真汽车模型（见彩图 65）也逐渐成为一种新的时尚。仿真车模是原型车的严格缩小版，有 1∶12、1∶18、1∶36、1∶43、1∶72 等多种比例，车模外形逼真，车标饰件与真车相同，内饰与真车配置一样，轮胎上的花纹也一目了然。仿真车模具有工艺技术水平高、外形内饰逼真等特点，是观赏收藏之佳品，通过对车模的收藏还可以使人们从不同年代的汽车设计中看到历史的演变、时代的进步、科学的发展和艺术的结晶。

a)

b)

图 3—20　仿真交通工具

a）老爷车　b）跑车

（6）仿真高科技玩具造型设计。高科技布绒玩具科技含量比前几年高出了许多，几乎与当今科技的发展同步。如仿真机器人（见图 3—21）、仿真机器狗、仿真恐龙等，其身长与实物相差无几，四肢、脖颈等各处的关节都可以活动，可以自由行走，可以完成取、放物品等简单的动作。这种机器人可以逐步升级，如手动机器人加装电动机后就可变成电动机器人，电动机器人加遥控器、编程器后又可变成更高级的机器人。

图 3—21　仿真机器人

4. 布绒玩具其他造型的设计

（1）个性造型设计。现代社会标榜个性，布绒玩具也高举个性旗帜，一改过去传统可爱的造型成为怪里怪气的造型：外表丑陋、五短身材、爱玩暴力（见图 3—22）。或许个性玩具就是个性的代名词，它在众多的玩具中显得那么

a)

b)

图 3—22　个性造型玩具

a）小流氓造型个性玩具　b）打仔模样个性玩具

抢眼，给人留下深刻印象。反传统造型的个性玩具（见彩图 66）将会受到越来越多人的追捧。

（2）抽象造型设计。抽象造型没有固定模式，不像传统布绒玩具造型那样具有头、身、脚等元素，抽象的布绒玩具在造型上追求不规则、抽象化，在某种意义上说是人们看不懂、摸不透、猜不出的玩具造型。它追求一种抽象美，突破自然形象的束缚，通过构思，使用抽象手法，将自然形象的特征及神韵以抽象的造型要素表现出来，可以说造型怪异、不合常理。可针对具体的自然形象进行造型设计，例如以眼睛为素材，把单一的眼睛作为整体形象，使人获得回味无穷的乐趣（见图 3—23）。或者是利用生物的形体结构原理来设计玩具造型，比如以简单的几何图形为造型（见彩图 67），配以装饰物可变得怪诞和夸张，使玩具具有类似生物形体的特征。抽象造型灵活多变，可唤起人们对自然形象的联想与热爱。

图 3—23　眼睛造型玩具

（3）微观造型设计。把微观造型放大无数倍的布绒玩具将成为玩具造型的又一时尚特征。比如把我们生活的空间存在着的无数微生物和细菌放大 100 万倍做成毛绒玩具，那些在我们看来十分厌恶的细菌也会变得非常可爱。美国的一个玩具制造商推出了一个“病菌毛绒玩具”（见彩图 68）系列，那些能导致感冒、流感、喉痛、胃痛、咳嗽等的病毒和细菌都被制作得活灵活现。每个玩具都还带有一份标有病菌真实图像和说明的指导卡片，目的是要让人们了解这些病菌并时刻预防。在书桌上摆一组“病菌玩具”，它会提醒我们在我们的周围有一个充满微小生物的、我们看不见的世界，这些细小的生物会给我们带来难以置信的伤害。制作商还在不断地扩充他们的病菌玩具品种，还会推出更多传染性疾病病菌的玩具。这些放大了的毛绒玩具能对人们，尤其是对儿童起到积极的教育作用。

（4）鬼怪造型设计。以往的布绒玩具造型都十分温馨可爱，大人小孩都喜欢。传统布绒玩具已不再是顾客的独宠，个性化的玩具造型渐渐多了起来，一批造型怪异、凶神恶煞、带有十足“丑”“凶”“怪”相的全新而又健康的布绒玩具渐成时尚。丑娃、骷髅娃、怪娃、鬼娃（见图 3—24）等大大小小怪模怪样的布绒玩具吸引着更多的新新人类。这种

a)

b)

c)

图 3—24　鬼怪造型玩具

a）骷髅娃　b）怪娃　c）鬼娃

类型的布绒玩具个个都个性十足。

3.1.2 布绒玩具色彩设计

1. 布绒玩具色彩的基础

布绒玩具面料的色彩是市场营销的重要手段。美国营销界总结出 7 秒定律，即客户会在 7 秒内决定是否有购买意愿。消费者第一眼看见玩具，便能对玩具留下印象，并产生兴趣，才会有进一步对功能、质量等其他方面了解的愿望。在这短短 7 秒内色彩决定了 67%，20 世纪 80 年代出现的色彩营销，为世界上每一个人、每一个企业、甚至成功的品牌，带来了全方位的超强效果。

色彩的魅力是无限的，它可以让本身很平淡无奇的东西瞬间就能变得漂亮、美丽起来。自然界中有好多种色彩，色彩可以分为彩色和非彩色。任何一种彩色都具备三个特征：色相、明度和纯度。

色相（见彩图 69），不同颜色的名称称为色相，也就是色彩的名称。这是色彩最基本的特征，是一种色彩区别于另一种色彩的最主要的因素。比如说紫色、绿色、黄色等都代表了不同的色相。色相是颜色最重要的特征。按色相的顺序，可以循环排列成色相环。变幻无穷的色彩世界中色相的千差万别是首要的因素。

明度（见图 3—25），也叫亮度，指的是色彩的明暗程度，是色彩明暗变化的属性，由各种有色物体反射光量的程度区别所造成。明度越高，色彩越亮。比如一些儿童玩具用的是一些鲜亮的颜色，让人感觉绚丽多姿、生气勃勃。明度越低，色彩越暗。一些成人的布绒玩具通常运用暗色调以表达神秘感；也可以运用暗色调来表达孤僻、忧郁等性格。

图 3—25　明度

纯度（见彩图 70），又称彩度、饱和度，指色彩的鲜艳程度，从光谱上分析得出的红、橙、黄、绿、青、紫是标准的纯色。纯度越高，色彩越艳丽明媚；纯度越低，色彩越暗淡。

2. 布绒玩具色彩的作用

色彩在人们的生活中都是有丰富的感情和含义的。布绒玩具色彩宜以明朗轻快的色调为主，这些色彩都有刺激人们兴奋性的作用，能提高玩家的兴致。

（1）红色。红色能激起人们的热情及对美好生活的向往。浅红色一般给人以较为温柔、幼嫩的感觉，深红色给人以比较深沉、热烈的感觉。

（2）橙色。橙色是欢快活泼的光辉色彩，是暖色系中最温暖的颜色，它能使人联想到金色的秋天、丰硕的果实，是一种富足、快乐而幸福的颜色。

（3）黄色。黄色灿烂、辉煌，有着太阳般的光辉，象征着照亮黑暗的智能之光，象征

着财富和权利，它是骄傲的色彩。

（4）绿色。绿色是一种非常美丽、优雅的颜色，它生机勃勃，象征着生命力、活力；象征和谐、真实、自然、和平。

（5）蓝色。蓝色是博大的色彩，蓝色是永恒的象征，纯净的蓝色表现出一种美丽、文静、理智、安详与洁净。

（6）紫色。紫色具有强烈的女性化特征，它美丽而又神秘，给人以深刻印象，紫色象征着虔诚，使人心醉。

（7）白色。白色纯洁与公正，可丰富想象力，增添情趣。

（8）灰色。灰色给人以沉稳、神秘、高贵的感觉。

3. 布绒玩具色彩的运用

一个布绒玩具不可能单一地运用一种颜色，它会让人感觉单调、乏味；但是也不可能将所有的颜色都运用到布绒玩具中，太多的色彩让人没有方向，没有侧重，让人感觉轻浮、花俏。一个布绒玩具必须有一种或两种主题色（见彩图 71），不至于让人们迷失方向，也不会过于单调、乏味。确定布绒玩具的主题色也是玩具设计者必须考虑的问题之一。主题色确定好以后，在确定其他配色时，一定要考虑其他配色与主题色的关系最终使玩具的整体色彩和谐。

色彩给人的视觉冲击力是很直观的，玩具的色彩对人们的心理影响很大，在不同的时间、季节，不同的社会、政治、经济、文化、艺术、风俗和传统生活习惯的影响下人们对色彩的不同情感反映人们对色彩的感受会有所变化。玩具色调的设计还应学会利用时节、民族特色等特点，如我国历代皇朝崇尚黄色，认为黄色是天地的象征，能使人产生威严华贵、神圣的联想。而黄色在信仰基督教的国家里却被认为是叛徒犹大服装的颜色，是卑劣可耻的象征。

色彩因个人爱好和性格不同而有较大差异，玩具的色彩能影响人对玩具的欲望和情绪，红色消除孤独感，橙色产生温暖感。不同的阶层有着不同的文化特征、不同的生活方式，因而有着不同的色彩需求。同时应充分考虑这些色彩的象征意义，比如情人节玩具（见彩图 72），以红色为主色调，象征热情和温暖；圣诞节玩具（见彩图 73）以红、绿、白色为主，红色的圣诞老人，绿色的圣诞树；鬼节玩具（见彩图 74）以黑褐色、紫色为主，突出神秘和诡异色彩；春节玩具（见彩图 75）以大红色为主，象征喜气洋洋。

3.2 布绒玩具的面料与辅料

3.2.1 布绒玩具的面料

1. 面料分类方法与选择

由于各种面料属性不同、特点不同，制作出的玩具的效果也会有很大的不同，制作过程中也会出现不同的情况。因此了解和熟悉面料知识，对于布绒玩具的制作是至关重要的。

（1）面料的分类。按面料厚度大致可分为厚型面料（毛绒类面料）、中厚型面料（短绒类面料）、薄型类面料（布类、丝类面料）、新型面料等。

1）毛绒类面料。布绒玩具的面料主要为毛绒类面料（见图 3—26）。毛绒类面料具有绒毛挺立、丰满厚实、手感柔软、弹性良好、保暖性强、毛感仿真效果强等特点，适合制作各种动物玩具。毛绒类面料的规格按毛高可分为 4 mm，6 mm，8 mm，10 mm，10～12 mm 长短毛等品种。质量一般为 750～840 g/m^2。长毛绒面料是以化学纤维为原料的人造毛皮，人造毛是毛型人造纤维，即长度为 65～120 mm 的黏胶纤维，是采用不同的圆盘毛纺机械织成的毛型面料。化学纤维也可以根据原材料来源及处理方法不同，分为再生纤维和合成纤维。除了化学纤维以外，还有取之于自然界的天然纤维，天然纤维可直接用于纺织，如棉纤维、丝纤维、羊毛纤维等。

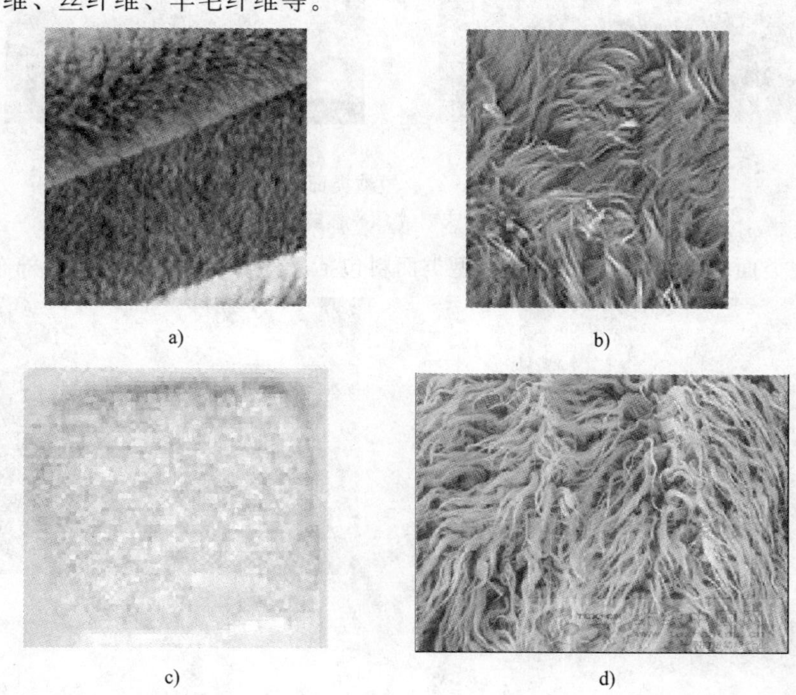

图 3—26 毛绒面料

a）海派料 b）落水毛 c）羊羔绒 d）海派长毛绒

2）短绒类面料（见图 3—27）。短绒类面料手感柔软、品种繁多，比长毛绒面料有更多的新颖性，并有更多的新品种开发出来，适合制作各种规格的布绒玩具。短绒类面料包括化纤薄绒、短毛绒、复合绒、摇粒绒、珊瑚绒、麒麟绒、天鹅绒、富贵绒、毛巾布、印花平毛等。毛巾布毛圈较高，显得粗糙，用在玩具上要用底布厚密的，使棉花不易跑出来。

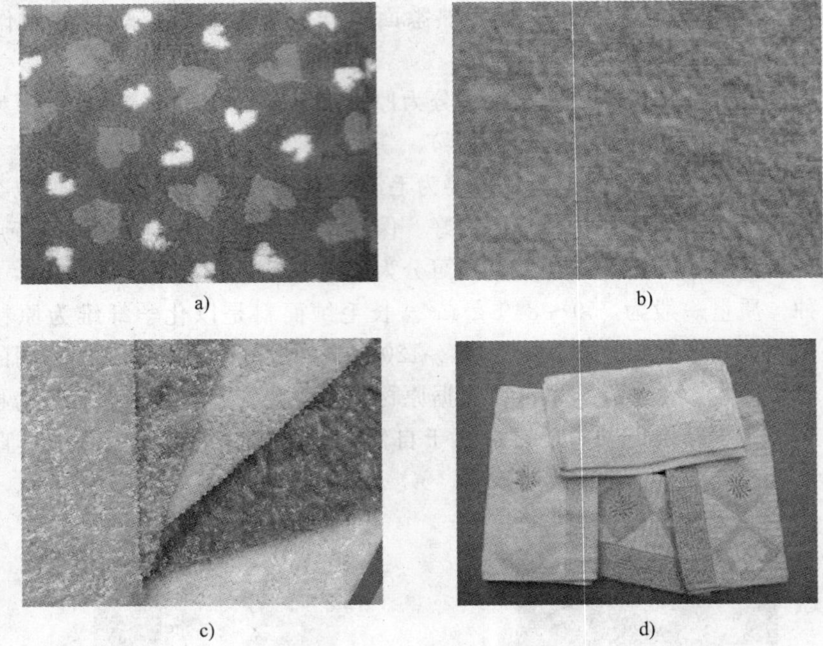

图 3—27　短绒类面料

a）印花平毛　b）天鹅绒　c）麒麟绒　d）毛巾布

3）薄型类面料（见图 3—28）。薄型类面料包括尼丝纺、莱卡、绢纺、棉布、针织布、

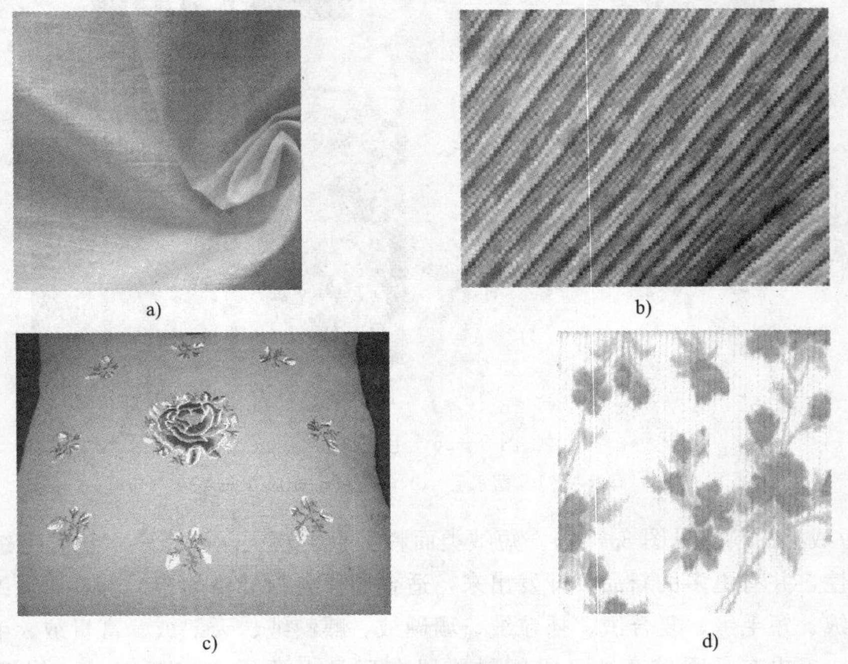

图 3—28　薄型类面料

a）尼丝纺　b）莱卡　c）绢纺　d）针织布

水洗布、皱布等。棉布用于做较高档的印花布；针织布，布料的弹性较大；水洗布、皱布布面有皱纹等。

4）新型面料。新型面料是采用高新技术对多种原料进行混纺、复合而成的面料，具有天然纤维和新型化纤的优点，面料性能大大改善。利用两种或两种以上纺织品复合成两层或多层的复合面料也是面料开发的一大趋势（见图 3—29）。复合面料比一般面料的单一组织结构更富有特色，种类繁多，加工工艺各不相同。有不少织物利用编织、缝合、黏接及涂层等形式加工而成，令人耳目一新。印花技术、提花技术、绣花技术、植绒技术之间的组合叠加，也成为开发崭新视觉效果面料的常用手段。特种印花技术，如金银粉、珠粉、变光、变色印花也有应用。利用异截面中空纤维，增强面料的轻、暖和抗污性；利用双组分复合纤维的空间曲卷，增加面料的蓬松感和保暖性；利用弹性纤维，赋予面料良好的舒适性、抗皱性和塑形性，赋予了面料崭新的外表和手感。纳米材料的应用、生物酶处理技术的发展、精细印花技术的推广也全面提升了面料的档次，并成为国际面料开发的一种趋势。

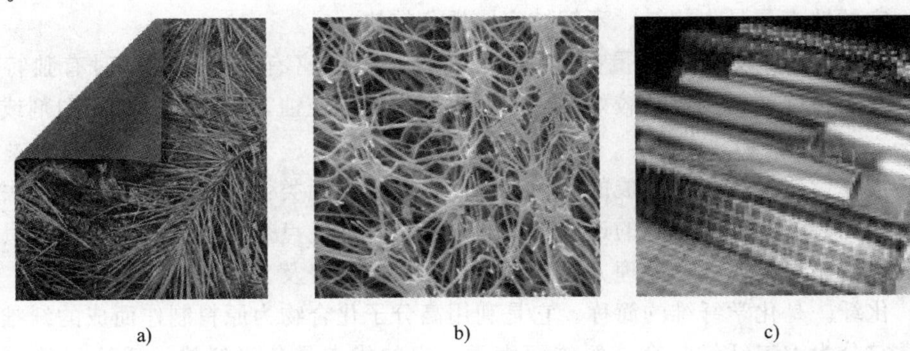

a)　　b)　　c)

图 3—29　复合面料

a）双面织物　b）纤维空间曲卷　c）真空镀金属膜

（2）面料的特点与选择

1）长毛绒。绒毛平整、稠密、坚挺，绒面光亮、柔和，手感丰满厚实，保暖、轻便，具有良好的耐用性。

2）绒布。触感柔软，保暖性好，色泽柔和。

3）山羊绒。质地轻盈，具有天然柔和的色泽，属于独特稀有的动物纤维，在国外有“纤维钻石”“软黄金”之称，它具有柔软、纤细、滑糯、轻薄、富有弹性吸湿性好、耐磨性好等特点。

4）骆驼毛绒。颜色较浅，光泽弱，质地松软，手感滑柔，绒面丰满，弹性和强度好，保暖性好，耐磨性好。

5）兔毛（见彩图 76）。密度小，保暖好，富有弹性，吸湿性强，柔软，保暖，美观，抱合力差，强力较低，易落毛。

6）马海毛（见彩图 77）。强度高，弹性恢复率高，抗皱能力强，耐磨性和吸湿性好，防污性强，染色性好，不收缩不易毡缩。

7）灯芯绒（见彩图78）。手感柔软，绒条圆直，纹路清晰，绒毛丰满，质地耐磨。

8）呢绒。又叫毛料，它是各类羊毛、羊绒织成的织物的泛称。它的优点是防皱耐磨，手感柔软，高雅挺括，富有弹性。它的缺点主要是洗涤较为困难。

9）电子绒。较薄明亮，但毛面不够柔软。

10）丝绒。有几种档次，与电子绒的区别是较柔软，价钱相对较高。

11）植绒布。分单面、双面，单面植绒如果底布不同、厚薄硬度不同，价格也不同。

12）棉布。是各类棉纺织品的总称。它的优点是轻松柔和、吸湿性佳。它的缺点则是易缩、易皱，外观上不大挺括美观。

13）麻布。是以大麻、亚麻、苎麻、黄麻、剑麻、蕉麻等各种麻类植物纤维制成的一种布料。它的优点是强度极高、导热。它的缺点是外观较为粗糙、生硬。

14）丝绸（见彩图79）。是以蚕丝为原料纺织而成的各种丝织物的统称。与棉布一样，它的品种很多，个性各异。它的优点是轻薄、柔软、滑爽、色彩绚丽、富有光泽、高贵典雅。它的缺点是易生褶皱、不够结实、褪色较快。

15）桑蚕丝。天然的动物蛋白质纤维，光滑柔软，富有光泽，摩擦时有独特的“丝鸣”现象，有很好的延伸性，较好的耐热性，不耐盐水浸蚀，不宜用含氯漂白剂或洗涤剂处理。

16）皮革。是经过鞣制而成的动物毛皮面料。分为两类：一是革皮，即经过去毛处理的皮革。二是裘皮，即处理过的连皮带毛的皮革。它的优点是轻盈保暖、雍容华贵。它的缺点则是价格昂贵，储藏、护理方面要求较高，故不易普及。

17）化纤。是化学纤维的简称。它是利用高分子化合物为原料制作而成的纤维的纺织品。通常它分为人工纤维与合成纤维两大类。它的优点是色彩鲜艳、质地柔软、悬垂挺括。它的缺点是耐磨性、耐热性较差，遇热容易变形。

18）混纺。是将天然纤维与化学纤维按照一定的比例，混合纺织而成的织物。它的优点是既吸收了棉、麻、丝、毛和化纤各自的优点，又尽可能地避免了它们各自的缺点，而且价格相对较低，所以大受欢迎。

19）戟绒布。要注意厚薄及柔硬度，分普通 polyester 和 acrylic 两种，我们通常所用的是普通 polyester，较硬，厚度在 1.5 mm 左右；acrylic 很软，组织疏松易烂，常用于礼品上。

20）抓毛布。分单面抓毛和双面抓毛，手感柔软，但弹性较大。

21）PU 皮。是 Polyester 的一种，不是真皮。底布不同，布料的厚度也会不同。

22）T/C 类。毛圈细腻、平滑，多用于婴儿产品、洗澡类产品等，注意底布要厚，这样才不透棉花。

23）斜纹布（Heavier T/C）。又分棉或 T/C，较厚，纹路清晰可见。

24）针织布。按克重支数分质量，分棉或 T/C，布料的弹性较大。

25）黏胶。以木材、棉短绒、芦苇等含天然纤维素的化学材料加工而成，也常称人造绵，具有天然纤维的基本性能，染色性能好，牢度好，织物柔软，比重大，悬垂好，吸湿性好，不易产生静电、不易起毛和起球。

26）涤纶。属于聚酯纤维，具有优良的弹性和回复性，面料挺括，不起皱，保形性好，强度高，弹性好，经久耐穿并有优良的耐旋光性能，但容易产生静电和吸尘吸湿。

27）锦纶。为聚酰胺纤维，也就是所谓的尼龙，染色性在合成纤维中是较好的，又有良好的防水防风性能，耐磨性高，强度弹性都很好。

28）腈纶。俗称“人造羊毛”，具有柔软、保暖、强力好的特性，表面平整，结构紧密，不易变形。

29）丙纶。外观似毛绒丝或棉，有蜡状手感和光泽，弹性和回复性一般，不易起皱，密度小，排汗能力强，使皮肤保持舒适感，强度、耐磨性都比较好，经久耐用，不耐高温。

30）氨纶。具有优良弹性，又称弹力纤维，也称莱卡，手感平滑，吸湿性小，有良好耐气候和耐化学品性能，可机洗，耐热性差。

31）维纶。织物外观和手感似棉布，弹性不佳，合湿性好，密度和导热系数小，强度、耐磨性较好，结实耐穿，有优良耐化学品、日光等性能。

32）派力司。是羊毛混合涤纶，表面光洁，质地轻薄，手感爽利，挺括抗皱，易洗涤，易干。

33）华达呢。又名轧别丁，手感滑糯而实，质地紧密且富有弹性，布面光洁平整，色光柔和自然。

34）薄花呢。质地轻薄，手感滑爽，穿着舒适，挺括，吸湿好，透气好。

35）松轻毛织物。轻松柔软，结构松，重量轻，手感柔，有弹性，透气好。

36）麦尔登。粗纺毛织物的一种，手感丰满，呢面细洁平整，身骨挺实，富有弹性，耐磨，不易起球，色泽柔和美观。

37）平布。组织简单，结构紧密，牢固结实，表面平整，缺乏弹性。

38）细布。面料比丝绸坚牢，表面平整细洁，轻薄似绸，柔软，舒适。

39）府绸。质地细密、轻薄，布面柔软、滑爽、挺括，表面织纹清晰、颗粒饱满，光泽莹润，质感好。

40）巴百纱。质地轻薄，有良好的吸湿性和透气性，独具稀、薄、爽等风格。

41）卡其。织物质地紧密、厚实、坚牢，具有很好的耐磨性，挺括，织纹清晰。

42）缎。质地细密柔软，表面光滑明亮，精致细腻。

43）贡缎。表面光滑、细腻，手感柔软，光泽好，色泽亮丽，有很好的弹性，质地紧密，不易变形。

44）绉布。布面皱缩不平，亦称核桃呢。轻薄柔软，滑爽新颖，易染色。

45）牛津布。特色棉织物，手感柔软，光泽自然，布面气孔多，平挺，保形性好。

46）棉缎。属缎纹棉布产品，具有丝样的光泽和缎的风格，手感绵软，质地厚实，有弹性，外观色泽好。

47）精纺毛织物。织纹清晰，色彩鲜明柔和，质地紧密，手感柔软，不易变形，挺括而有弹性。

48）合成纤维长丝。坚牢，耐磨，易洗，易干，不易起皱，不变形。

49）麻棉混纺。棉吸湿性好，染色性好，保暖性好，麻强度高，天然光泽好，染色鲜艳，不易褪色，耐热，柔软，较挺爽，散热性好。

50）涤麻混纺。涤不易变形，不起毛；麻强度好，光泽好，不易褪色；涤麻混纺弥补了一些不足使织物挺爽，吸湿性好，易洗快干，减少起皱、起毛。

51）进口长绒棉。吸湿排汗效果显著，保护肌肤，着色好，强力好，伸缩性佳，手感柔软，光泽柔和，质朴，保暖性好。

52）绢丝。天然纤维，属高级纺织原料，纤维细而柔软，平滑有弹性，吸湿性好，有光泽，有独特的“丝鸣”感，滑爽，舒适，高雅华贵。

53）真丝。亮丽，滑爽，组织更密实，富有光泽，舒适，高雅，华贵，弹性好，强度、吸湿性好。

54）天丝。是一种环保纤维，具天然纤维所有特性，吸湿、透气性强，丝质滑爽，染色鲜艳，织物悬垂。

55）丝光棉纱线。具有丝一般亮丽的光泽，高等级的色牢度和良好的手感，透气性强，柔软，吸湿性强，滑爽。

56）竹纤维。一种环保纤维，透气强，织物悬垂，丝质滑爽，染色鲜艳，抗菌，除臭，防紫外线，反复洗晒功能依旧。

57）毛粘混纺。具有与线纯毛织物相似的外观风格和基本特点，外观更为细腻。

58）天丝、亚麻混纺。织物手感丰满、滑糯，有真丝般光泽，悬垂性好。

59）涤棉混纺。可以弥补涤纶吸湿性小之不足，透气，舒适，外观光洁，手感厚实，富有弹性，保形性好。

60）涤绢混纺。既有毛型的柔润，又有丝绸的滑爽，光泽柔和明亮，挺括，免烫，坚牢耐用，富有弹性，缩水率比纯丝低。

61）涤粘华达呢。挺括，免烫，具有毛型感和弹性。

62）涤。挺括，易洗快干，免烫，保形，缩水率小。

2. 布绒玩具面料色彩特点与搭配

（1）布绒玩具面料色彩特点。不同的面料具有不同的色彩特点，面料对色彩的影响是布绒玩具设计的重要部分。布绒玩具面料以色彩鲜艳为主。

一般情况下毛料保温性强，色泽沉稳（见图 3—30），灰或灰色调，粗纺毛呢面料外表有肌理、光泽弱，着色后色彩稳定、温和、厚重，一般运用低纯度彩色、低明度浊色、高明度清色系列，灰底纯色格子设计应用也较多。

丝绸轻薄柔软、吸湿性强，能印织出精致的图案，色泽鲜艳夺目。

由于棉光泽感弱，着色易褪色，因此多设计成高明度或低明度纯色或各类灰色。

人造纤维、合成纤维类面料可设计成任何需要的色彩。

天鹅绒（见彩图 80），光滑并有清晰可见的纹路。色彩选择范围从中性色到亮红色，以及温和的蓝色到灰色系列。

皮革（见图 3—31），装饰面料，自然高贵，经久耐磨，随着时间的流逝，其外观日趋漂亮、坚固、柔韧。

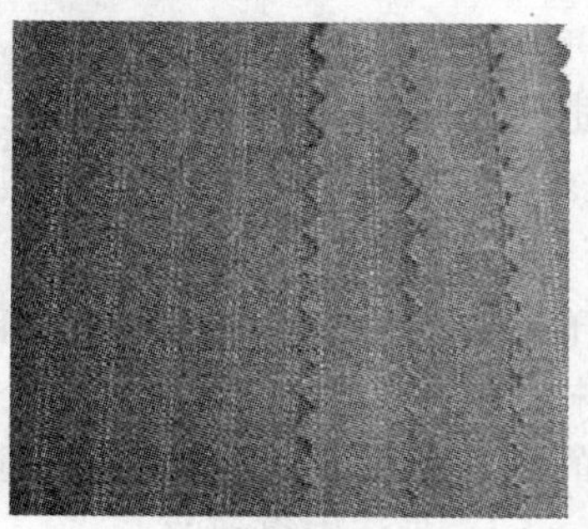
图 3—30 毛料

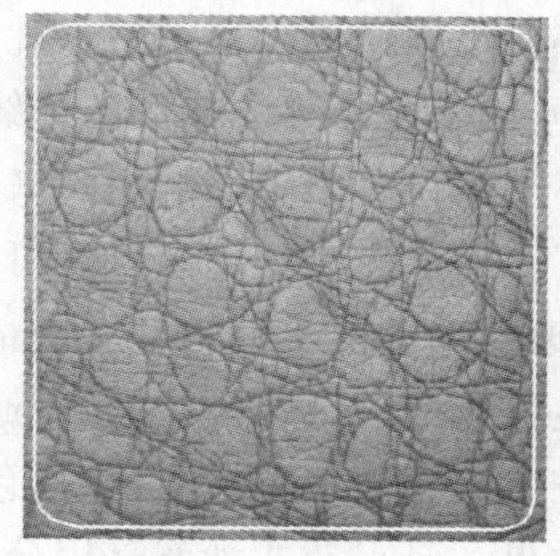
图 3—31 皮革

超柔细纤维珊瑚绒（见图 3—32），手感柔软、细腻，不掉毛，易染色，覆盖性好，纤维间密度较高，去污性好，有很好的清洁效果，色泽淡雅、柔和。超微纤维代表了最前沿的织物革新技术。由于其构造特殊和使用了高品纱线，使织物不仅具有天鹅绒般的触感而且极为实用。坚固、耐洗、易打理且颜色亮丽持久。

牛仔布（见图 3—33），目前国内外较流行的牛仔布品种主要是环锭纱牛仔布，经纬向竹节牛仔布，招旋蓝染色牛仔布，套色、什色牛仔布以及纬向弹力牛仔布等。

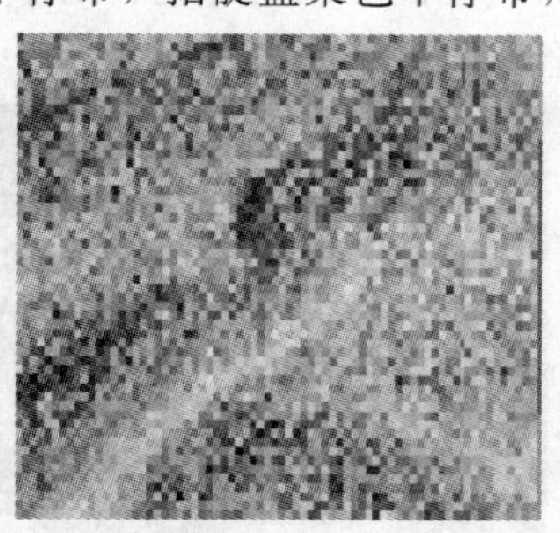
图 3—32 珊瑚绒

图 3—33 牛仔布

(2) 特殊面料的色彩特点。特殊面料的色彩效果和特殊的表面风格会吸引更多的消费者，特殊面料色彩搭配使用时，由于色彩间的相互影响，会产生与单一色不同的效果，例如淡色往往不是鲜艳的，但与较强的色彩搭配时，就会变得活泼而更加艳丽，相邻色彩搭配使用时，其相互影响更加明显。

1) 光致变色面料（见彩图 81）。光致变色是在光的作用下对比色的变化，通过使用紫外线照射可以使面料产生意想不到的颜色变化，例如从中黄变化到红黄。其原理是偶氮染料中的光致变色分子从反位同分异构（稳定状态）转变到顺位同分异构（不稳定状态）

所致。这种分子转变是可逆的，被染材料暴露在光线下，颜色便发生变化；在黑暗中储存大约 12～24 h，即变回原先的颜色。

2）热变色面料。热变色是在热的作用下颜色发生改变。根据所用着色剂系统，热变色可以是可逆的，也可以是不可逆的。可逆效应基于液晶系统，晶体的形成在很小的温度范围内变化，因此与热物体接触颜色将会改变。随着逐渐冷却，颜色就会逐渐褪色并最终消失。热变色效应可以应用到多种面料上，并显示出良好的设计效果。

3）间隔染色面料。典型的纱线间隔染色是通过把几绞纱放在不同的染浴中，或在同绞纱的不同部位上染不同的颜色来完成的。纱线上染料的迁移导致染料的融合和混合，从而形成了多种颜色。这种效果是可以复制的，并为面料提供很多种有趣的颜色。

4）改性羊毛混染面料。一般情况下分散染料对羊毛的亲和力很小，在同一染浴中羊毛会产生抵制效应。对一股是 Aurora 纱，另一股是未改性羊毛纱的双股纱使用绞纱染色，很容易产生生动的双色或有色/白色的效应。与预染的色纱合股成三股纱，会产生更流行的颜色效果。斑点花式纱就是用分散染料和酸性染料在同一染浴中得到的。

5）持久褶皱面料（见彩图 82）。牛仔布和休闲面料大都经过揉搓整理，使其具有特殊的外观。这种外观是持久的，可以耐洗 50 次。粗斜纹布的揉搓整理的表面特征是一系列明暗相间的标记和褶皱相符，其总体效果和巴蒂克裂纹（batik crack）记号相似，更有三维的织物外观，但拉伸时手感柔软悬垂。

6）醋酸面料（见彩图 83）。是以纤维素与醋酯酐等为原料，经一系列化学加工而制成的可用于纺纱织造的醋酸长丝纤维，醋酯纤维通常可用分散染料染色，且上色性能好，色彩鲜艳，外观明亮，其上色性能优于其他纤维素纤维。醋酯纤维的外观、光泽与桑蚕丝相似，手感柔软滑爽也与桑蚕丝相似，其密度和桑蚕丝一样。

7）桃皮绒（见图 3—34）。是由超细纤维组成的一种薄型织物。经染整加工中精细的磨绒整理，使织物表面产生紧密覆盖约 0.2 mm 的短绒，犹如水蜜桃的表面，具有新颖而优雅的外观和舒适的手感，且光泽柔和高雅，给消费者一种新奇感，适应了人们好奇的消费心理，因此在国际市场上很快走红。

图 3—34　桃皮绒

8）装饰布料。图案和色彩的无穷变化是装饰布料的一个趋势。从面料图案和色彩的变化来看，色彩单一、风格沉闷的面料已不适应市场，必将被千变万化、颜色各异的图案和色彩所取代。

3. 面料的色彩与图案选择

面料的色彩请参考本章布绒玩具色彩的作用相关知识。

图案的样式也丰富多彩，图案是运用点、线、面的排列组合而构成的具有形式美感的图案形式，随着科技的进步和加工工艺的发展，现在可以用以制作玩具的材料日新月异，不同的图案在造型风格上各具特征。一块原本普通单调的面料加入人物、动植物和字母等图案会显得生动可爱。

（1）面料图案的种类。面料图案（见图 3—35）多种多样，常见的有：几何图案类；具象图案类，如花卉叶果类，写实及抽象变形的花卉叶果更加富有生命力；风景图案类：异国情趣、田园小景、旅游胜地、都市风光都可以表现；卡通类：由卡通动物、人物、事物组成，色彩鲜艳，情节生动有趣。古典、民俗类：高雅、富丽的 18 世纪欧洲纹样显得精制、考究、古朴，传统的中国民族图案，如龙凤呈祥、中国结等给人一种真诚的源远流长的历史感。

a) b) c) d) e)

图 3—35 面料图案

a）几何图案 b）具象花卉图案 c）风景图案 d）卡通图案 e）民族图案

（2）图案的风格和表现手法（见图 3—36）。

1）传统的表现手法。工笔花鸟、山水人物，就连泼墨大写意式的国画作品也可以逼真地再现在转移印花产品上。

2）西洋画的表现手法。此法采用铅笔、钢笔素描，水墨、水彩等各种形式细微刻画物体的明暗及光色变化，充分表现其立体感及空间感。一幅层次丰富的铅笔画稿，经过计算机处理后具有石版画般的效果。

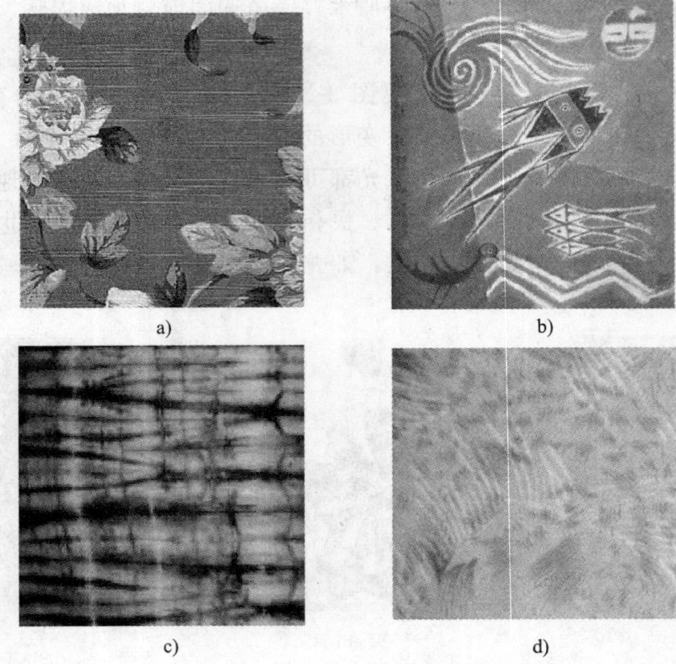

图 3—36　图案的风格和表现手法

a）传统表现法　b）西洋画法　c）肌理手法　d）传统与计算机技术综合法

3）肌理式的表现手法。采用拓印、泼彩、喷洒、扎染、蜡染等手法得到的纹样或者纹样局部，可以单独作为纹样使用，亦可以经过计算机处理巧妙地融入花卉的花瓣或者叶片之中，这样，图案的整体效果可以给人耳目一新的感觉。

4）传统技法与计算机图像处理技术综合运用法。由于转移印花具有层次丰富、表现力强的特点和优势，无论是在题材上还是在表现技法上对设计者的束缚和限制都较小，这就为设计者提供了较大的艺术创作空间，也为各种表现技法的综合运用创造了条件。云纹、点、线、面及肌理的综合运用，再经过计算机图像的恰当处理，画面虚虚实实、变幻莫测，效果更加丰富多彩。

在玩具设计中，不同颜色和图案巧妙搭配便能变换出千百种非凡的风格。色彩与图案的搭配组合直接关系到玩具整体风格的塑造。要表现热情奔放的性格特点就可采用红色、橙色等色彩饱和度较高的面料，表达生活进取、开朗；要表现典雅质朴可以采用纯度不高的色彩和图案。

仿真玩具是仿造自然动植物的造型和特点制作出来的，其色彩和图案都应和实物相似。动物色彩的特点主要体现为皮毛特点，如玩具老虎、豹选用类似虎皮、豹纹的图案和色彩（见图 3—37），动物色彩的特点还体现在动物的皮肤纹理上，有些动物虽然没有美丽的毛色，却有特质的皮肤肌理，如鳄鱼、犀牛、刺猬、羊等。将这些特质的皮肤肌理进行整理和夸张表现，具有很好的效果。

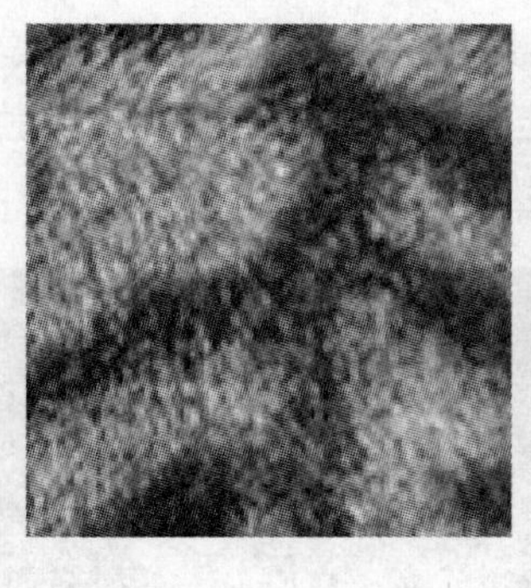

a)

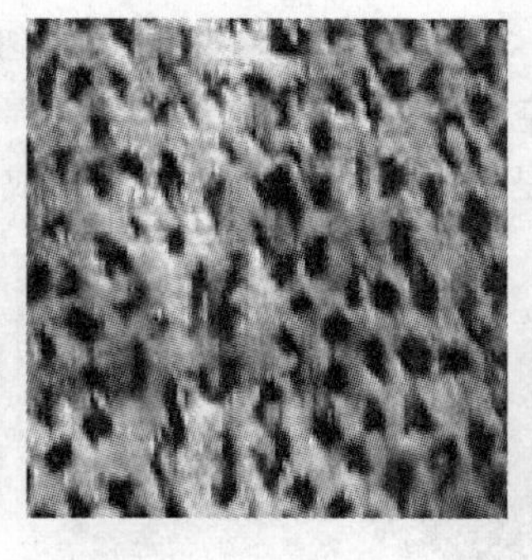

b)

c)

图 3—37 仿造动物面料

a）虎纹 b）豹纹 c）羊毛肌理

3.2.2 布绒玩具的辅料

1. 填料

填料也可叫做填充材料，是指面料与里料之间起填充作用的材料，是布绒玩具的内塞物。填充料大多蓬松柔软，具有空隙和微孔，能够储存大量的空气，有良好的回弹性，防止变形，填充料也可以增加布绒玩具的饱满度，使之产生立体感、挺括感和丰满感。填充料中也有起定型作用的定型类填充料和起承重作用的粒子类材料。

填充料的种类：填充料包括絮状填充料、材类填充料和颗粒填充料。

（1）絮状填充料（见图 3—38）。絮状填充料是指未经过纺织的散状纤维和羽绒等絮片状材料，没有一定的形状，使用要有夹里，并且要求面里料有一定的防穿透性能，如高密度或经过涂层的防羽绒布。布绒玩具的填充料，多采用聚酯涤纶短纤絮状填充料，将涤纶加工蓬松后用机械或手工填充。涤纶短纤进行硅处理后可增加纤维的滑爽度，利于机械填充。涤纶短纤因其纤维中空，含有大量静止空气，填充后不易变形、挺括、轻便、回弹性好、易洗晒。

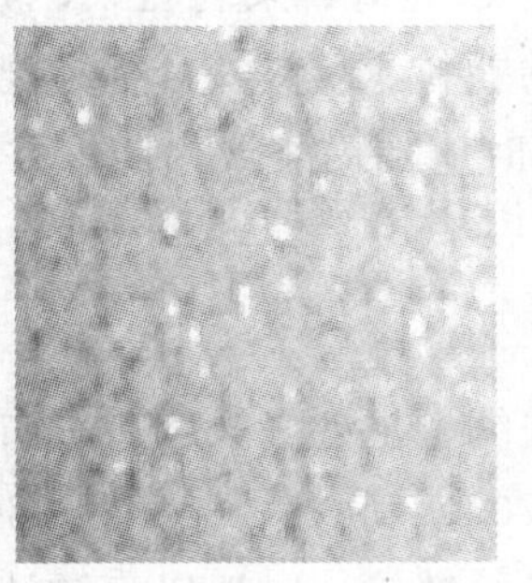

a)

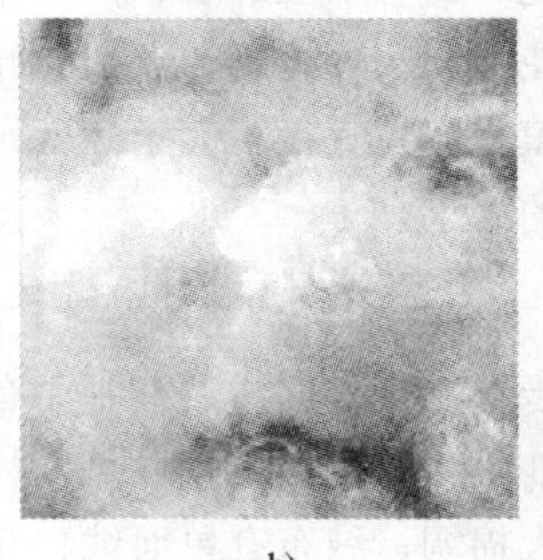

b)

图 3—38 絮状填充料

a）聚酯涤纶短纤 b）涤纶短纤

(2) 材类填充料(见图 3—39)。材类填充料中有加工成絮片的腈纶纤维或中空定型涤纶纤维,以及泡沫塑料。中空定型涤纶纤维也称定型棉,定型棉厚度规格较多,可独立裁剪,有固定形状。泡沫塑料是用聚氨酯经发泡工艺制成的型材类填充料。

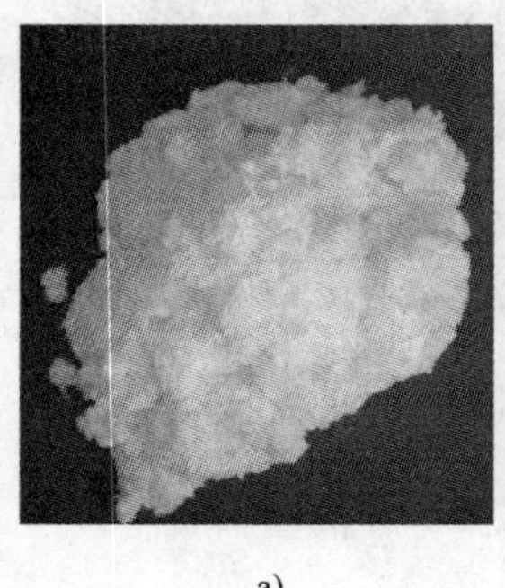

a)

b)

c)

图 3—39 材类填充料

a) 腈纶纤维 b) 定型棉 c) 泡沫塑料

(3) 颗粒填充料(见图 3—40)。颗粒填充料是现在较为流行的填充材料。颗粒填充料有采用聚酯切片制成的塑料粒子。近年来也有采用稀土粒子做颗粒填充料的。颗粒填充料在布绒玩具中通常与絮状填充料结合使用,有手感好、质量轻的优点。装袋后装填在动物造型的手脚、臀部起坠堕作用,可增加布绒玩具的造型可塑性。

图 3—40 颗粒填充料

还有以发泡粒子作为布绒玩具颗粒填充料的,规格为 ϕ0.3~0.5 mm、0.5~1.0 mm、1.0~1.5 mm、1.5~2.0 mm、2.0 mm 以上不等,有手感柔软、滑爽、可塑性强的特点,且颗粒均匀,没有特殊气味。还有用植物叶片、花瓣经干燥工艺制成植物颗粒填充料的,如亚麻子、薰衣草子、肉桂、薄荷、茉莉花朵、荞麦壳、千日红、柠檬草、玫瑰花片、玫瑰花蕾、尤加利叶等粉碎的颗粒。玩具安全标准规定,填充材料无异物及污物,填充颗粒直径不大于 3 mm,在装填时应加内袋或内胆,并保证其达到安全卫生、无杂质的要求。

2. 里料

里料是用于玩具夹里的材料,主要有涤纶塔夫绸、尼龙塔夫绸、绒布、各类棉布与涤棉布等(见图 3—41)。经常使用的里料材料有 170T,190T,210T,230T 涤纶塔夫绸、尼龙塔夫绸和人棉绸;绒布有单面绒、双面绒、经编绒等,一般以克重计量,常见的绒类材料克重为 120~260 g/m^2。我们把各类口袋布归为里料类,常用的口袋布为T/C45×45、T/C65×35、T/C96×72、T/C133×72 等品种。里料的主要测试指标为缩水率与色

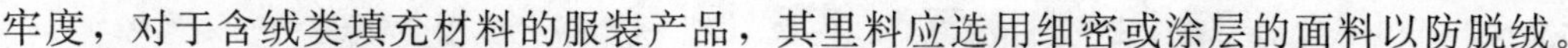

牢度，对于含绒类填充材料的服装产品，其里料应选用细密或涂层的面料以防脱绒。

a)

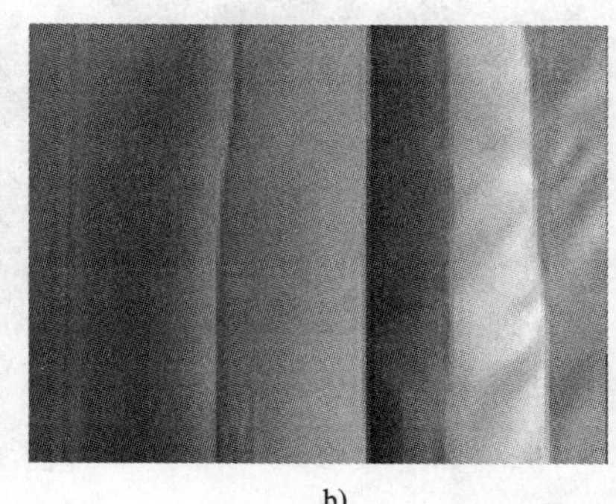
b)

图 3—41　里料

a）涤纶塔夫绸　b）尼龙塔夫绸

（1）里料的主要作用

1）滑爽方便。

2）减少摩擦，起到保护面料的作用。

3）增加厚度。

4）使平整、挺括。

5）提高玩具档次。

6）防止絮料外露。

7）保持毛皮整洁。

（2）里料选择的注意点

1）里料的性能应与面料的性能相适应，应考虑缩水率、耐热性能、耐洗涤性能、强力性能以及厚薄重量等。

2）里料的颜色应与面料颜色相协调，里料颜色一般不应深于面料颜色。

3）里料应光滑、耐用、防起毛起球，并有良好的色牢度。

3. 衬料

衬料包括衬与衬垫两种，一般含有胶粒，通常称为黏合衬，分有纺衬布（梭织与针织）与无纺衬布两大类（见图 3—42）。为了体现造型、增加挺括饱满感使用的衬均属衬垫材料，衬料是骨骼，能使成品饱满美观；另外使用衬布还可以增强玩具的可缝纫性能，易于缝纫操作，且玩具在一定的使用时间内不变形。

黏合衬是一种非常重要的辅料，它是在梭织、针织或无纺衬布上均匀地撒上黏合剂胶粒（或粉末），通过加热（热融黏合）使其与相应的部位结合在一起，从而达到一定的造型效果。

衬料的颜色、单位重量与厚度、悬垂性能等与面料的性能相配，如法兰绒面料要用厚衬料，而丝织面料则用轻柔的丝绸衬，针织面料使用有弹性的针织（经编）衬布等。

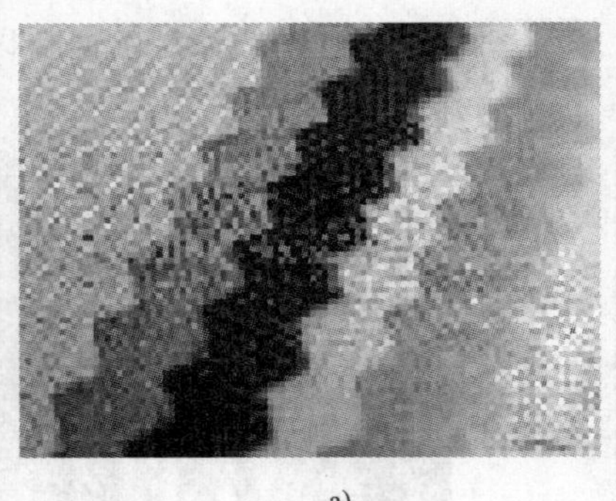

a)

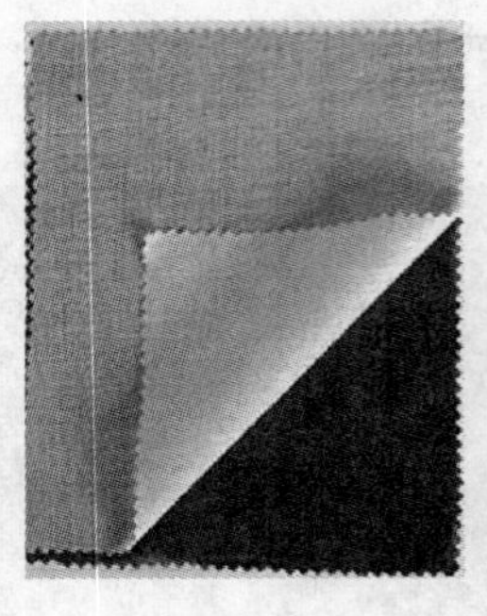

b)

图 3—42　衬料

a）有纺衬布　b）无纺衬布

4. 线类材料

线类材料（见图 3—43）在玩具中起到缝合、连接各部件的作用，是玩具整体风格的组成部分。线类材料种类繁多，线按构成纤维、用途与制作方法划分，可分为棉线、丝线、毛线、涤纶线、缝纫线、刺绣线、宝塔线、球状线等。

不同的线其特性是不一样的，因此合理选择用线是非常必要的，在选择时应注意色泽与面料相一致，除装饰线外，应尽量选用相近色，与面料厚薄、风格相适宜；线的色牢度、弹性、耐热性要与面料相适宜。

a)

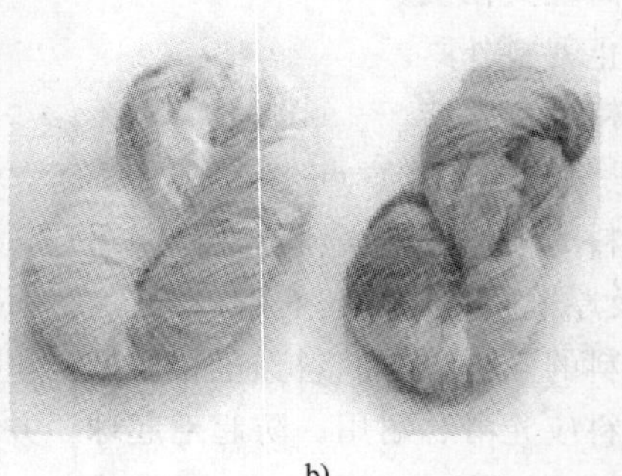

b)

图 3—43　线类材料

a）丝线　b）毛线

5. 紧扣类材料

紧扣材料品种较多，选择紧扣材料时，应注意紧扣材料要简单、安全，同时具有装饰性。紧扣类材料包括拉链、纽扣等。

(1) 拉链（见图 3—44）。拉链是玩具制作常用的带状开闭件。它有长短不同的规格，形式有闭尾式、开尾式、隐形式等。

根据拉链牙齿的材料和形状可分为金属拉链、塑胶拉链和尼龙拉链等。金属拉链主要用各种金属制成，拉力强，坚固耐用，如铝牙拉链、铜牙拉链（黄铜、白铜、古铜、红铜等)、黑叻拉链。尼龙拉链属常用拉链之一，耐用，可制造为隐形拉链、双骨拉链、编织拉链、反穿拉链、防水拉链等。塑胶拉链颜色鲜艳，容易衬托，可防止化学侵蚀，触感好，用途广泛。还有PVC拉链，防水，颜色多变，柔软美观，可制成透明拉链、半透明拉链、畜能发光拉链、蕾射拉链、钻石拉链等。

拉链一般以号数（牙齿闭合时的宽度毫米数）来表示，如3#、4#、5#、7#、8#、9#…20#，型号的大小和拉链牙齿的大小成正比，号数越大，牙齿越粗，扣紧力越大。

拉链包括拉头及其他配件，拉头（见图3—45）分为有锁拉头和无锁拉头。有锁拉头拉链在不拉动时可自动锁合，拉动时可自行开锁；无锁拉头拉链不含锁合功能，拉动时较顺畅。

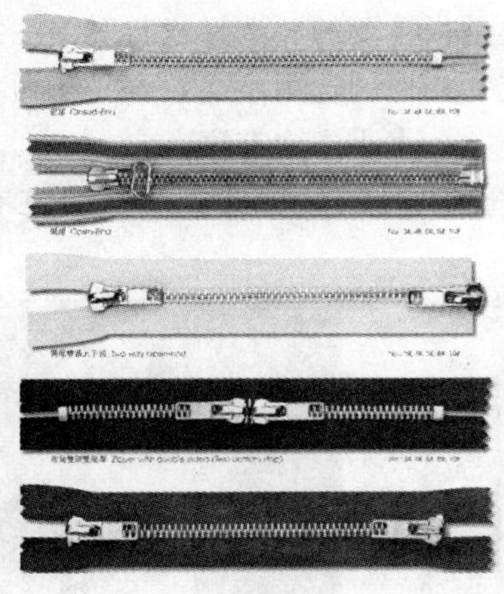

图3—44　拉链

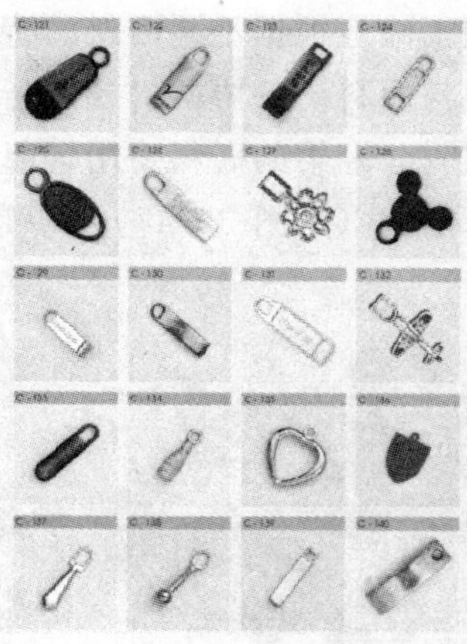

图3—45　拉头

不同型号、不同材料的拉链其性能也不同，选择拉链时应注意面料的厚薄、拉链性能和颜色，以及使用部位，还应考虑拉链基布（底带）的缩水率、柔软度。

(2) 纽扣（见图3—46）。纽扣既具有开、合作用，又具有装饰作用。纽扣的种类繁多，分类方法也很多。

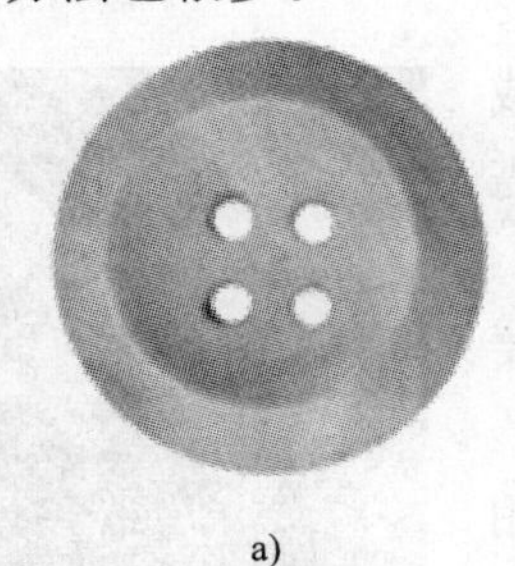

a)

b)

图3—46　纽扣

a）四眼扣　b）花纹装饰扣

1）按结构可分为有眼纽扣、有脚纽扣、揿扣等。

2）按材料可分为金属扣和非金属扣等，非金属扣又可分为天然类、化工类和其他类。

天然类：真贝扣、椰子扣、木头扣；化工类：有机扣、树脂扣、塑料扣、组合扣、尿素扣、喷漆扣、电镀扣等；其他：中国结、四合扣、牛角扣、仿皮扣、激光字母扣、振字扣等。

在树脂扣中，根据坯料不同又可分为棒料扣、板料扣和曼哈顿。棒料扣：珠光扣、花纹扣、普通棒等；板料扣：珠光波纹板（包括假波纹、真波纹）、珠光板、条纹板、单色板；曼哈顿：五彩扣、单色扣。

3）从孔眼分可分为暗眼扣和明眼扣。暗眼扣：一般在纽扣的背面经纽扣径向穿孔。明眼扣：直接通纽扣正反面，一般有四眼扣和两眼扣（但也有特殊情况）。

4）从光度分可分为有光扣、半光扣和无光扣等。

合理正确地根据不同面料的特点选择纽扣的种类是很重要的。选择纽扣时要注意纽扣的颜色要与面料统一协调，或者与面料主要色彩呼应，扣件的选用不当，容易将面料拉穿或扣件拉脱。轻柔的面料要用轻薄的纽扣，形状要统一，大小主次有序。

（3）搭钩（见图 3—47）。钩是安装于玩具经常开闭处的一种连接物，由左右两件组成。

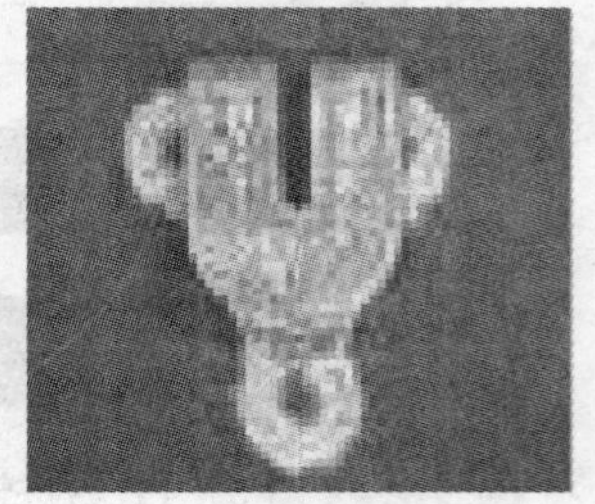

图 3—47　搭钩

（4）魔术贴（见图 3—48）。又称尼龙子母搭扣，使用含有硬面与软面的尼龙带实现闭合与开启，闭合与开启方便灵活。

6. 包装材料

（1）内包装。内包装一般使用塑料袋。首先用聚乙烯或聚丙烯吹制成规格不同的筒状薄膜，然后根据需要烫裁所需规格的塑料袋。塑料袋厚度应大于 0.038 mm（见图3—49）。一些特别玩具在包装时要进行特殊处理，例如扭皱类玩具要以绞卷形式包装，以保持其造型风格。

图 3—48　魔术贴

（2）外包装（见彩图 84 和图 3—50）。外包装一般使用硬度较高的纸如白板纸。白板纸是一种比较高级的包装用纸，常用于包装儿童玩具、药品、食品、烟、牙膏、礼品等。白板纸与铜版纸、胶版纸、凸版纸之间的区别在于白板纸纸张克度重，纸张比较厚实。白板纸具有如下性能：纸面洁白平滑，厚薄一致，质地紧

密，不脱粉掉毛，吸墨均匀，伸缩性能小，有韧性，折叠时不易断裂等。

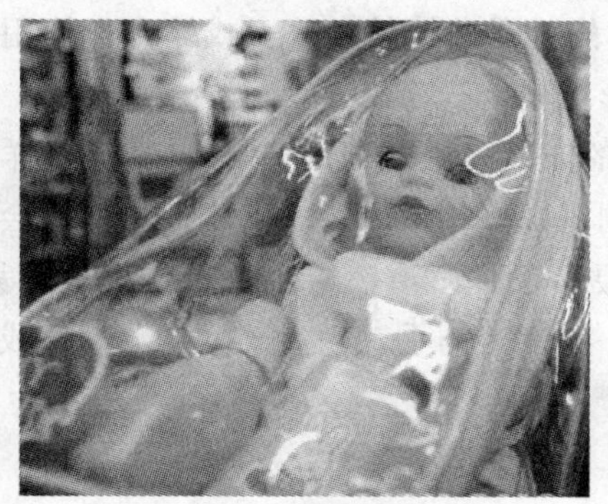
图 3—49 内包装塑料袋

图 3—50 纸箱包装

3.3 布绒玩具的开片和复样

3.3.1 布绒玩具的开片

1. 布绒玩具开片的意义

布绒玩具的开片又称玩具纸样出片，是玩具设计的一部分，纸样设计是玩具生产中关键的技术环节和必备条件。每一套板片就决定了一个玩具的立体形态，它决定了设计外形的好坏，也是设计中最复杂、最繁琐的。这就要求玩具设计师的经验丰富，经验越丰富板片越形象、经典，做成的样品与设计图稿越接近。

在玩具生产中，为了反复调整造型效果，批量生产时节约用料，对于新开发的玩具款式，必须裁前打出板样。由于结构比较复杂，或者在大批量裁剪中为节约排料等原因，裁剪前先在纸板上画出裁剪图，再加上相应的缝份、贴边、预留量、工艺补正量等。对于一些复杂的造型，即使是有经验的老师傅也无法直接进行毛裁，必须先根据结构原理画出净样，然后再加放工艺参数做成裁剪用板。作为玩具设计师还应了解材料的性能如收缩率、可塑性，面料的纱支、密度、垂感、织纹组织和厚度、软硬度，面料的倒顺光、倒顺条格以及色织或印花织物中的花纹图案等知识。

2. 布绒玩具的开片方法

玩具出纸样的具体方法有正面开片和侧面开片两种。在出纸样时，设计师应从立体空间的角度去开板组合纸档，要从整体入手，从大的板片开始，一般是从身体入手，这样易于依次展开其他板片，便于修改。

一般纸样通过侧面、正面、底面来取大的裁片，设计师可以画出这几个玩具图，对出纸样有很大帮助。原始方法就是先做个泥塑，然后再用胶带贴上，逐个取板。只要完成从效果图到纸样图的精确、合理转化即可。还可以用任何自己熟悉的方法在计算机上用矢量绘图软件绘制，这在专业应用领域中是一种用途非常广泛的图形输入设备，如 Core IDRAW Auto CAD 或工程设计专门软件，可以对裁剪图进行任意放大或缩小。使用辅助线定点、定位，每一个裁切图都要封闭，以便色彩填充。

一个玩具的纸样形状是依据玩具的外形确定的，所以在出纸样之前，要确定样品尺寸，依据尺寸，确定图稿的比例。玩具绘图的比例正确，相对来说，纸样的比例也会很正确。玩具造型应该比例正确、合理，玩具的纸样要形象、简洁，便于生产上排版、裁剪、省料，不要给工厂带来生产上的困难，尽量减少一些复杂的手工，便于生产顺利完成。

3.3.2 布绒玩具开片图的绘制

1. 布绒玩具效果图

布绒玩具效果图是指在较短的时间内用简练概括的表现技法，准确生动地描绘出玩具显著的视觉特征和整体感觉，如对象的形体特征、动态和神态。为了更准确地绘制开片平面图，效果图的绘制在玩具造型设计中起到非常重要的作用。效果图的绘制可以让人了解设计师的设计意图、设计历程和玩具设计的色彩、质感，效果图的绘制可以培养玩具设计师敏锐的观察能力和高度的概括能力，提高玩具设计师对形象的记忆能力和默写能力，培养设计师的独特风格。玩具设计的新意和要点要在图中进行强调以吸引人的注意，细节部分要仔细刻画，掌握好重心，维持整体平衡，以及玩具的色彩、材料、大小、各部分的比例关系等。

(1) 效果图绘制工具

1) 铅笔。铅笔是绘制效果图最常用的工具之一，通常有普通绘画铅笔、炭铅、彩色铅笔等。做设计表现时，一般多使用 HB，B，2B，3B，4B 的中性或偏软系列的铅笔，利用笔锋的变化可以做出粗、细、轻、重等多种线条的变化，其表现力极其丰富。彩色铅笔不仅可以用来画线，它还可以表现块面和各种层次的色调。有时需要用排线的重叠来实现层次的丰富变化。

2) 钢笔。钢笔的墨水是无法擦拭的，一笔下去就是一条黑线，因此，要求设计师下笔之前仔细观察对象，钢笔缺少铅笔那样丰富细腻的层次变化，玩具设计师应当用有限的调子简洁地表现出层次关系。

3) 毛笔。水粉、水彩等水性颜料要通过毛笔上色、渲染和勾线。毛笔和纸、颜料、水等因素的综合运用可产生极其丰富的表现效果。

4) 马克笔。马克笔重量轻，携带方便，绘制的线条色泽透明、色块均匀，且画在纸上没有变色的缺陷。有各种系列的纯度、明度的渐变，有由黑到白的灰色渐变系列，使用极为方便。由于马克笔的颜色先后画上时都会出现笔痕，所以适宜排列涂色。

(2) 玩具效果图绘制过程

1) 确定对象在画面中的大体位置，用长线条快速准确地画出外轮廓。

2）将外轮廓大体画好后，快速地将主体部分具体化。

3）细化想要表现每个具体的部件。由轮廓线和主要结构线入手，表现出形体结构关系。在表现过程中对各部分要多做比较，反复校正。

4）继续深入，不断丰富，上色。个别地方的废线可以用橡皮擦去，最后整理完成。

(3) 玩具效果图表现方法。布绒玩具效果图一般采用写实的方法准确表现效果。用笔简练、绘画技巧娴熟流畅，能充分体现设计意图，给人以艺术的感染力。一条弧度的大小、方向，折位的形状均能体现一名设计师水平的高低。

1）单色表现（见图 3—51）。线条在创造单色的造型时具有决定性的意义。“外边”的线代表物体的边缘，而“内部”的线则象征物体各个面的位置。线还可以象征一种颜色和另一种颜色的转折。单色表现效果图时，首先可以用钢笔或铅笔勾出物体轮廓，然后用钢笔或铅笔画出暗部，暗部用笔简洁，意到即可，接着在较暗的部分用钢笔或铅笔排出较密的线条，表达出基本体积感，最后选择与对象接近的彩色铅笔，排出要表达的物品的灰面。可以用力度和密度的不同来达到自己需要的深浅、层次变化。

2）多色表现。在铅笔勾勒出玩具的轮廓和各部分结构以后，可以通过上色的方法来表现其色彩效果，使玩具效果更鲜明更具体。用水彩来表现效果图时，笔锋的运用、含墨的多少、运笔的快慢、纸张的吸水性、颜料的特性等都会影响到线条焦、浓、淡、清的变化（见彩图 85）。毛笔的毛柔软，含水量多，宜作大面积平涂渲染；叶筋笔用于勾勒线条，描绘细部。

用马克笔绘制效果图时，要注意一定的方向性。马克笔的笔触有很强的方向性，涂色时有助于物体形体的表达。一般用它较宽的一面画出的线条形成较肯定的笔触。在涂一块面积时不可随意交叉和拖尾，否则会使色彩脏乱，失去秩序感和明快感。平面的面一般适宜横涂或竖涂，排列成紧密的色块面。处理曲面的笔触要带有一点弧性，以利于曲面的表达（见图 3—52）。

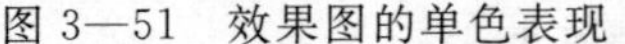
图 3—51 效果图的单色表现

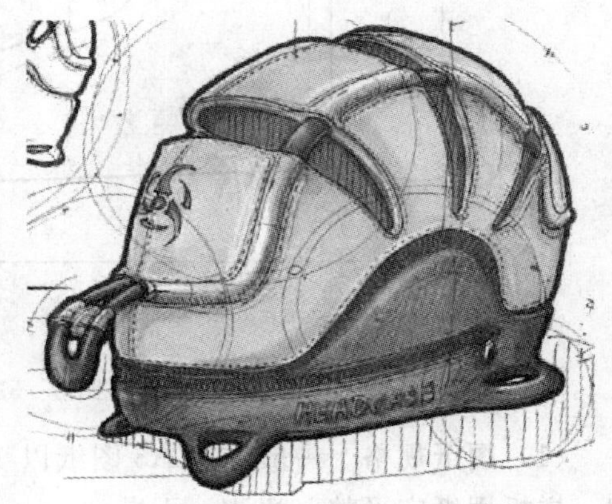
图 3—52 马克笔表现

色粉笔有助于表现那种柔和的渐变效果，用来处理较大面积的色块。色粉作品色彩柔

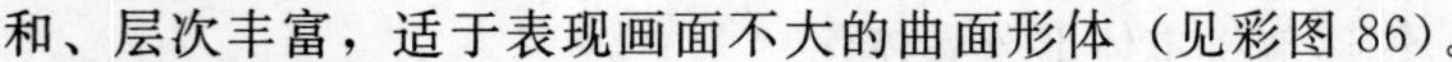

和、层次丰富，适于表现画面不大的曲面形体（见彩图 86）。

2. 布绒玩具纸样图

根据设计效果图稿，确定玩具样品的尺寸和比例。依据所出的样品尺寸，确定实物样品的各部分比例，就是将我们所有要裁开并缝合的成型线条表现出来。常常通过它的平面展开图来理解其造型。玩具的纸样设计在玩具设计中处于一个关键地位，在玩具效果图转化为玩具成品的过程中，起着承上启下的重要作用。布绒玩具的裁片类似服装裁片，只是服装裁片较有规律，而毛绒玩具的裁片是千变万化的，每一套裁片就决定了一个物体的立体形态，它决定了设计外形的好坏，也是设计中最复杂、最繁琐的。因此，玩具的纸样设计历来受到玩具界的重视。这是一种最有效、最简便的方法，没有这个过程，玩具设计只能停留在欣赏、审美的阶段，其他后续工艺无从谈起。

玩具的纸样图应准确工整，各部位比例要符合玩具尺寸规格，一般以单色线勾勒，线条流畅整洁，以利于结构的表达。

玩具的纸样图内容见图 3—53。

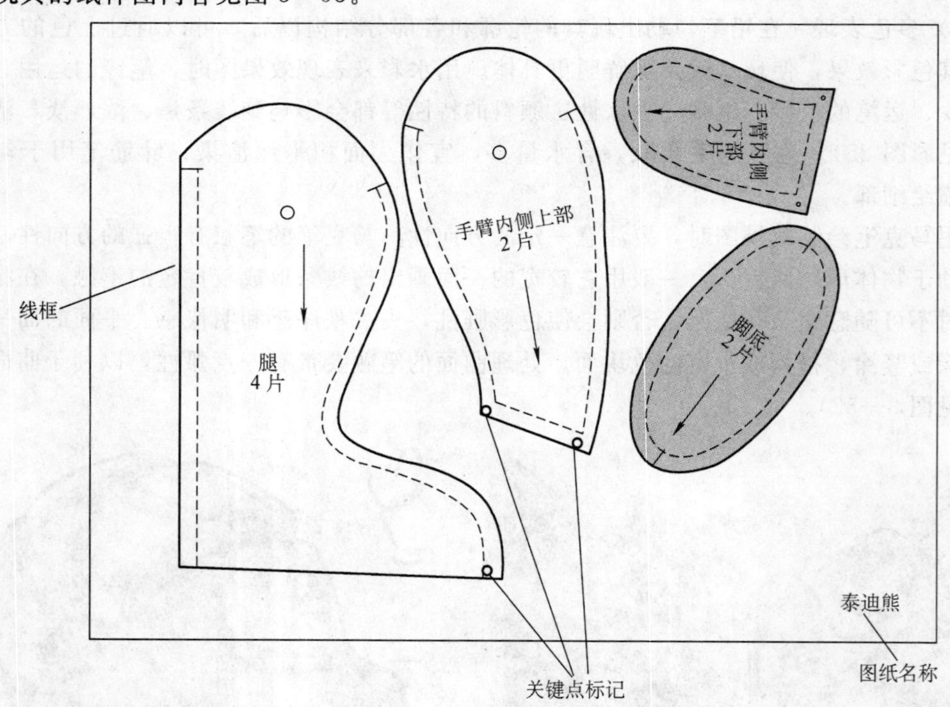

图 3—53 玩具纸样图

（1）图纸规格。一般采用 A3 图纸以 1∶1 的比例制作，打印时根据需要可以自由放缩。样板用纸应平整、清洁、干燥。

（2）图纸格式。图纸格式可竖向或横向，但整套图纸要一致。

（3）图纸项目。有些批量生产的玩具纸样图需要填写一些项目，包括图框、标题栏、

图名、数据标注、数据表或号型系列数据表以及相关说明。

（4）图纸名称。可以是玩具的名称，如泰迪熊等。

（5）线框。线框由一条粗实线或外面一条实线和里面一条虚线构成。实线是需要裁剪的，虚线是要缝制的地方。缝线宽度大约 0.5 cm，缝合时如果没有考虑到缝线的空间，做出来的玩具可能会扭曲变形。

（6）各部位图标记。关键点标记：便于几块片面在缝制过程中的相对位置和角度的定位。可用 A、B、…或 1、2、…表示。箭头标记：表示玩具各部位布纹的方向，以防制作过程中反向发生。内结构设计：特别的装饰，如整体及各个关键部位结构线、装饰线裁剪与工艺制作要点等。一些装饰品的设计也可通过平面图加以刻画。

3. 文字说明

在效果图和平面展开图完成后还应附上必要的文字说明（见图 3—54），标注的内容应完整，与工艺要求和产品实样一致，例如，设计意图、主题、工艺制作要点、面辅料及配件的选用要求、玩具的材料、规格、颜色、组合以及装饰方面的具体问题等，要使文字与图画相结合，全面而准确地表达出设计构思的效果。标志的字迹要清楚，便于流入下一道工序时能直接识别。

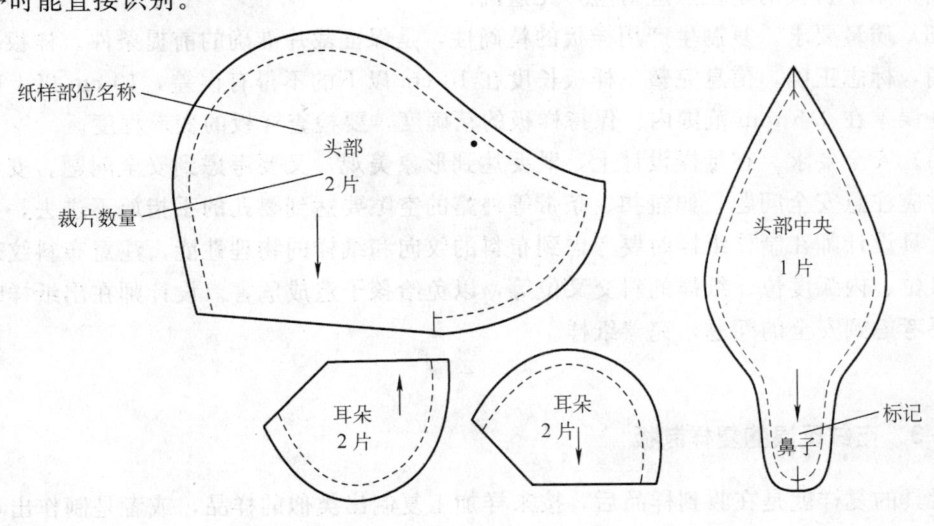

图 3—54　文字说明

（1）玩具名称和型号。应明确标明玩具型号、玩具名称。包含玩具的种类、造型、材料、规格、颜色、组合等要素，以便于识别。布绒玩具的品种繁多，除了造型不同容易辨别外，有时由于材料不同、规格不同、附件不同而使产品有很大的差别。标注产品型号有利于检索和识别。

（2）裁片单位数量和编号。一个玩具是由多块纸样组合而成的，有时遗漏一块纸样会造成玩具整体的制作错误。为防止遗漏纸样，在标注纸样数量时应表述其编号顺序，根据缝制顺序进行排列，这样便于缝制操作时识别。

(3) 纸样部位名称。纸样部位因玩具的造型和分解的不同而千变万化，纸样部位名称应根据纸样在玩具中所处的位置，用直观、形象、统一的语言表述。

(4) 标记。纸样定位标记一般有眼、鼻定位标记，拼接或省道的定位标记，商标定位标记，拼接点朝向、色彩标记等。裁剪需要对花纹的，要在纸样上做好对花纹的标记。有些定位标记可以用文字表述的，也可以在工艺技术要求单上用文字加以表述。

(5) 设计人名称。包括设计者、制图者、审核者、计算机制图者、负责人签名，数据单位，制图比例，图纸编号，制图日期等。

4. 纸样要求

(1) 绘制要求。为布绒玩具制作样板时应注意样板的直线、弧线、角度、比例、对称、定位的制作原则。制板时直线应挺直，弧线应圆润，角度、比例应一致。有中心线的应保持两边对称；矩形的对边直线要保持平行。裁切线刀眼要到位，缝制定位点要准确，角度、比例应一致。

(2) 标志要求。为了便于正确识别样板，样板的标志十分重要。部位名称、编号、材料名称、加工要求、定位标记、制作者或设计者姓名或代号等都应在样板上标注。定位点应准确，用于拼接的定位点应对应，无遗漏。

(3) 质量要求。复制生产用样板的精确性，是保证裁片准确的前提条件。样板要求形状精确，标志正确，信息完整。样板长度在 10 cm 以下的不得有误差，10 cm 以上的，一般允许误差在 0.5 mm 范围内。保持样板的精确度，要检查样板的变形程度。

(4) 安全要求。在纸样设计上，既要达到形象美观，又要考虑到安全问题。安装玩具配件时应注意安全问题，如纽扣、条带等外露的空隙要达到婴儿的手指放不进去，拉扯不脱。玩具设计师在制作纸样时要考虑到布料的纹向和纸样的物理性能，注意布料纹理扩张的开口位、内弧度位、纸样的斜交叉位等，以免给孩子造成危害。设计师在出纸样时，也一定要考虑到安全的问题，完善纸样。

3.3.3 布绒玩具的复样制板

玩具的复样就是在收到样品后，按来样加工复制出类似的样品，或者是制作出与原样一模一样的玩具。

1. 纸样识别

原始纸样是与产品实样相一致的纸样，是布绒玩具生产的必备依据。原始纸样是工艺文件的重要组成部分，而原始纸样的复制就是指对工艺技术管理部门提供的原始纸样进行复制。识别纸样、制作生产纸样是做好裁剪工作的前提条件，在纸样的识别过程中应与玩具实样相对照，经常与原始样板进行核对。要保持样板的精确度，分析纸样的形状、大小、弧线、角度、比例是否和实样一致，纸样的各部位在实样的哪个部位等，以便更好地为设计更多的玩具纸样打基础。

(1) 识别纸样的构成元素。纸样构成包含玩具型号、玩具名称；样板各部位名称；样板数量及编号；样板所对应的材料、工艺方法；裁片数量；毛向指示、定位标记；样板所规定的形状等要素。

(2) 识别纸样的裁片数量。因玩具的造型和结构不同，每块纸样所对应的裁片数量是不同的。

(3) 识别纸样的面料名称。有些纸样上标注的面料名称一般包含材料编号和材料名称两部分，有时还包括一些特殊的工艺加工要求，如绣花、印刷、复合面料等。材料编号和材料名称一般还包含了所用材料的色号、毛高、规格等信息，利于操作时加以核对。

(4) 识别纸样经纬方向和毛向指示。面料因织造方法不同，经纬方向还会影响面料的弹性，从而会影响到玩具的造型和肌理。有些纸样中标注面料的毛向或丝流，一般都应标明丝流方向。面料制造的经线方向称为顺丝流，纬线方向称为横丝流；绒毛的毛尖指向为顺毛向。

2. 来样、来图制板

我国出口玩具中95%以上是来料加工或来样加工。来样制板和看图制板是玩具设计师所要掌握的基础知识。因此，玩具设计者需要有良好的美术基础，通过各种手法来体现玩具造型和效果。在没有纸样的情况下可以对玩具实样进行分析和研究。

在来样的规格和款式相同的条件下，不同设计师制作出的板型的效果是不同的。要反复制作、反复验证玩具的外形、内外结构造型、结构组合、专型规格、细部尺寸、材料性能及工艺标准等是否达到设计要求。不满意之处，都要分析其原因，修正纸样，直到板型达到预期效果为止。当面料裁剪后因材料或工艺不同会产生收缩时，还应考虑放大样板。

玩具设计师在来样制板过程中应充分考虑到玩具的整体结构、各部位的形态、各面片之间的关系、玩具的运动规律、动态特征等，通过侧面、正面、底面来全面分析玩具裁片。复制样板应注意精确，与实样应保持一致。

将玩具实样进行拆分是理解玩具纸样的方法之一。玩具实样的拆分过程是把三维立体的玩具向二维平面转换的过程。首先用剪刀等工具将玩具缝线拆除，从整体入手，将头部、身体、四肢等分离开来，拆除的过程中将各部位面片做好标记，或者将拆分下的面片摆放成序，做到心中有数。接着在完全将玩具实物拆分完之后，把各面片排列出来，摆放在适当的纸张上，以便更好地绘制玩具的纸样图。在放置的过程中标记名称、方向、位置等，可用大头针等固定在纸上。然后按各面片形状描绘出玩具的开片图。在描绘的过程中将布绒面片完全摊平，纸样的比例正确与否会影响到玩具的形状大小。来样制板见图3—55。

在看图制板中玩具设计师应有一定的空间想象能力，能把平面的效果图想象成三维立体结构，这需要大量的实践经验和扎实的开片基础。在制板过程中还要考虑与缝制工艺之间的关系。按照不同的方法制作出纸样，出片应简洁、省料、便于生产人员看图制板（见图3—56）。

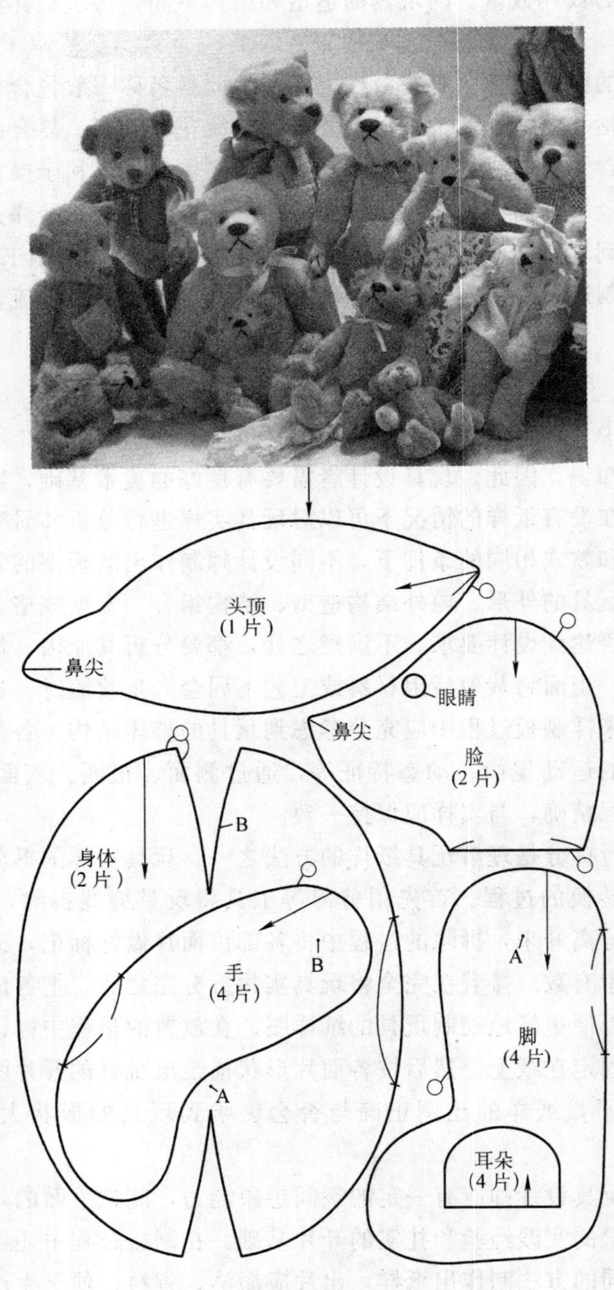

图 3—55　来样制板

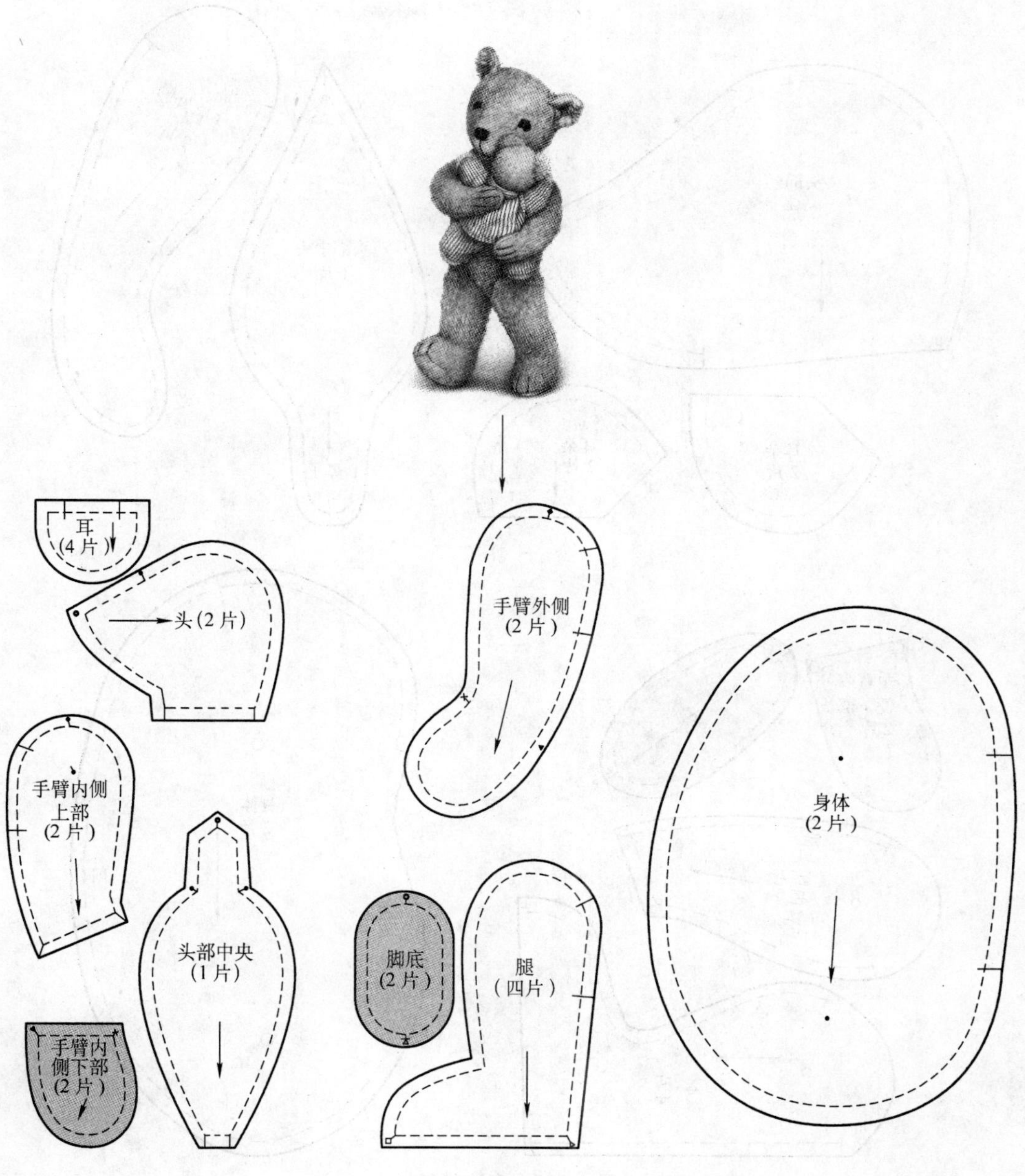

图 3—56 看图制板

3. 纸样案例欣赏

(1) 泰迪熊（见彩图 87）。Teddy Bear 译为中文为泰迪熊。泰迪熊源于罗斯福总统对熊的爱好和流行，它有着浑圆丰满的身材和四肢、憨厚的表情，以及百分之百的手工缝制和填塞作业。泰迪熊纸样见图 3—57。

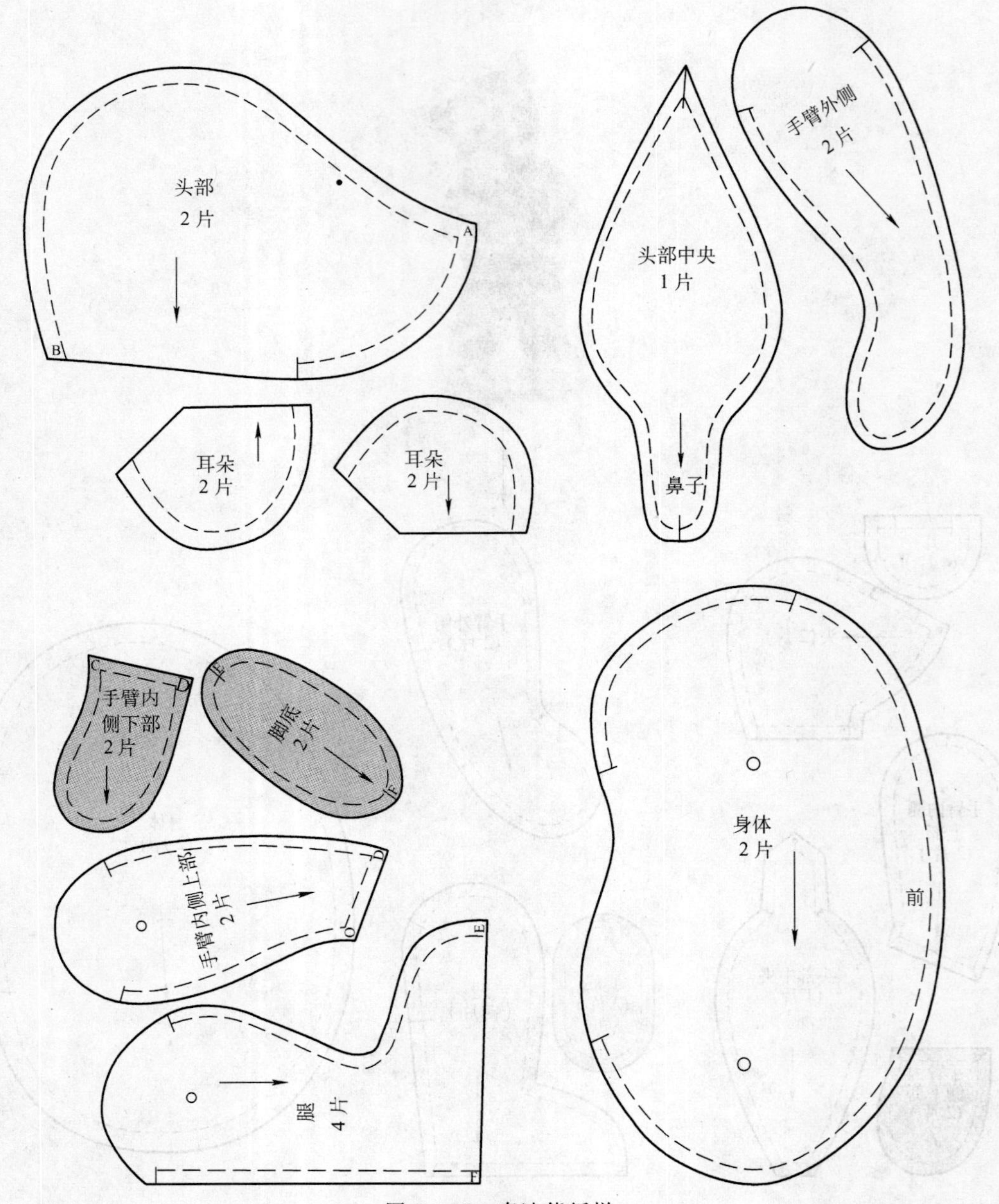

图 3—57　泰迪熊纸样

（2）凯蒂猫（见彩图 88）。昵称 Hello Kitty，她可爱漂亮、开朗活泼、温柔热情、调皮、喜欢交朋友，最擅长打网球，钢琴弹得也非常好，喜欢收集各式各样美丽可爱的小装饰品，尤其喜爱蝴蝶结，喜欢骑着粉红色的脚踏车去公园玩耍。凯蒂猫纸样见图 3—58。

（3）赛车（见图 3—59）。赛车纸样见图 3—60。

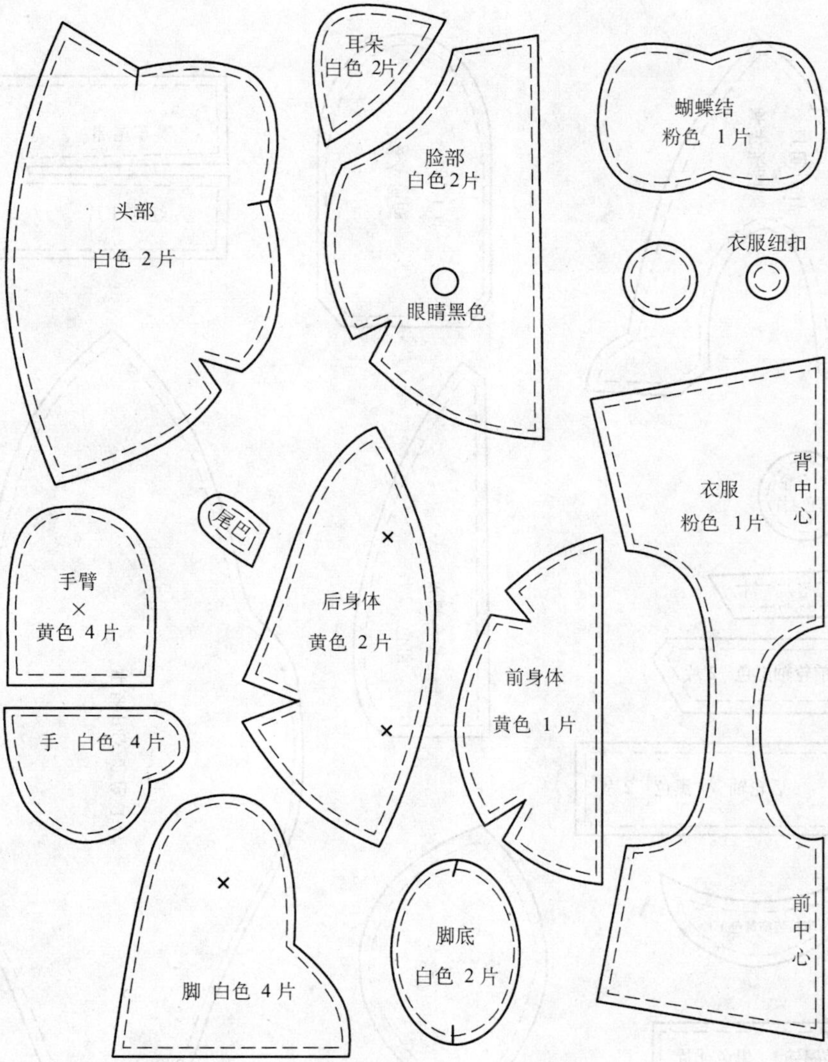

耳朵
白色 2片

脸部
白色2片

眼睛黑色

蝴蝶结
粉色 1片

衣服纽扣

头部
白色 2片

尾巴

后身体
黄色 2片

手臂
黄色 4片

手 白色 4片

前身体
黄色 1片

衣服
粉色 1片

背中心

前中心

脚 白色 4片

脚底
白色 2片

图 3—58 凯蒂猫纸样

图 3—59 赛车

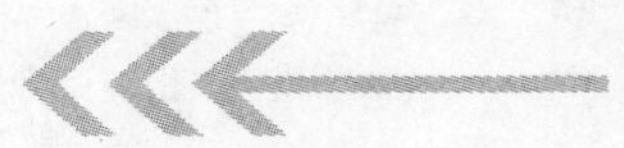

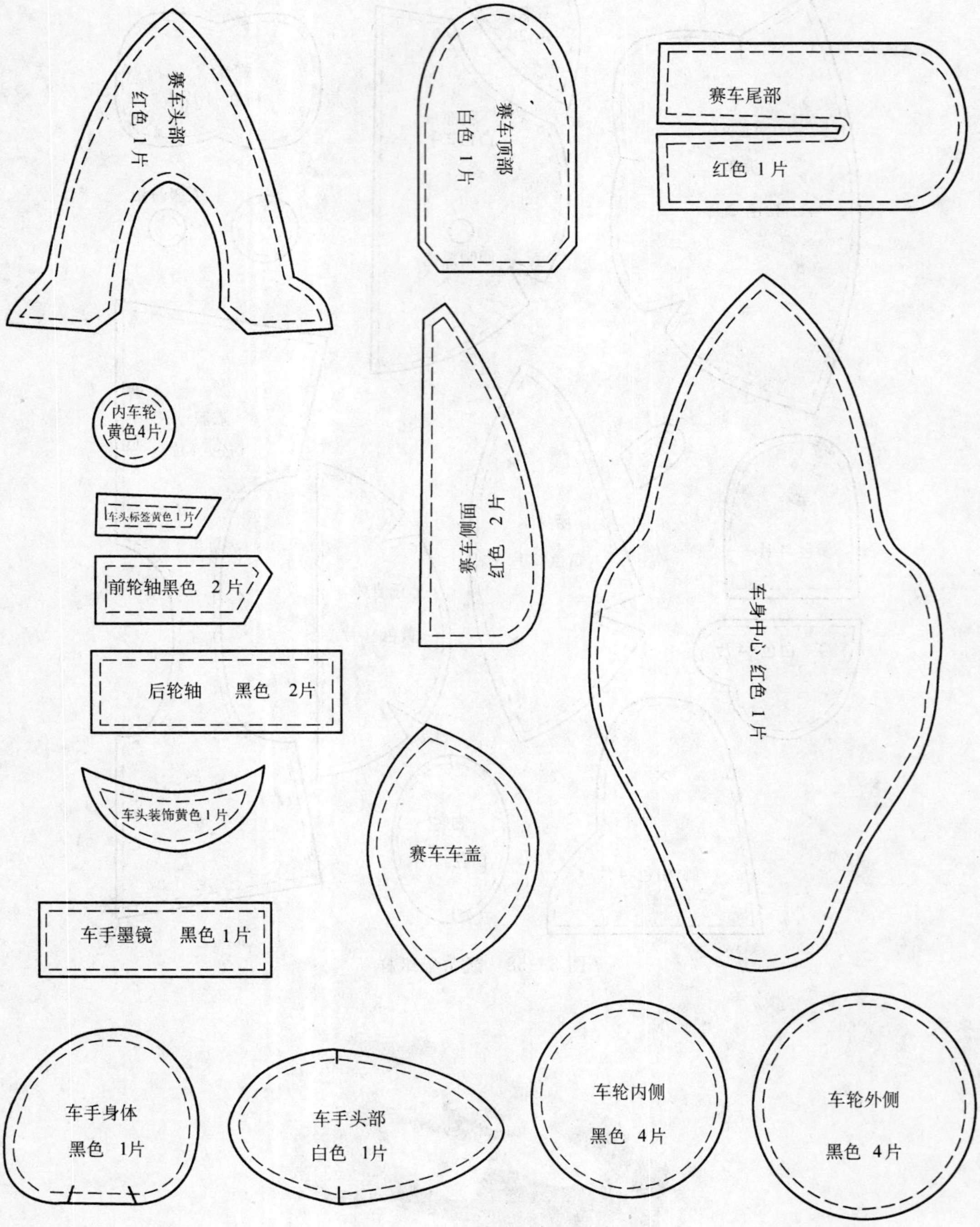

赛车头部
红色 1片
赛车顶部
白色 1片
赛车尾部
红色 1片
内车轮
黄色4片
车头标签黄色 1片
前轮轴黑色 2片
后轮轴 黑色 2片
赛车侧面
红色 2片
车身中心 红色 1片
车头装饰黄色 1片
赛车车盖
车手墨镜 黑色 1片
车手身体
黑色 1片
车手头部
白色 1片
车轮内侧
黑色 4片
车轮外侧
黑色 4片

图 3—60 赛车纸样

3.4 布绒玩具的裁剪

3.4.1 布绒玩具的裁剪分类

1. 手工裁剪

玩具设计师在出纸样后就要进入到裁剪的工序，在整个生产过程中，裁剪具有承上启下的作用，它是将布料用裁剪设备分割成玩具面片的过程。手工裁剪是布绒玩具制作中最基本的裁剪方法，所谓手工裁剪就是以手工的方式为主、不借助大型机械设备进行玩具样板的裁剪，一般以剪刀为主要工具。它是以样板覆在面料背面或以样板为模板在面料背面画线后进行裁剪的方法，适合于各种面料的裁剪，一般用于批量小的玩具。

裁剪是表达设计思想的重要手段，布绒玩具裁剪方法越来越多地引起设计者的普遍关注和重视。布绒玩具的手工裁剪强调设计的新意和形状的准确，每个裁片相对应的都有一块裁剪样板，在裁剪过程中要注重具体形态以及细节描写，便于在制作中准确把握，以保证在艺术和工艺上都能完美地体现玩具的设计意图。

手工裁剪需要的工具一般包括裁剪剪刀、穿裁片用缝针、铅笔、直尺、卷尺、电熨斗等（见图 3—61）。

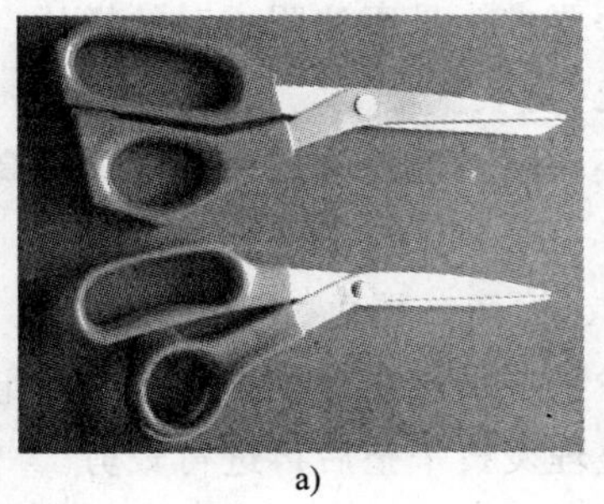
a)

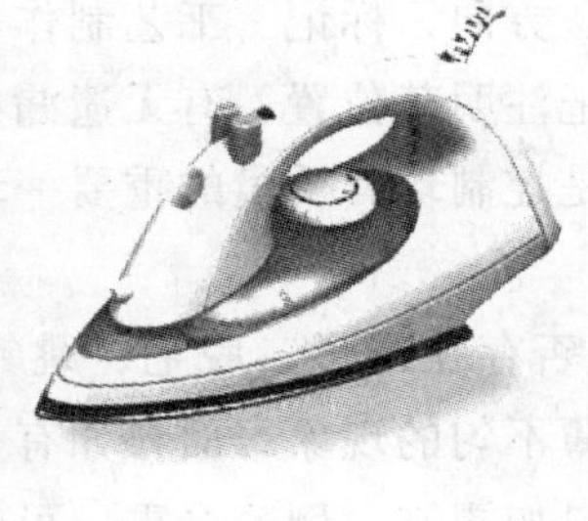
b)

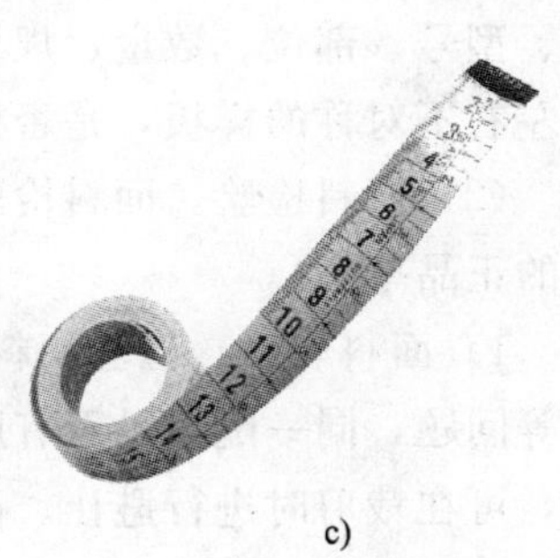
c)

图 3—61　手工裁剪工具

a）裁剪剪刀　b）电熨斗　c）卷尺

2. 机械裁剪

机械裁剪就是借助机械设备如电剪刀、裁剪机、裁断机等进行玩具样板的裁剪。机械裁剪可以避免手工裁剪造成的误裁，提高精确度。如果遇上大批量的玩具裁片任务，传统的裁剪方法很容易造成上下层裁片尺寸的误差。机械裁剪设备还可避免人工操作对裁片可能造成的磨损、污渍以及裁片边缘参差不齐的小毛病。机械裁剪设备的应用充分显示出了应用系统设备的优势，从而提升了企业在竞争中的优势。

机械裁剪需要的工具一般包括：操作台，铺料操作台宽度以超过门幅为宜；刮布片，在铺料时使用它有利于理布；直尺等度量工具；划粉，即在面料上做标记用的粉片；裁剪用工具等。

机械裁剪方式分为冲锯裁剪和热熔裁剪等。冲锯裁剪是使用专用机械，用模具或刀具对面料进行裁剪的工艺方法。冲锯裁剪速度快，质量优于手工裁剪，安全系数较低。热熔裁剪是目前布绒玩具裁剪的常用工艺，是利用电阻丝加热熔断面料底板进行裁剪的工艺。电阻丝可任意弯曲，组成任何形状的样板造型，可根据各种面料的质地控制温度，达到适合的断边。经过热熔裁剪的裁片，其断边可使织物纤维达到轻微的烧结，避免抽丝和脱丝，有利于保持裁片的完整性。

3.4.2 布绒玩具裁剪前的准备

1. 裁剪前检查

在裁剪前，要做好大量的准备工作。裁剪前应检查纸样规格、工艺文件、排料标准，清点样板，核对样板要求的信息，注意毛向，检查面料和工艺方法，计算单位裁片数量，准确无误后合理排料，进行裁剪。所需工具包括铅笔、剪刀、针线、尺、电熨斗等。

(1) 纸样核对。每个裁剪片相对应的都有一块裁剪样板。样板在每一个方面都必须是完整的，核对样板制作是否尺寸准确，规格是否齐全，纸型是否与玩具整体造型相符，相关部位轮廓线是否准确吻合。纸样绘制直线、弧线、角度、比例是否符合要求，是否保持两边对称或平行，裁切线刀眼、缝制定位点是否到位和准确。文字说明是否包括玩具名称、型号、部位、数量、规格、方向、标记、工艺制作等要求，是否注明成对的样片，对于左右不对称的样板，是否标记注明其位置、有无遗漏处等。

(2) 面料检验。面料检验是控制玩具质量的重要一环，面料的检验可以有效地提高玩具的正品率。

1) 面料表面。检验面料是否存在霉烂、脱毛、跳针、污渍、褪色、迁移、破损、疵点等问题，同一配料是否有厚薄不匀的现象。面料如有少量瑕疵，在检验中均需用标记注出，可在裁剪时进行避让。面料如褶皱、倒毛严重，可整理熨烫平整后再进行裁剪。

2) 面料的色彩。如面料存在色差且色差在允许范围内，在裁剪时按同一色号整套分色裁剪，不要把有色差的材料做在同一个玩具上，还要核对面料上的图案和花纹。要分色落料、分色裁剪、分色串放，要做好标记，以利配套缝制，保证同只玩具上的同一面料颜色无色差。

3) 毛的走向。毛绒面料的玩具都有毛绒走向问题，毛向又可分单方向、双方向和无方向，单方向面料如灯芯绒、丝绒、马海毛等织物，面料有明显的方向性，裁剪时要按照方向裁剪。双方向绒毛走向使它比单方向绒毛面料有更高的使用率，排料时可以根据不同的绒毛走向来排。无方向面料的绒毛走向可以忽略不计，在使用这种面料时可以按照不同的方向来排。

(3) 裁片计数。裁片计数正确与否直接影响后道工序是否能正常进行。裁片计数方法如下：

1）按全部样板计数。应对照工艺技术要求单规定，全套产品共有几块样板，非本工序制作的裁片要分别标明材料、工艺要求（如计算机绣花、冲制裁片等）。

2）按单位数量计数。按每块样板所规定的裁片数与样板块数及每个包装的裁片打数的乘积进行计数。

（4）铺料。铺料是按照所规定的铺料层数及长度，将材料铺放在裁床上，以便画样及开裁。铺料时必须使每层材料的表面平整，用力要均匀、轻微，避免出现褶皱、歪曲不平现象。

铺料时要求每层料布边对齐，不能有参差不齐现象，否则易使短边部位裁片尺码规格变异，造成次片。有条格、花卉等图案的材料在铺料过程中应按照设计要求对正图案。

2. 裁剪面料的计算

布绒玩具面料裁剪的计算是一项技能性工作，是玩具设计的一部分，也是布绒玩具制作的重要环节。裁剪面料的计算主要用于单件裁剪，影响裁剪用料的因素主要有造型的复杂程度、规格尺寸、面料的幅宽及缩水率、套裁及件数等。布绒玩具设计师在面料裁剪的计算上应尽量做到简洁、省料、便于大批量生产、考虑材料成本，同时做成的样品与设计图稿越接近越好，要能正确地反映玩具的特征。

在面料裁剪之前，设计师一定要确定玩具的样品尺寸，根据尺寸来确定面料的多少、各部分比例，从立体空间的角度去计算面料的多少，这样可减少玩具试版的次数，提高效率，节省材料。每一块样板都必须要用标签清楚地标出款号、类型、计划要用的材料和材料的块数。

针对批量制作的玩具，面料的计算变得尤为重要，裁剪操作时应根据排料示意图所提示的信息及批量生产的要求，进行计算和排料，计算出单位裁片数量，以耗料最少的方式进行排料。

3.4.3 布绒玩具的裁剪方法

布绒玩具的裁剪是缝制的基础，裁剪时应保证裁剪的精度，裁片方法不正确不仅会使玩具结构完全偏离设计，而且造成很大的浪费。在批量加工时，会给生产者带来很大的损失。因此掌握正确的裁剪方法是非常重要的。

1. 裁剪工艺

（1）裁剪纸样（见图 3—62）。裁布之前，先备妥事先剪好的纸形版（以厚纸板为佳）。按照玩具造型裁出身体各部位待用。以泰迪熊为例，将绘制在卡纸上的纸样按轮廓线依次剪下头部 2 片、耳朵 4 片、手臂 4 片、身体 2 片、腿部 4 片、脚 2 片等。裁剪中注意前后尺寸是否正确，并做好对合记号。

（2）描绘面料（见图 3—63）。把布料放在下面，纸样放在布的上面，样板应压紧在面料背面，纸样先摆放大片，再摆放小片。展平纸样，用缝衣服的针别上几个关键地方，或是用画尺压在上面，用画粉或者铅笔沿边描绘泰迪熊造型线（见彩图89）。

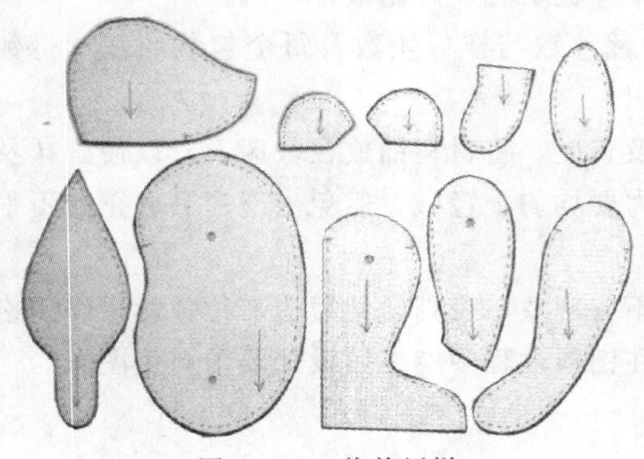
图 3—62　裁剪纸样

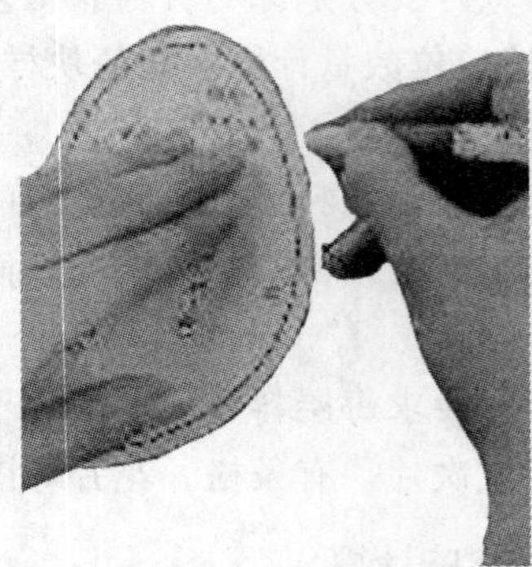
图 3—63　描绘面料

（3）裁剪面料（见图 3—64）。裁剪时面料背面朝上，剪刀与样板垂直，并紧贴样板边缘向前裁剪，不得将直的裁片裁成斜丝流或横丝流，注意需裁成对称的裁片。带有花卉、图案等有方向性或起毛的面料需把纸样按同一方向排列并裁剪。

根据样板对位记号剪切刀口。裁片开叉要正确，棱角清晰，刀眼到位。裁剪一定要剪到标准线，同时不能越线，注意不能剪去棱角，不能在剪刀转弯时向里偏移，造成弧度变形，以保证裁片准确无误。裁片刀口误差允许范围为 1 mm。刀向前推剪，不得剪断毛头，进刀时不得倒毛裁剪，不得叠层裁剪，以免样板走偏。

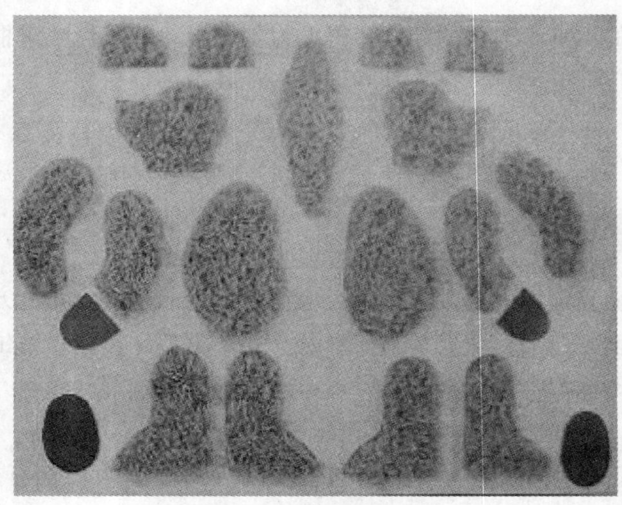
图 3—64　裁剪面料

（4）裁剪后工作

1）修剪铺棉。毛高 8 mm 以上的面料，不论玩具大小，均应挑毛裁剪。

2）清点裁片数量和验片。正确按单位数量、样板顺序等规定串好。

3）注明款号、部位、规格等。

4）定位标记。裁片定位点标记采用钻眼或在产品面料背面上画定位点，画线定位时应使用 2B 铅笔，不准用圆珠笔或水笔等画涂，以免污染面料。

5）回收样板、余料和废料。完工后的样板要进行回收，可再次使用的样板经清点后，做好包装和标志，以便下次使用；无使用价值的样板做销毁处理。

6）对批量加工的布绒玩具往往需要根据玩具的规格尺寸和数量分床裁剪，按照样板方向部位合理排料。

2. 裁剪要求

（1）掌握正确的开裁顺序。一幅完整的面料纵横交错的裁片线条很多，一般采用先横裁后直裁，先横断后直断，先外后里，逐段开刀，逐段取料；还要注意裁片的对称性和一致性，拖料时点清数量，注意避开疵点。

（2）裁剪时要保持裁刀垂直，以免各层片产生误差。保证裁刀始终锋利和清洁更不能有刃缺口，以保证裁片边缘光洁顺直，刀口定位要准，不要太深，也不宜太浅。

（3）手用力要均匀，按力太重会进刀不畅，遇有松软原料，还会使原料向手按处涌皱；按力太轻，则裁片易移动，易造成规格误差，或裁片变形达不到质量要求。左手压扶材料，用力均匀柔和，不可倾斜，右手推刀轻松自如，快慢有序。

（4）下刀准确，要一气呵成，使线条圆顺整齐，不出现缺口和锯齿现象。掌握拐角的处理方法。凡拐角处应以角的两边不同进刀开裁，以保证精确裁剪。

（5）钻孔的位置要准，孔要小而直，不准错位，不漏不毛。严防钻孔热量过高，熔化黏合眼孔，揭不开层。对于直刀式裁剪机，要使底盘滑轮紧贴案板滑行。

（6）对于条格纹的面料，拖料时要注意各层中条格对准并定位，以保证条格的连贯和对称。采用标记时应注意不要影响玩具的外观。

（7）裁剪后要进行裁片清点和验片工作，并根据规格分堆捆扎，附上标签，注明款号、部位、规格等。

3.5 布绒玩具的缝制

3.5.1 布绒玩具的缝制分类

缝制是玩具加工的中心工序，缝制根据结构、工艺风格等可分为手工缝制和机械缝制两种。

1. 手工缝制

毛绒玩具制作工艺可分裁剪、缝制、填充、整理、质检等工序。其中，缝制是布绒玩具制作的中心工序。手工缝制是一项传统的玩具缝制工艺，能完成缝纫机尚不能完成的某些工作，并且具有灵活、方便的特点。手工缝制是玩具缝制的一项基本功，是玩具制作中不可缺少的工艺技法。

手工缝制的基本工具包括手缝用针、缝线、大头针等（见图 3—65）。

缝针可用型和号加以分类，根据粗细不同分为 1～12 号。根据形状分类，缝针可分为 S，J，B，U，Y 型，根据面料厚薄选择适宜的针型。不同的面料和玩具部位采用不同粗细的缝针，长针主要用来缝合手脚及身体的接合，中针用来缝眼睛或是鼻绣线，短针则用于细部的刺绣及缝脚爪。

缝线是订线或临时固定用的线，缝线的选择原则上应与面料同质地、同色彩，缝线一般包括丝线、棉线、涤纶线等。在选择缝线时还应考虑缝线的牢度、缩水率、强度等。

大头针通常用于裁剪和缝制时的固定。

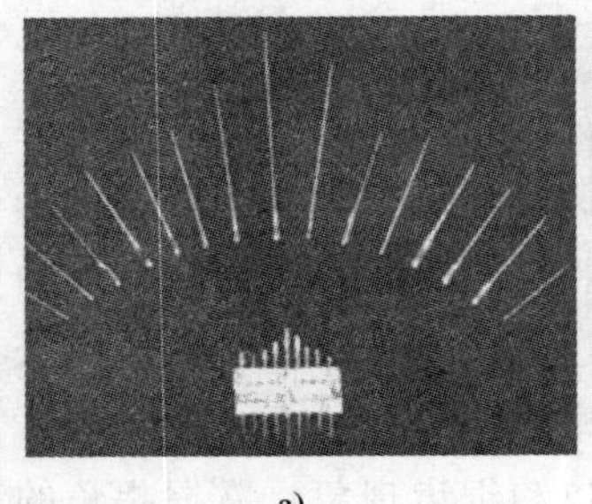

a)

b)

c)

图 3—65　手工缝制的基本工具

a）手缝用针　b）缝线　c）大头针

2. 机械缝制

缝纫机按照用途分类，可分为家用缝纫机、工业用缝纫机和位于二者之间的服务性行业用缝纫机；按驱动方式可分为手摇、脚踏及电动缝纫机；按缝制的线迹分类，可分为仿手缝线迹缝纫机、锁式线迹缝纫机、单线链式线迹缝纫机、双线或多线链式线迹缝纫机、单线或多线包边链式线迹缝纫机和多线覆盖链式线迹缝纫机。

（1）家用缝纫机（见彩图 90）。家用缝纫机又可分为普通家用缝纫机、多功能家用缝纫机、小包缝机、小绷缝机和家用计算机绣花机；一般由机头、台板和机架三部分组成。普通家用缝纫机以脚蹬式家用缝纫机使用比较普遍。按其机构和线迹形式来划分，国产普通家用缝纫机主要有 JA 型、JB 型、JC 型、JH 型、JY 型五类。多功能家用缝纫机具备锁眼、钉扣、缝拉链、撬边、包缝、贴布绣等多种功能，更有多种实用的缝纫花样，多功能家用缝纫机受到时尚家庭的宠爱。

图 3—66　工业用缝纫机

（2）工业用缝纫机（见图 3—66）。工业用缝纫机中的大部分都属于通用缝纫机，其中包括平缝机、链缝机、包缝机及绷缝机等，而平缝机的使用率最高。除此之外还有自动控制的开袋机、花样机、仿形缝纫机、自动组合缝纫机；还有些特殊用途的上袖机、裤耳缝纫机、袜头缝纫机、裘皮拼接机、皮革滚边机、尼龙拉链排齿机、宽紧带缝纫机、打褶缝纫机等。

3.5.2 布绒玩具缝制前的准备

1. 缝制准备工具

（1）手工缝制工具。手工缝制工具除了常用的针、缝线、大头针等外还包括下列工具（见图 3—67）。

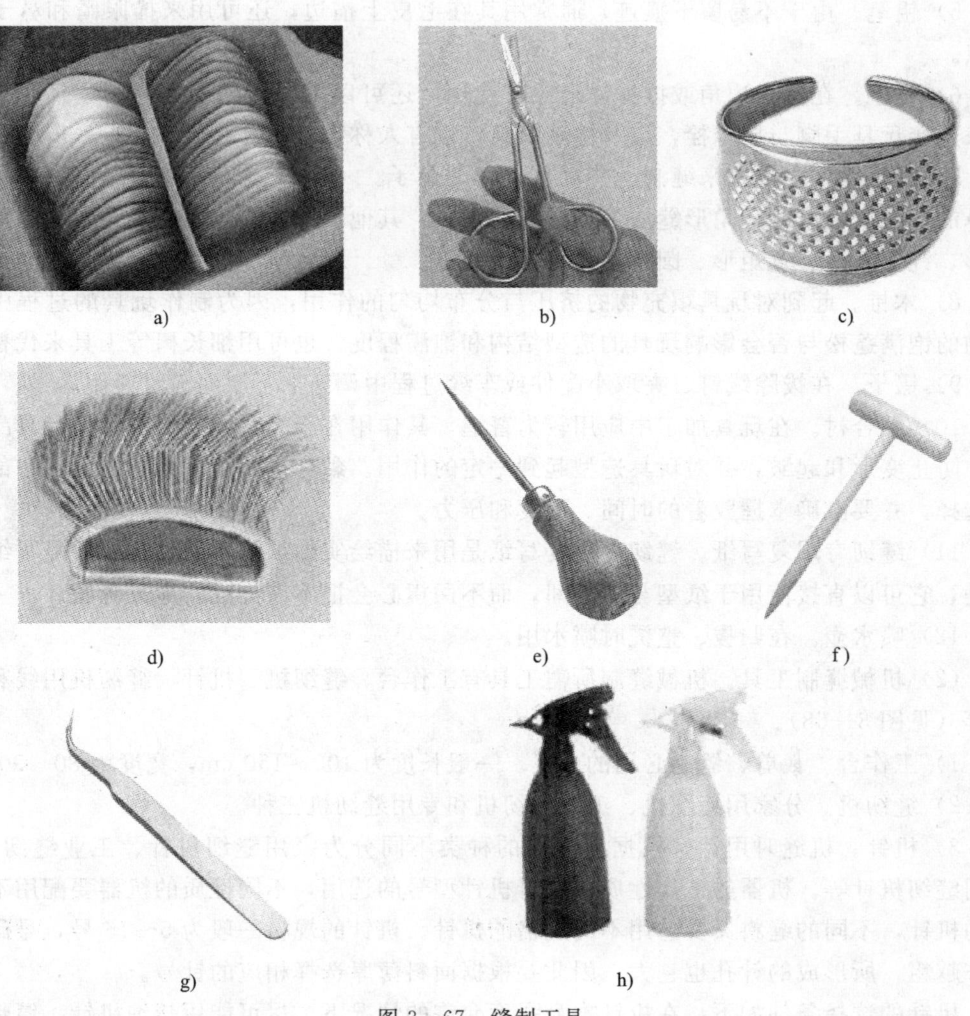

图 3—67 缝制工具

a）划粉 b）小剪刀 c）顶针 d）挑毛器 e）锥子 f）木锥 g）镊子 h）喷水壶

1）划粉。在面料上做标记用的粉片，有多种颜色，一般选用与面料相同或相近的颜色。

2）小剪刀。缝制过程中剪线用的工具。

3）顶针。由金属制成的手工缝纫专用工具。是外壁上排列有圆坑、顶部呈球面的锥形圆筒。在手指套上顶针，一方面可以保护手指不受伤，另一方面由于坚固的顶针较容易出力，从而更容易使缝针穿透厚重的面料。

4）挑毛器。一种可以套在手指头上的软铁丝，看起来有点像是大型的顶针，只要轻轻顺毛的方向梳，便可以把长短不一的毛挑起；和梳子不同的是，挑毛器挑过的毛不会掉。不过挑毛器只适用于毛细孔粗的软毛面料，对于硬毛及短毛的面料使用效果不佳。

5）铅笔。由于不易留下痕迹，通常用其在毛皮上描边，还可用来描眼睛和鼻子的定位点。

6）锥子。在拉出边角或拆掉缝合线时使用，还可以用来给毛皮穿洞用，打洞主要是用来连接玩具手脚与接合栓，以及缝制眼睛，也有人称为打目针。

7）绣鼻线。主要用来缝制一些玩具动物的鼻子。一般以黑、咖啡等深色系为主，绣线鼻的缝法大多以倒三角形缝法为最标准的模式，其他不同的缝法则有虫蛹形、圆形、椭圆形、钝三角形、宽矩形、圆角矩形等。

8）木锥。起到对玩具填充物的挤压与分布均匀的作用，因为制作玩具的过程中，填充物的饱满蓬松与否会影响玩具的造型结构和饱满程度。也可用细长棒等工具来代替。

9）镊子。在拔除线钉、夹取小配件或车缝过程中调整上下层面料时使用。

10）黏合衬。在玩具加工中应用较为普遍，其作用在于简化缝制工序，使玩具品质均一，防止变形和起皱，并对玩具造型起到一定的作用。黏合衬的使用要根据面料和部位进行选择，并要准确掌握胶着的时间、温度和压力。

11）缝纫专用复写纸。缝纫专用复写纸是用来描绘实物纸型用的，与一般复写纸不同的是，它可以直接使用于纸型与布之间，而不用担心会把不该弄脏的地方弄脏。

12）喷水壶。在归拔、整烫时喷水用。

（2）机械缝制工具。机械缝制所需工具有工作台、缝纫机、机针、缝纫机用线和电熨斗等（见图 3—68）。

1）工作台。裁剪、缝制必用的台案。一般长度为 100～150 cm，宽度为 80～90 cm。

2）缝纫机。分家用缝纫机、工业缝纫机和专用缝纫机三种。

3）机针。机缝时用针，根据缝纫机的种类不同分为家用缝纫机针、工业缝纫机针、专用缝纫机针等。机器的工作性质决定着机针型号的选用，不同性质的机器要配用不同型号的机针，不同的缝料又要选用不同规格的机针。机针的规格一般为 5～16 号，号码越大针杆越粗，所形成的针孔也越大，因此要根据面料薄厚选择相应的针号。

机针的选择条件如下：在机针本身强度允许的情况下，尽可能用较细机针。厚料的穿刺阻力大，为防止断针应选择稳定性强的较粗的机针，而且较粗的机针不易损坏较粗的缝料纤维。薄料的穿刺阻力小，为防止缝料出现针洞，影响缝料外观，可选择较细的机针。

缝针应光滑，无尖刺锈斑，针尖钝度适当，防止损坏缝料纤维。

4）缝纫机用线。应选择与面料相同或相近色的线。有纯棉、涤棉、混纺、涤纶和人造丝等，一般由两股、三股、四股、六股单纱捻合而成，加捻的方向可分为 S 捻和 Z 捻两种。在制作过程中，不仅要满足技术上的要求，还要顾及美学要求，从缝线与缝料的颜色搭配、缝线的细度选择多方面考虑，才能达到更完美的效果。在缝制过程中，必须保证缝针、缝线、缝料三者规格匹配才能形成正确的线迹。

5）电熨斗。分普通电熨斗和蒸汽电熨斗，用于缝制过程中的分缝、归拔或成品。

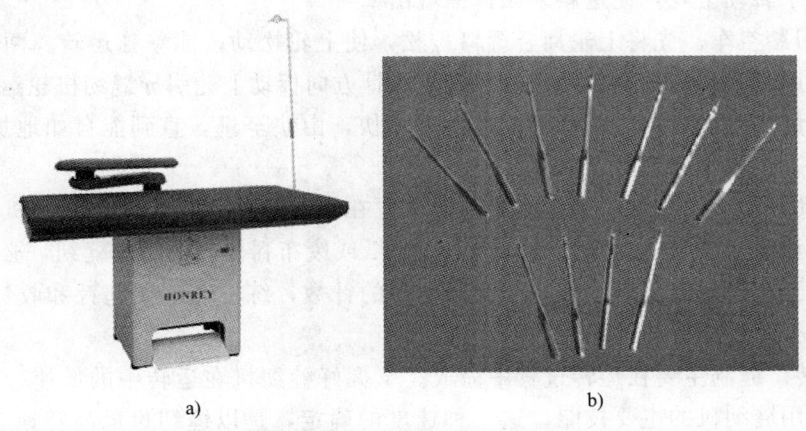

a)　　b)

图 3—68　机械缝制所需工具

a）工作台　b）机针

2. 裁片检查和车缝准备

（1）裁片检查

1）待裁布料的摆放必须按一正一反的方法摆放在裁床上，毛向必须一致。

2）所裁毛绒的层数不允许超过 8 层，T/C 布、尼龙布、电子丝绒、拉毛布等薄式布料不允许超过 36 层。

3）检查裁片是否与裁板吻合，裁片的最上层与最下层有无误差，当发现有误差时，应检查裁片的层数与刀模的刀口。

4）裁片的颜色不允许有色差。进行摩擦与洗水试验时不得有掉色现象发生。

5）有白边的布料，裁床时注意不要将白边裁进去，凡裁片有白边应视为不合格品。

（2）车缝准备。准备车制前一定要检查裁片是否有走纱、抽纱、污脏、破口、色差及尺寸不规范的情况。缝纫机的准备工作主要包括换装机针、装取梭子、绕制梭芯、穿引上线、挂装皮带，以及根据缝料对象选择和安装相匹配的机针与缝线等。

1）安装机针。转动上轮，使机针上升到最高位置，旋松夹针螺钉，将机针的长槽朝向操作者的左面，然后把针柄插入针杆下部的针孔内，使其碰到针杆孔的底部为止，再旋紧夹针螺钉固定机针即可。

2）穿线。穿面线时针杆应在最高位置，然后由线架上引出线头，按顺序穿线。引底线时先将线头捏住，转动主动轮使针杆向下运动，再回升到最高位置，然后拉起捏住的面线线头，底线即被牵引上来，最后将底、面两根线头一起置于压脚下前方。

3）绕线调节。梭心线不要绕得过满，否则容易散落，适当的绕线量为满度的80%。梭心线应排列整齐而紧密。如绕线松浮不紧，可以加大过线架夹线板的压力。

4）旋梭装卸。先将针杆上升到最高位置，拆下针板，取下机针和梭心套。旋开旋梭定位勾螺钉，把旋梭定位勾取下，再旋松旋梭螺钉，使旋梭在它的转动轴上能够自由转动，接着用手转动上轮，使送料牙架徐徐取出。

5）练习踏空车。先将上轮离合螺钉拧松，使上轮松动，能单独运转。两脚在踏板上的位置是左脚稍前，右脚稍后，用右手沿顺时针方向扳动上轮引导缝纫机轮运转。左脚的脚跟与右脚的脚尖交替用力踏动踏板，由慢至快，由快至慢。直到能自如地加速、减速、开车、停机，上轮不倒转时，就算练空车成功。

6）踏动开车。先将缝料需缝纫的部位放置在压脚下面，开始踏动缝纫机时，速度应缓慢，待启动后，再加速。练习开车，可先用纸或废布料代替。正式缝纫，必须先送好缝料，再踏动开车。要充分练习和掌握缝制少量的针数，练习和掌握起针和收针的来回针，掌握走线的折角、弧度的准确性。

7）运转。缝制主要在运转过程中完成。掌握好缝纫机在运转中的低速、中速与高速运行，是使用缝纫机的主要技能。这三种速度的确定，是以缝纫机最高转速1 000 r/min计算的。一般400 r/min以下为低速，400～700 r/min之间为中速，700～1 000 r/min之间为高速。各种运转速度的控制，主要依据缝料的厚薄和长短，这是在长期实践中才能掌握的。

8）停车。停车是缝纫工作状态的停止或停顿。遇到下列情况要停车：缝料完成、缝纫机发生故障、缝料缝制不合格、装取梭子、换装机针、换取上下线、缝纫机润滑、缝纫机清洁擦洗等。工业平缝机停车应关闭电源开关，防止在装取梭子、换装机针、排除故障、清洁保养时机器突然启动而扎伤手指。

3.5.3 布绒玩具缝制方法

1. 缝制工艺

以缝制泰迪熊为例。

（1）当泰迪熊的裁片裁好后，将裁片反过来，把裁好的泰迪熊的脸、手、身体及脚的两块布片根据裁剪图相应位置重叠在一起，反面朝上，并用针固定（见彩图91）。

（2）泰迪熊头部的缝制。先将脸部裁片反面对反面对齐，找到鼻部和后脑端点，进行固定（见图3—69）。将两片裁片缝合到鼻尖，注意在脖子处留出空隙。选择泰迪熊头顶的裁片，用同样的方法与脸部的裁片一起缝合完整，如图3—70所示。

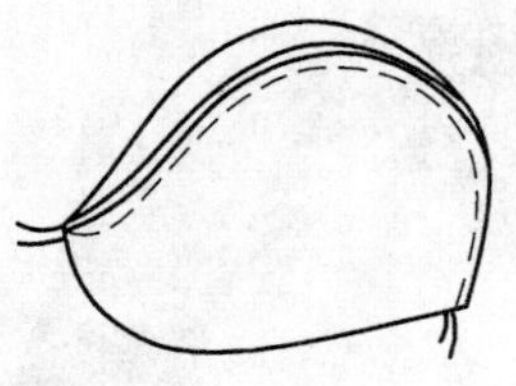
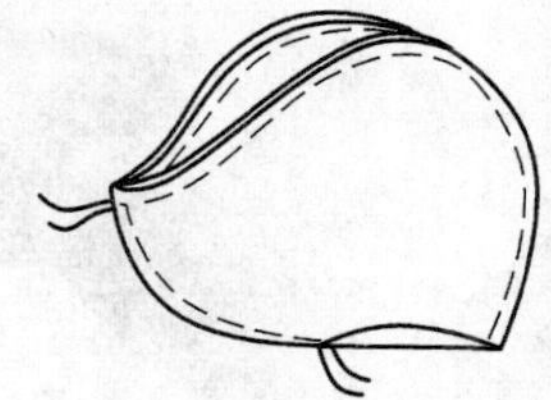
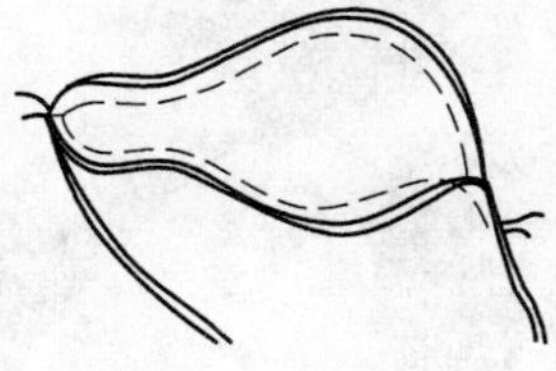

图 3—69　固定端点

（3）泰迪熊身体、四肢和耳朵的缝制。将裁片反过来缝制，核对每片裁片的位置。每一处缝好的地方，必须要留下可供填充的缝口，填棉花用。缝制时要小心谨慎，缝制误差不能超过 0.1 cm，否则缝制成品会产生不平均和大小不一的情况（见图 3—71）。

图 3—70　头部缝合

（4）将缝制完成的所有反裁片翻转成毛面。等到所有的肢体缝到快要收口时，再用夹取器伸到洞内尾端固定住后，即可把布翻回绒毛面。在翻转的过程中还可借助一些工具如镊子、锥子等（见图 3—72）。

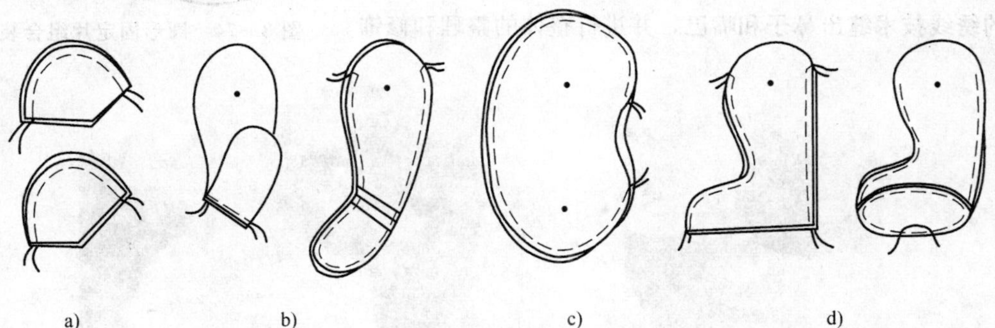

图 3—71　其他部位缝合示意图

a）耳朵　b）手臂　c）身体　d）腿

（5）将泰迪熊头部和四肢装塞填充物，并用手调整均匀，确定填塞饱满。填充物是支撑泰迪熊身体的重要器官，更是决定人类身体触碰和舒适感的主要因素。填塞时使用木棒来挤压，直到各个部位都有一定的饱满和稳定度后，再用槌子敲出所要的形状（见图 3—73）。

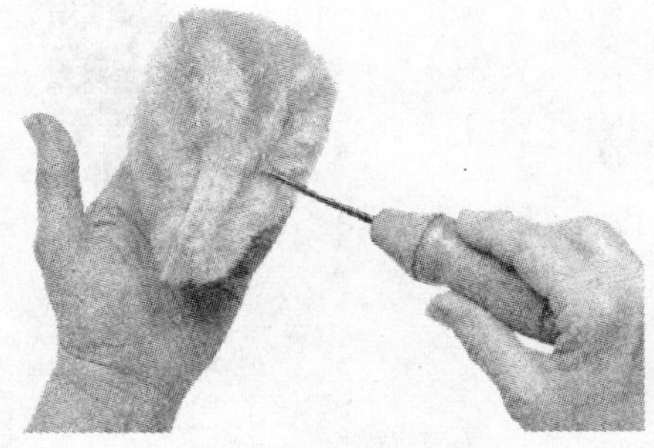

图 3—72　翻转成毛面

（6）封口。先将塞好棉花的泰迪熊头部和四肢开口处装入圆形固定片组合（见图 3—74），然后将开口用线缝牢，露出固定轴以便和身体固定（见

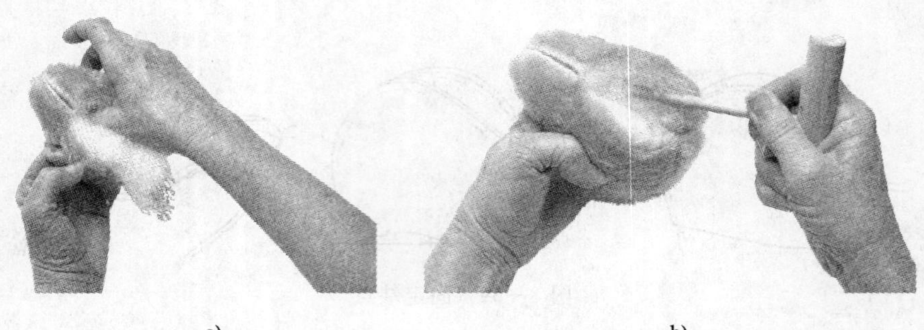

a)　　b)

图 3—73　装塞填充物

a）填塞饱满　b）调整均匀

图 3—75)。封口方法一般从封口缝片一侧内进针，同侧向外出针，到另一侧平行对角由外再进入；再从同侧由内向外出针，再到另一侧平行对角由外进入同侧出针。由此重复，直至封口完毕后抽紧，使缝口平服，不夹毛（见图 3—76)。

(7) 缝制嘴鼻（见图 3—77)。首先把泰迪熊脸上需要缝制鼻子和嘴巴部位的绒毛修整光滑，再用深色绣线和精巧的绣线技术缝出鼻子和嘴巴，并进行整体的整理和修饰。

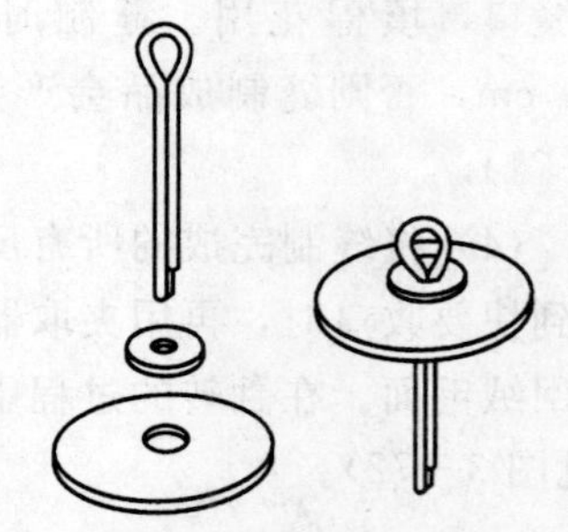

图 3—74　圆形固定片组合装置

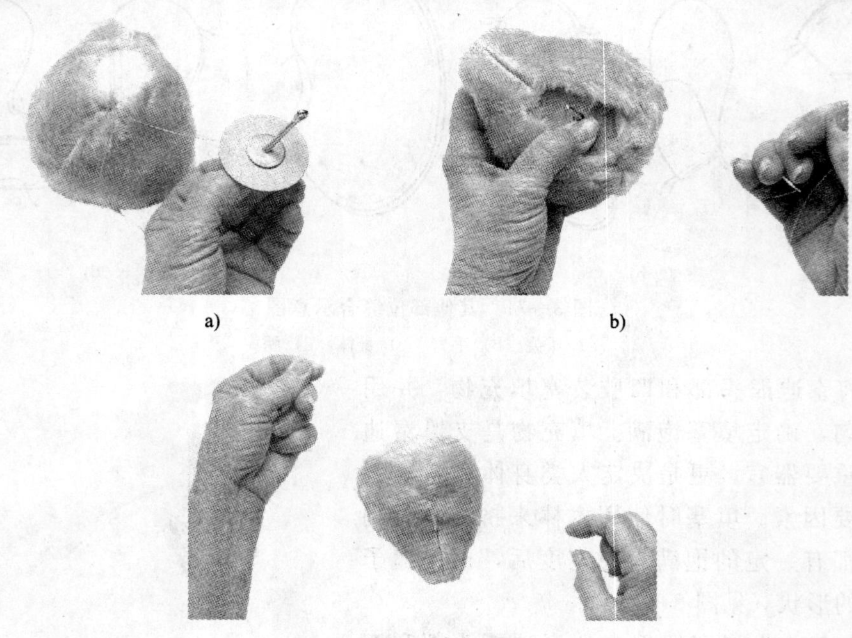

a)　　b)

c)

图 3—75　封口过程

a）装入圆形固定片　b）开始封口　c）露出固定轴

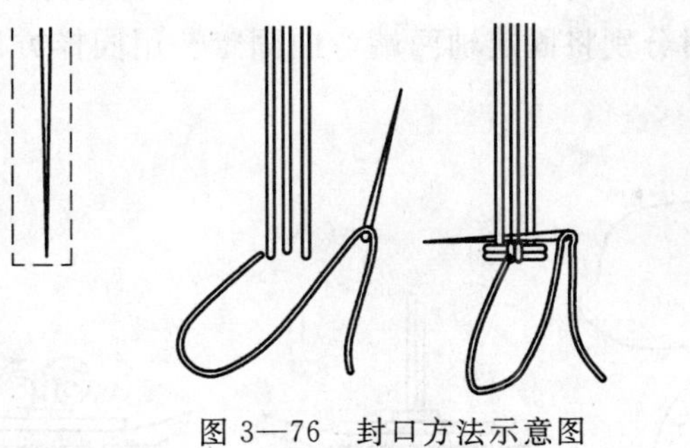

图 3—76　封口方法示意图

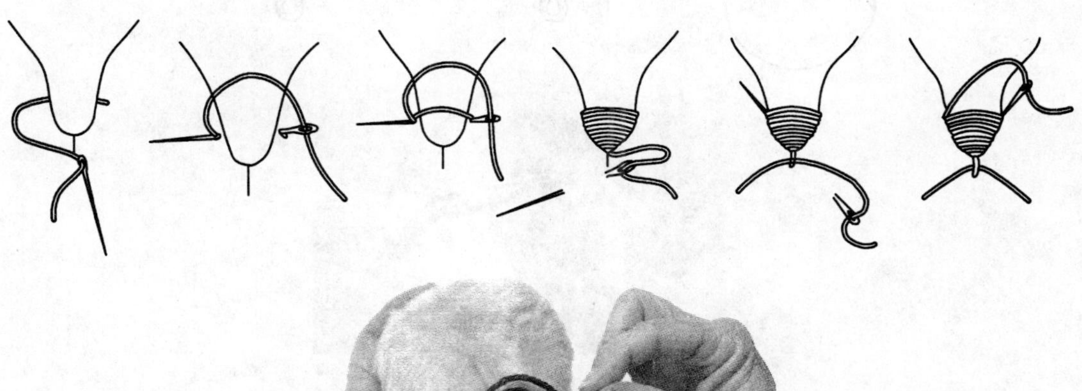

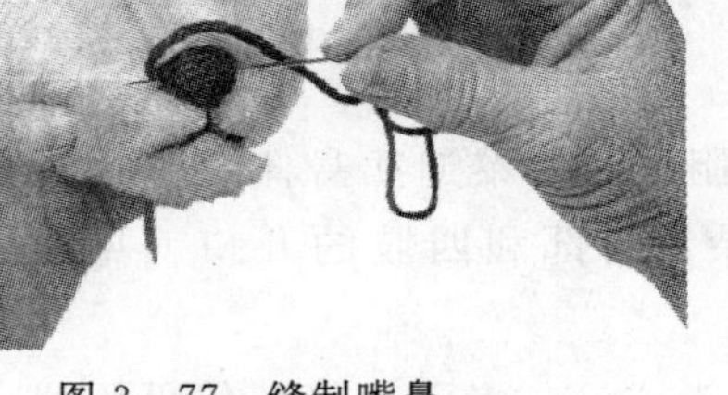

图 3—77　缝制嘴鼻

（8）为泰迪熊装上眼睛（见图 3—78）。把选用的眼睛安插在固定部位，装订眼鼻定位打孔工具宜用细的锥形针。如果选用的眼睛材料可以用针固定，则用缝制泰迪熊专用的长针缝制，缝好时要在熊头后面打个很紧的结，这样眼睛才不至于脱落。

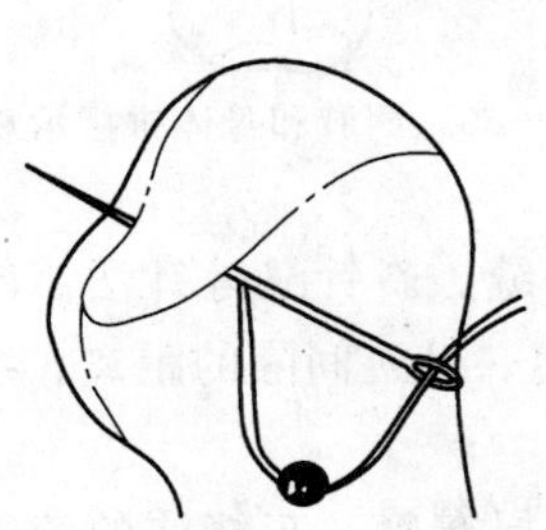

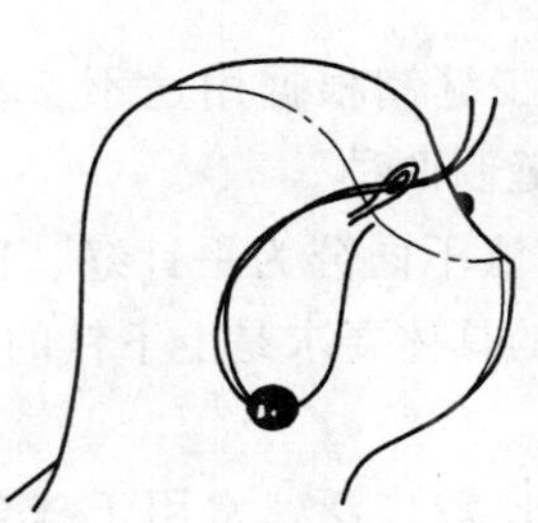

图 3—78　装订眼睛

(9) 将泰迪熊头部、四肢和身体拼接（见图 3—79）。将头部留出的固定轴穿入身体和头部的连接孔，用老虎钳分别将固定轴两端弯曲固定。用同样方法将四肢与身体固定，如图 3—80 所示。

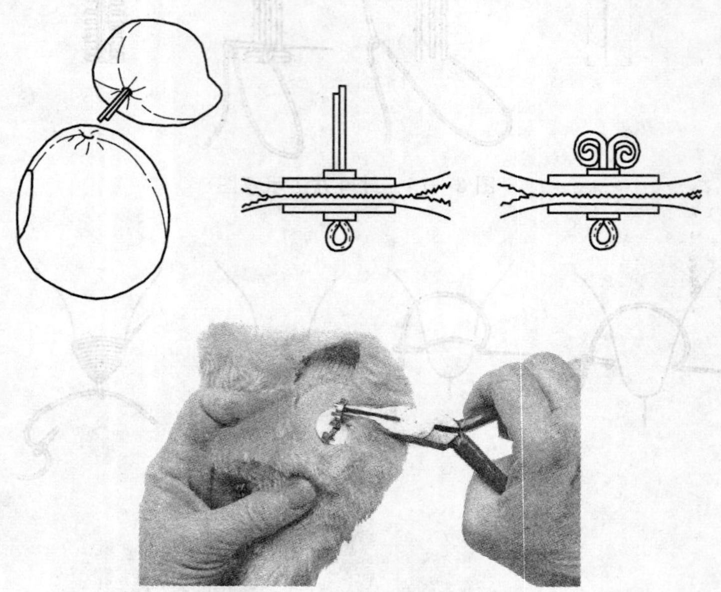

图 3—79　头部与身体的拼接

(10) 泰迪熊身体制作。将泰迪熊身体装塞填充物，并封口，缝合耳朵、头部和四肢的开口（见图 3—81）。

(11) 整形（见图 3—82）。将手爪等部位再用线缝或者喷枪描绘处理，用挑毛器梳理熊毛并调整姿势，压平填充物，使其均匀。还可以将特别设计的衣服和装配备齐。

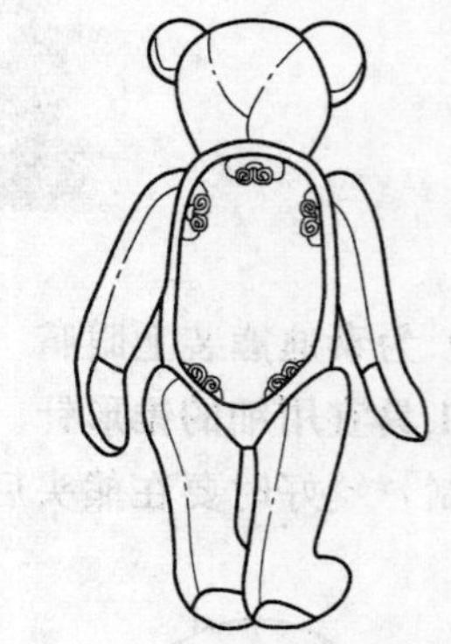

图 3—80　四肢和身体拼接示意图

2. 缝制针法和特点

(1) 手工缝制针法及特点。手工缝制根据用途不同可分为基础手工缝制和装饰手工缝制两种。

1) 基础手工缝制。按照运针方法不同分为平针缝、回针缝、斜针缝等针法。能够熟练地进行缝制是非常关键的。运针的具体要求是上下针的距离、针迹间隔的距离、线迹的松紧程度等要均匀。

①平针缝（见图 3—83）。运用比较广泛，常用于缝合双层布料、车缝前的疏缝、打线钉、临时固定缝等。平针缝时，右手持针，左手理顺布料，自右向左运针。

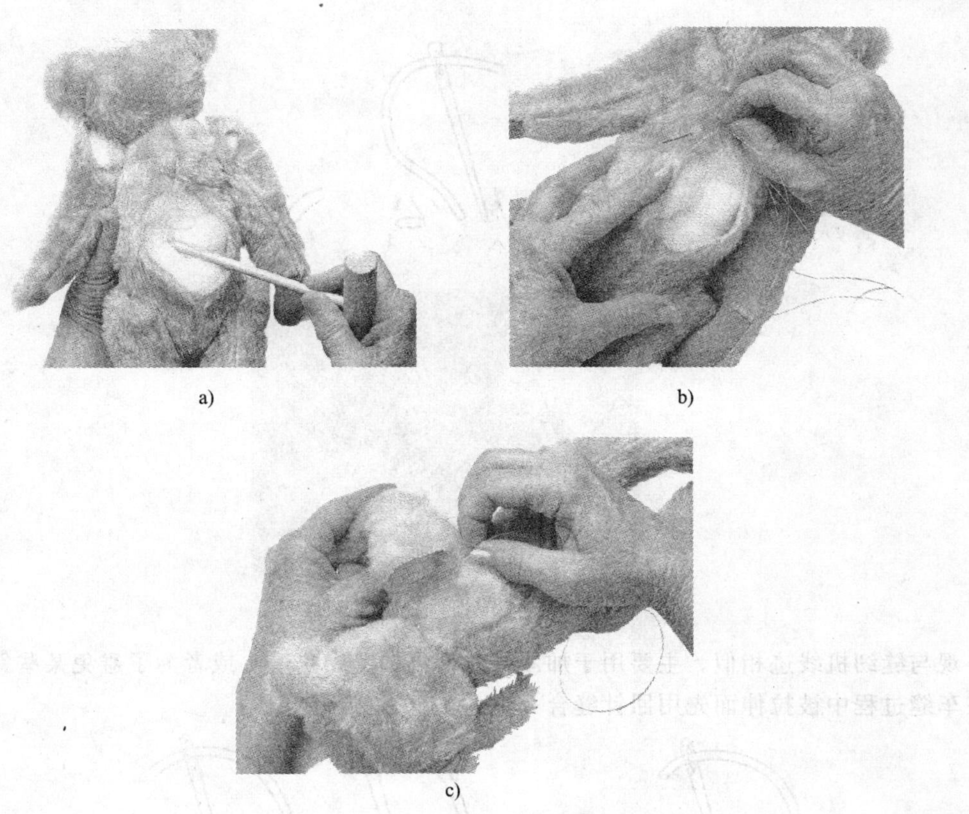

a)　　b)　　c)

图 3—81　泰迪熊身体制作

a）身体装塞填充物　b）封口　c）缝合开口

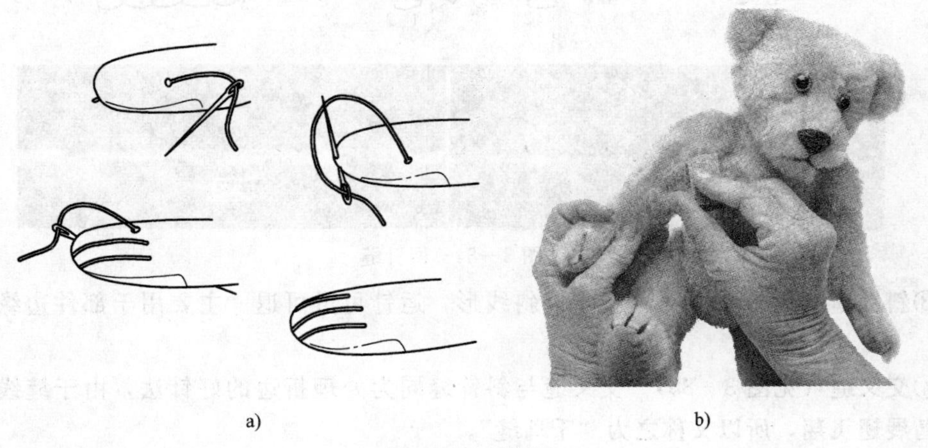

a)　　b)

图 3—82　整形

a）缝手爪　b）理毛

②回针缝（见图 3—84）。面料表面的线迹平直连续，有时为斜线形。线迹前后连接，

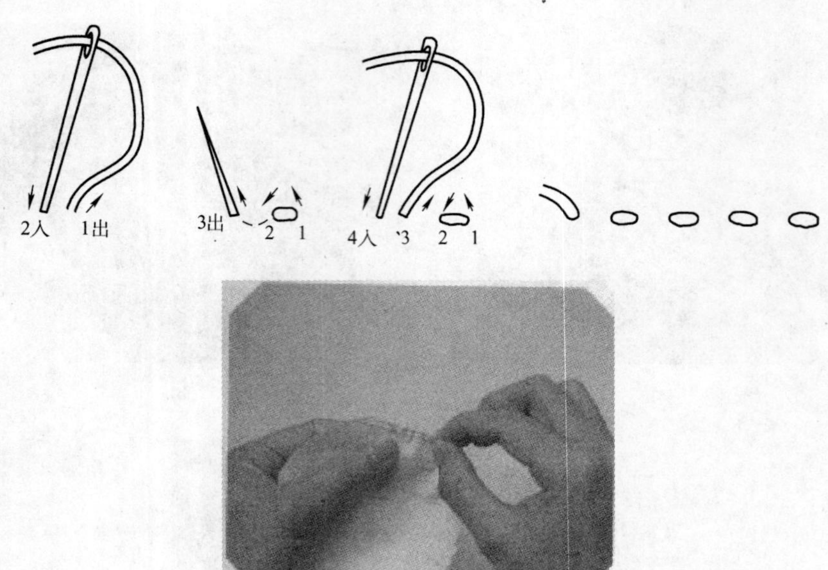

图 3—83　平针缝

外观与缝纫机线迹相似。主要用于加固某些部位的缝纫牢度，或者为了避免某些斜丝部位在车缝过程中被拉伸而先用回针缝合一道。

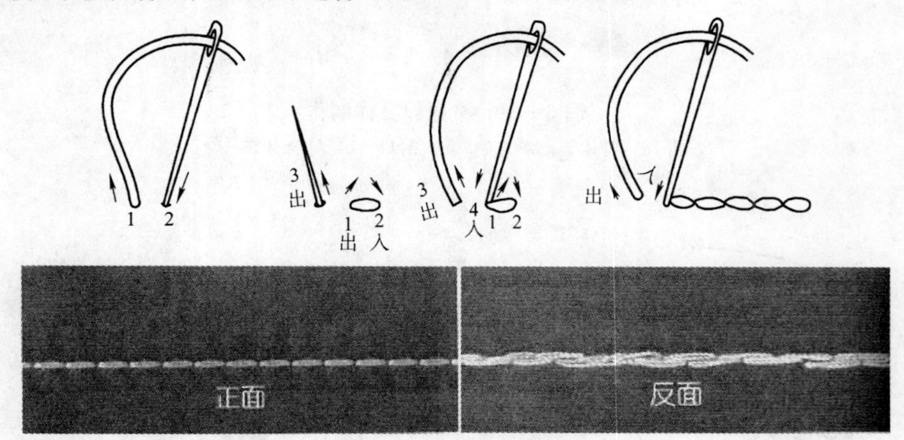

图 3—84　回针缝

③斜针缝（见图 3—85）。线迹为斜线形，运针可进可退。主要用于部件边缘部位的固定。

④交叉缝（见图 3—86）。交叉缝与斜针缝同为处理折边的好针法，由于缝线造型宛如众鸟展翅飞翔，所以又称之为“千鸟缝”。

⑤藏针缝（见图 3—87）。无法从背面缝合时，此种针法可以让你从正面缝合却看不到缝线。

⑥毛边缝（见图 3—88）。此针法是让布的边缘不易毛边，若能善用缝线颜色变化，

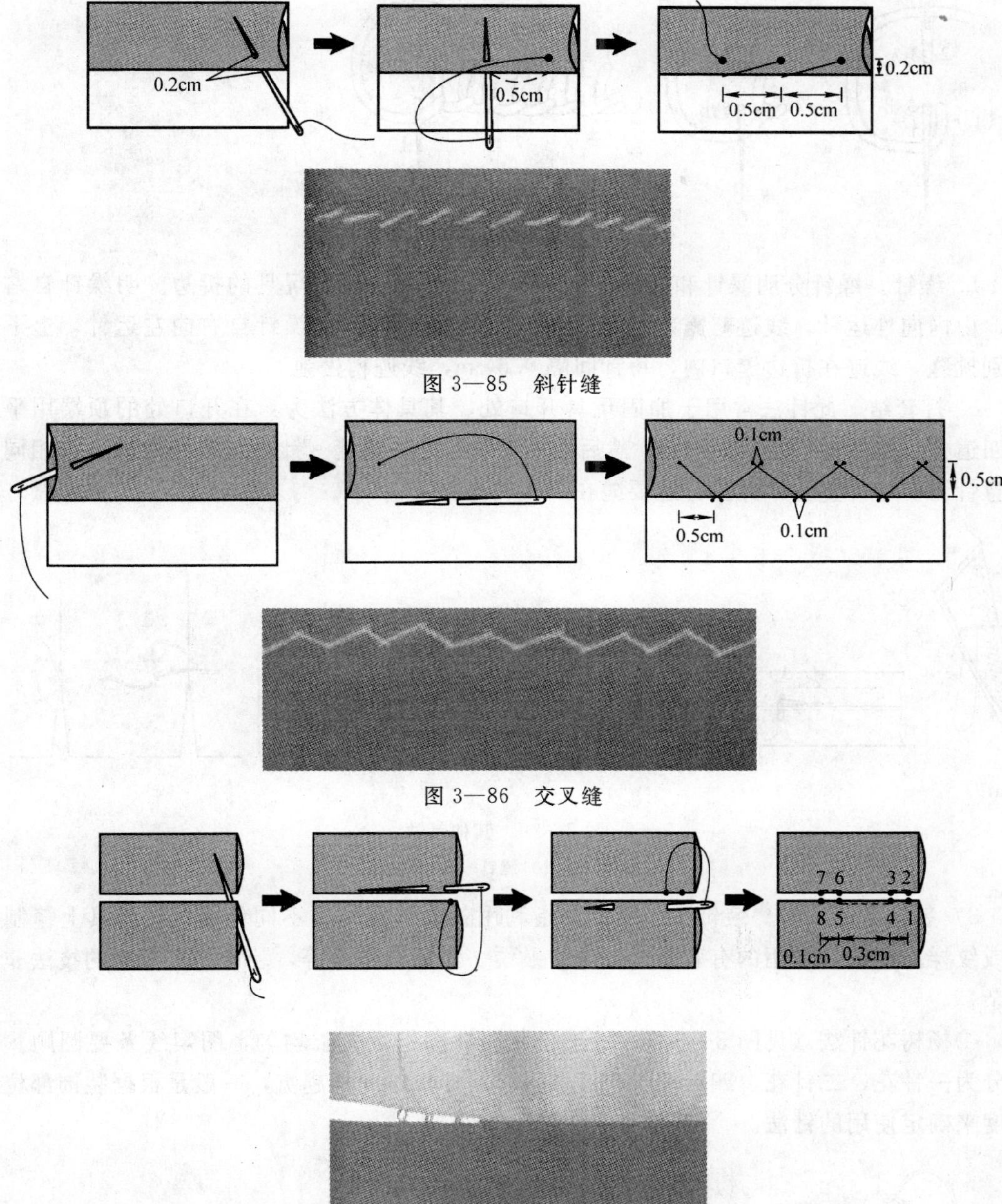

图 3—85　斜针缝

图 3—86　交叉缝

图 3—87　藏针缝

也具有固定和装饰的双重效果。

⑦其他针法。其他针法还有纳针、缲针、打套结等（见图 3—89）。

a. 纳针。是用于纳驳头的针法。线迹呈八字形，所以也叫做“八字针”。纳针的底针线迹不能过分显露。

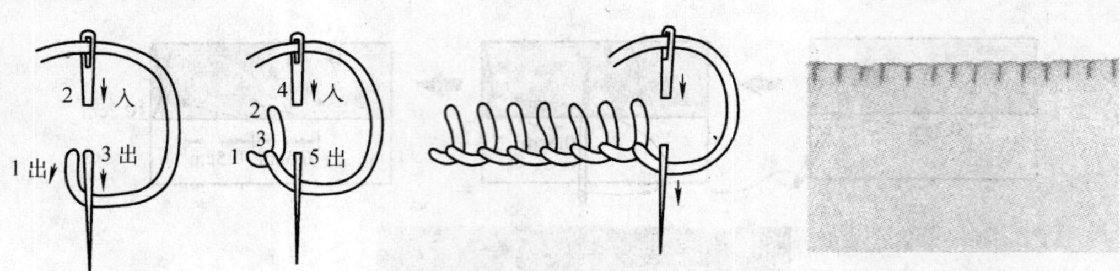

图 3—88　毛边缝

b. 缲针。缲针分明缲针和暗缲针两种针法，常用于固定玩具的折边。明缲针自右向左、由内向外运针，线迹略露在外面，每针间隔 0.3 cm。暗缲针自右向左运针，上下层分别挑缝，线迹在折边缝口内，每针间隔 0.5 cm，线迹稍松弛。

c. 打套结。此针法常用于加固玩具开口处。其具体方法为：在开口处的顶端用平针缝四道衬线，针距 0.6～0.8 cm，然后按图所示的方法锁缝（针法与锁扣眼的方法相同）。注意针距要均匀整齐，并且针迹要缝在下面的布料上。

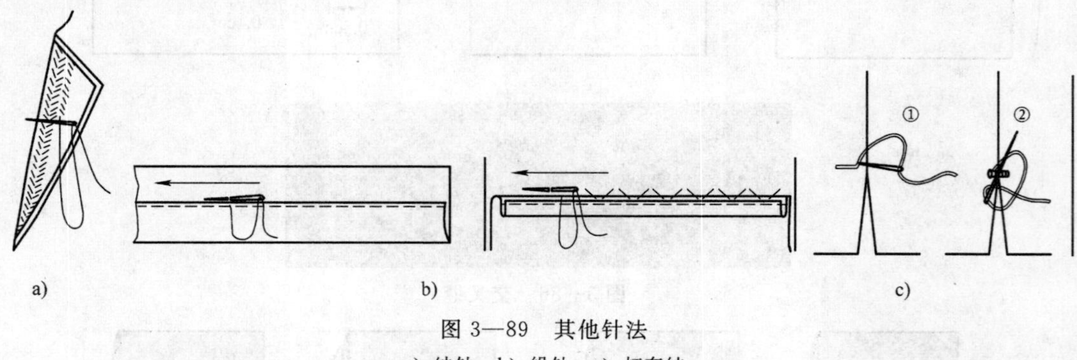

图 3—89　其他针法

a）纳针　b）缲针　c）打套结

2）装饰手工缝制。装饰手工缝制是指利用各种针法配以不同色线，在玩具上缝制图案或纹样的技法。常用的有刺绣、钉珠、贴绣、做装饰部件等，装饰手工缝制的技法非常复杂。

①杨树花针法（见图 3—90）。线迹松紧、针脚长短要求均匀，图案线条要圆顺。针法分为一针花、二针花、四针花等，针数越多所形成的纹样越宽，一般是根据装饰部位的宽度来确定使用的针法。

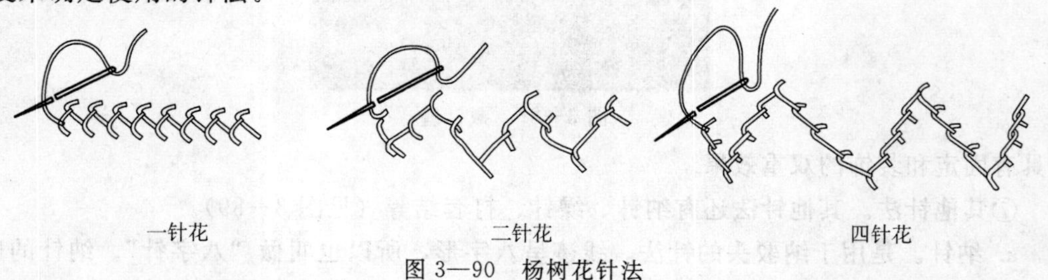

图 3—90　杨树花针法

②串针法（见图 3—91）。先用平针以均匀的线迹平缝，然后在线迹之间串针。一般

采用两色线缝制，多用于洋娃娃衣服的门襟、领边、袋口等部位的装饰。

③旋针法（见图 3—92）。每隔一定的距离打一个套结，然后再向前运针，形成旋涡形线迹。一般用于花卉图案的枝梗。

④竹节针法（见图 3—93）。将绣线沿图案的边缘缝制，每隔一定的距离横向挑缝面料并做套结。一般用于锁缝贴绣图案的轮廓线。

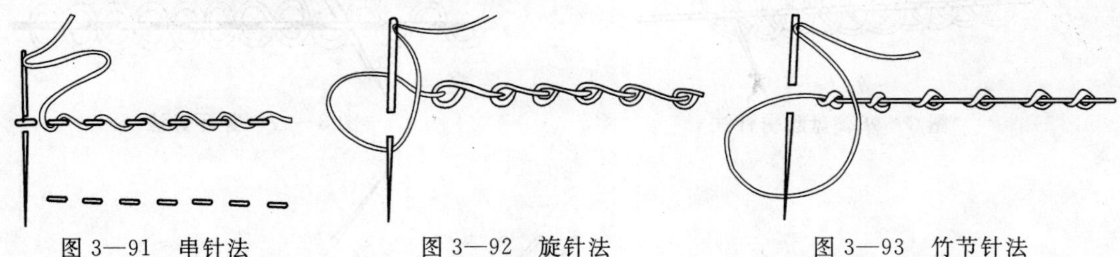

图 3—91 串针法　　图 3—92 旋针法　　图 3—93 竹节针法

⑤链条针法（见图 3—94）。也称锚链针法，线迹一环紧扣一环如链状。一般用于图案的轮廓刺绣，有时也用此针法组成花卉纹样。针法分为正套和反套两种。正套针法：先用绣线缝出一个线环，再将缝针压住绣线倒运针，做成链条状。反套针法：先将绣线引向正面，然后在与前一针并齐的位置上入针，压住绣线，最后在与线脚并齐的地方缝出第二针，依此类推。如果要做宽链条状，则两边的起针距离要相应的大一些，挑针的角度为斜向。

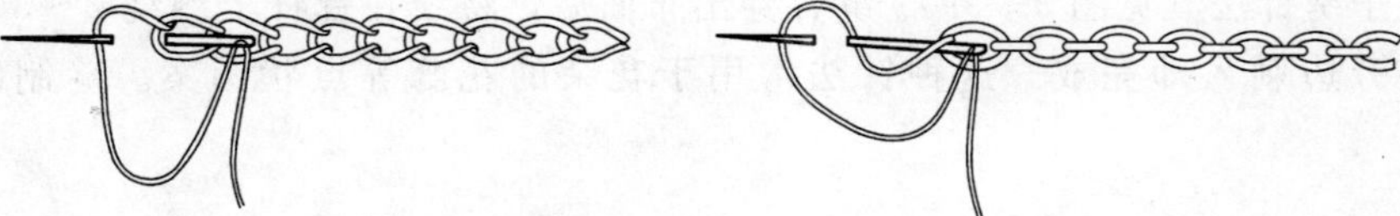

图 3—94 链条针法

⑥嫩芽针法（见图 3—95）。嫩芽针法也称“Y”形针法，一般用于玩具上的装饰点缀。

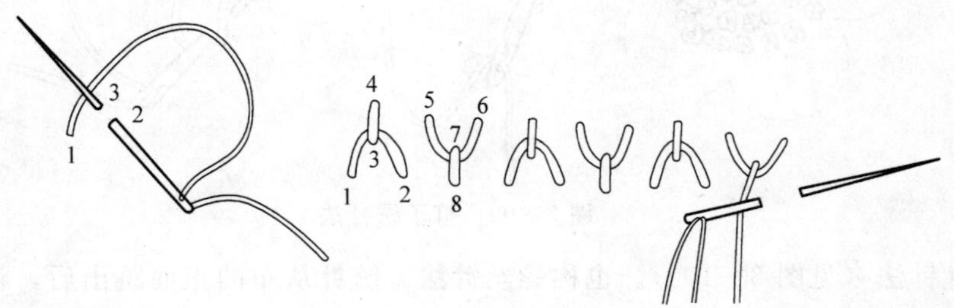

图 3—95 嫩芽针法

⑦盘肠绣针法（见图 3—96）。刺绣时先按等距离缝回形线迹，再用另一条线在回形线迹中穿绕，形成盘肠线迹。注意穿绕时线迹松紧要一致。

⑧穿环针法（见图 3—97）。先用绣线均匀地缝平线迹，然后在线迹的空隙中用另色线补缝，成为回形针状，再用第三种色线穿绕成波浪状，最后用第四种色线以同样的手法穿绕，形成连环状。

⑨水草针法（见图 3—98）。先缝下斜线，再缝横线和上斜线，线迹长度、角度、宽窄要求一致，形成水草状图案。

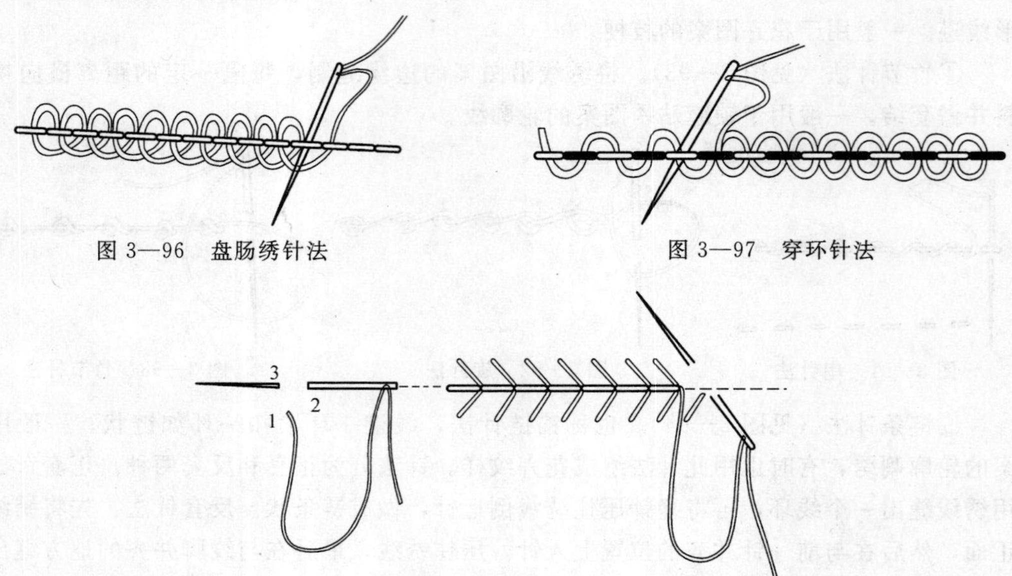

图 3—96　盘肠绣针法

图 3—97　穿环针法

图 3—98　水草针法

⑩打子绣针法（见图 3—99）。缝针穿出布面后，将线在针杆上缠绕 2～3 圈，再拔出针向线迹旁边刺入即完成。这种针法常用于花朵的花蕊等点状图案。缝制时要求排列均匀。

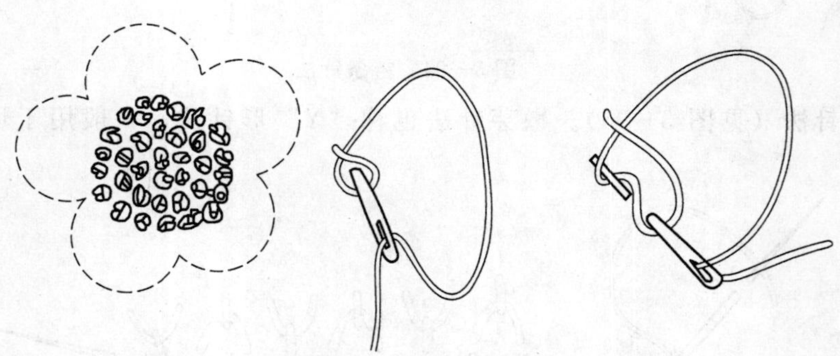

图 3—99　打子绣针法

⑪绕针针法（见图 3—100）。也称螺丝针法。绣针从布的正面跳出后，将绣线在针杆上缠绕数团，然后将针刺入布的反面，使绣线从线环中穿过。绕成的绣环结可呈长条形或环形。常用于花蕾或小花朵的刺绣。用手针线缝，针迹要细密。制成的纽扣条要求硬而坚实。

（2）机械缝制针法和特点。玩具是由一定数量的面片构成的，由于款式不同、造型不同、面料不同，在缝制过程中所采用的连接方式也不相同，由此形成了不同的缝型。每一种缝型要求不同的缝份宽度，缝份的加放对于玩具的规格起着重要的作用，它关系到玩具

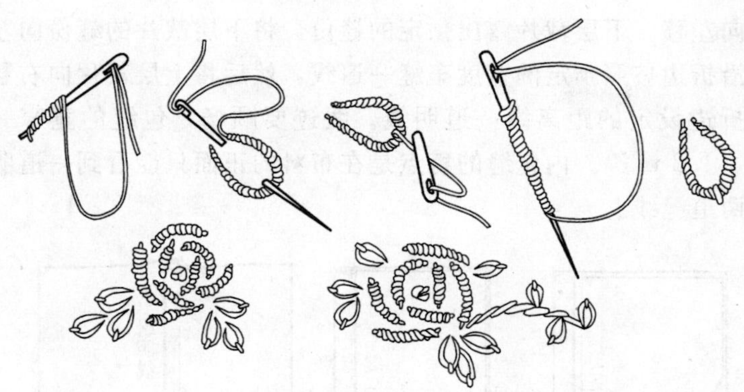

图 3—100　绕针针法

的结构设计。首先要掌握基本缝型的缝制方法与特点。

1）平缝（见图 3—101）。平缝是缝纫工艺中最基本的，也是在布绒玩具制作中应用最多的方法。平缝是将两层裁片的正面相对用平缝机车缝一道线，这种缝型的缝份宽度一般为 0.8～1.2 cm。在缝纫工艺中，这种缝型是最简单的。在缝制的开始和结束时都要作倒回针，以防止线头脱散，还要注意使上下层裁片的布边对齐、松紧一致。

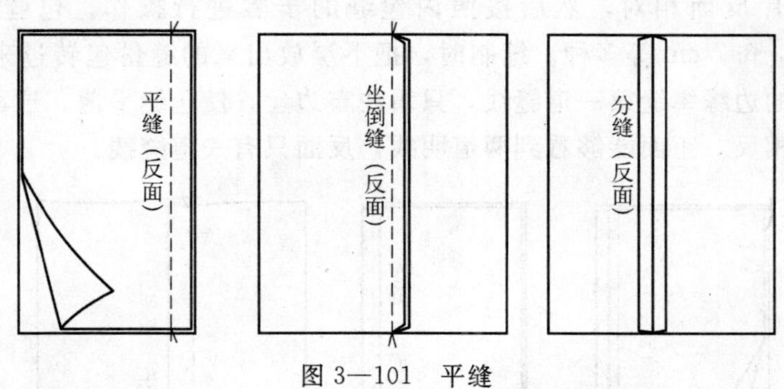

图 3—101　平缝

2）压倒缝（见图 3—102）。压倒缝又称坐缉缝。先将两层裁片正面相对车缝一道线，然后按规定的缝份扣倒烫平，按预定的位置把毛边单边坐倒，在正面距折边 0.2 cm 处缉明线。

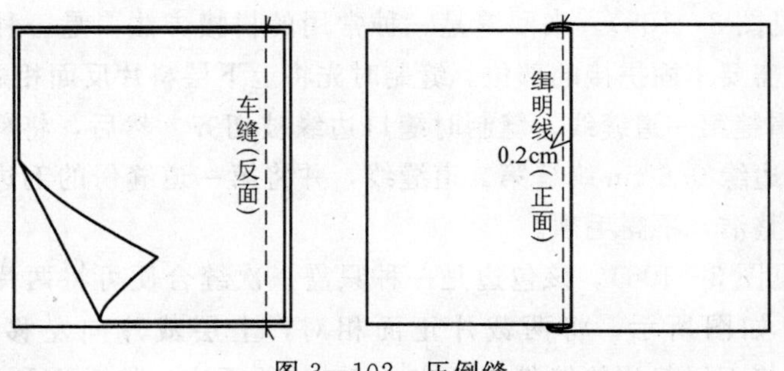

图 3—102　压倒缝

3）内包缝（见图 3—103）。内包缝又称为反包缝或暗包缝。先将两层裁片的正面相对，上层裁片稍向左移，下层裁片露出预定的缝份，将下层裁片的缝份向左折叠包住上层裁片的毛边，再沿折边按照预定的宽度车缝一道线，然后将上层裁片向右翻折，使上层裁片正面向上，在折边设定的距离缉一道明线。线迹要顺畅，包缝的宽窄一般为 0.4 cm，0.6 cm，0.8 cm，1.2 m 等。内包缝的特点是在布料的正面只能看到一道明线，而在布料的反面则能看到两道缝线。

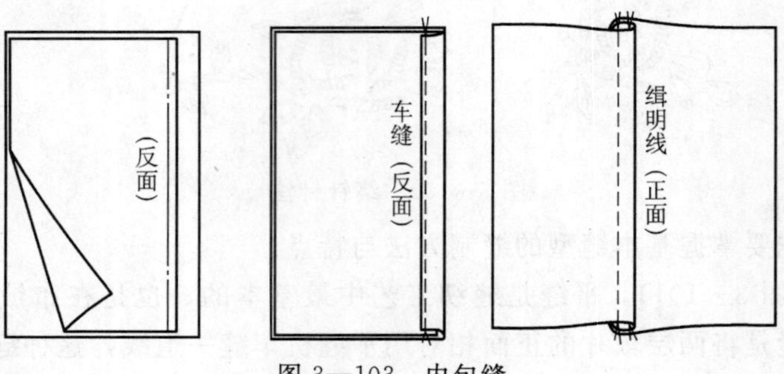

图 3—103　内包缝

4）外包缝（见图 3—104）。外包缝又称正包缝或明包缝，缝制方法与内包缝相同。缝制时将两层裁片反面相对，然后按照内包缝的步骤进行操作。包缝的宽度一般为 0.5 cm，0.6 cm，0.7 cm 等多种。缝制时，把下层放出来的缝份包转过来，缝纫压脚沿着下层包转过来的边缘缉缝第一道缝线，只缉住布边丝，使包缝平薄。这种缝型的外观特点与内包缝正好相反，正面能够看到两道明线，反面只有一道缝线。

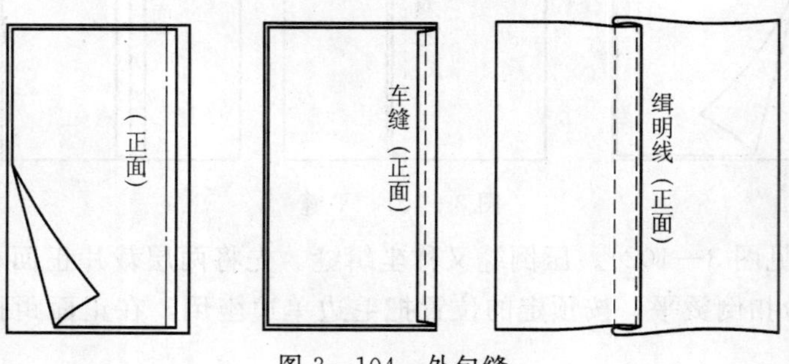

图 3—104　外包缝

5）来回缝（见图 3—105）。来回缝是一种常用的拼接方法，是一种正面不见线迹的缝型。常用于玩具需要牢固拼接的部位。缝制时先将上下层料片反面相贴，正面在外，沿料片边缘 0.3 cm 缉缝第一道缝线。缝制时缝口边缘被切齐。然后，将料片翻折过来，以料片反面在外，沿边缘 0.6 cm 缉缝第二道缝线，并将第一道缝份的毛边包裹在第二道缝份之内，缝型正面整洁，不露毛须。

6）滚包边（见图 3—106）。该包边是一种只需一次缝合便可将两片裁片缝份的毛边全部包净的缝型。如图所示，将两裁片正面相对，上层裁片向左移，下层裁片露出 1.5 cm的缝份，再将下层裁片的缝份扣烫出 0.5 cm 的折边，然后把剩下的 1 cm 缝份扣折，并压在上层裁片上，按图示的位置缉一道明线。滚包边既省工又省线，一般适用于薄

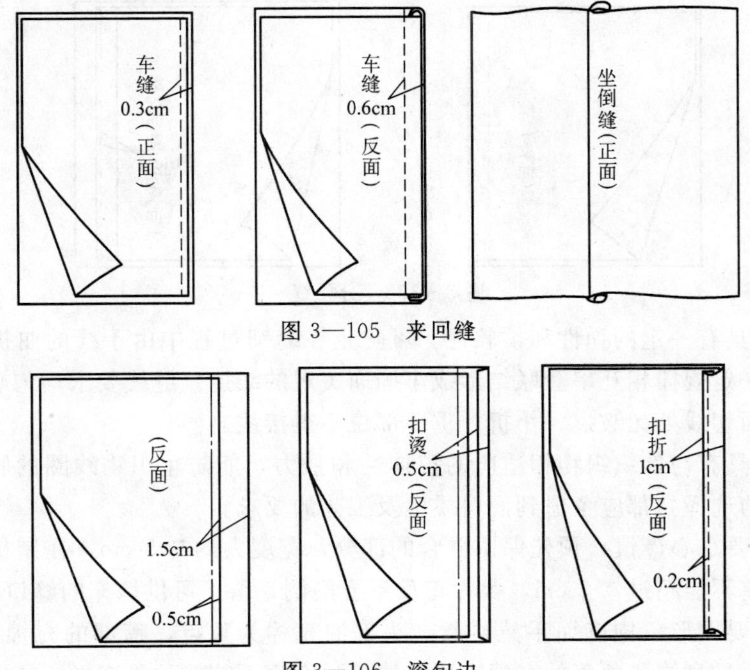

图 3—105　来回缝

图 3—106　滚包边

型面料制作的玩具。

7）搭接缝（见图 3—107）。搭接缝也叫骑缝。将两裁片拼接的缝份重叠，在重叠部分的中间缉一道线固定，可以减少缝份的厚度。由于这种缝型的毛边暴露在外面，所以仅用于拼接。

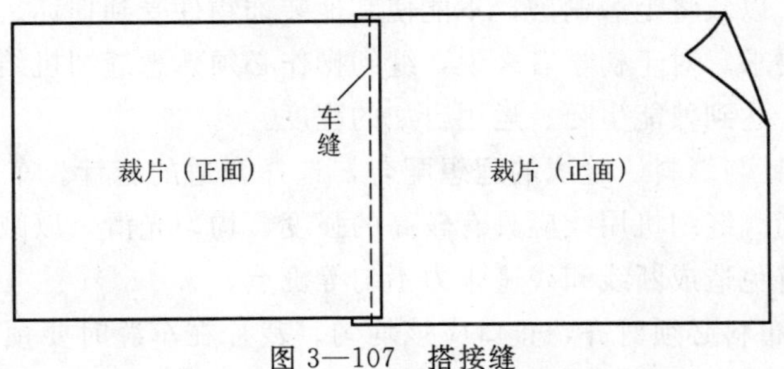

图 3—107　搭接缝

8）分压缝（见图 3—108）。分压缝亦称分坐缉缝或劈压缝。先将两裁片正面相对平缝，然后将缝份向两侧分开，再在分开的缝份上按要求沿坐缝压缉一道明线。其作用是为了加固，还为了使缝份平整。

3. 缝制要求

（1）手工缝制要求

1）布绒玩具缝制中，整体上要求规整美观，不能出现不对称、扭歪、漏缝、错缝等现象。条格面料在缝制中要注意拼接处图案的顺连，条格左右对称。

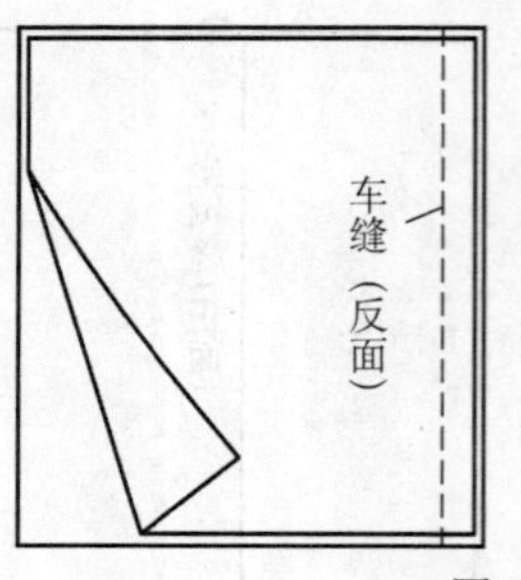

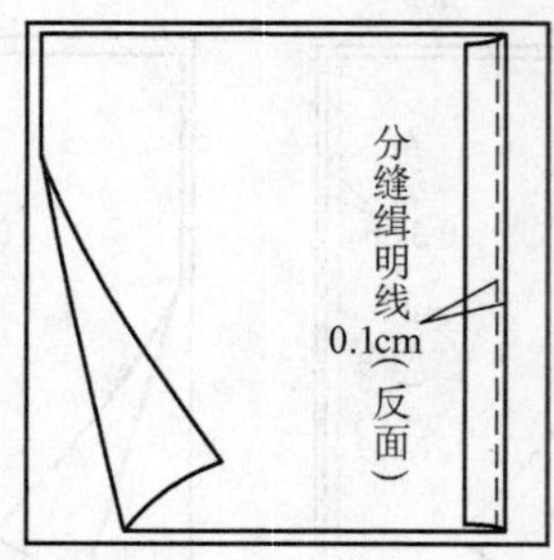

图 3—108　分压缝

2）缝线应具有一定的弹性和柔软性。可防止在缝纫过程中由于线的曲折或压挤发生断线现象。按一定规律相互串套联结形成牢固而美观的线迹。缝线要求均匀顺直，弧线处圆润顺滑；表面切线处无皱痕、小折；重要部位不得接线。

3）缝迹应具有与针织织物相适应的拉伸性和强力，能防止织物线圈的脱散。针、线以及针迹密度的选择，都应考虑到面料质地及工艺的要求。

4）缝制时要小心谨慎，预先保留缝合的部分，宽度大约 0.5 cm，在制板中都已标注缝份。缝制误差不能超过 0.1 cm，裁片正反不要颠倒，留下可供填充的缝口。

5）充棉时要求形象饱满而手感柔软，头部的充棉为重点，嘴部的充棉一定要结实、饱满、突出，玩具身体各角落的充棉不可以遗漏，充棉不能使玩具变形，特别是手脚的位置，头部的角度、方向。

6）所有缝口必须严实平整，不允许有破洞、松口现象。缝口时的针距要求每寸不少于10 针，打结的结头不能暴露在外面，不允许看见有棉花从缝口处渗出来。

7）刷毛必须干净彻底，不允许有秃毛带存在，特别是手脚的角落部位。在刷薄毛绒时，不要用力过猛，以致将毛绒刷破，不能使其他装饰物件受到损坏。

（2）机械缝制要求。对于初学者来说，缝纫操作必须熟悉缝纫机结构、工作原理，掌握操作方法和顺序，达到熟能生巧、运用自如的程度。

1）为了达到缝针与缝料、缝线的理想配合，选择合适的缝针。车缝用的线必须合乎拉力要求且用色正确。缝纫机用线应具有较高的强度，均匀光滑，以减少缝线在线槽和针孔中受阻或摩擦，避免造成断线和线迹张力不匀等疵点。

2）车缝时两块布料必须对齐，止口应该均匀。裁片在车缝时要预留缝份，这样可看清楚缝线是否重复或漏缝，车缝不允许宽窄不一，车缝的止口应不少于 3/16 in（1 in＝2.54 cm），尺寸小的玩具的止口应不少于 1/8 in。

3）在车缝中，必须边车缝边用工具将毛绒往内拨进，避免形成秃毛带。不允许将布标上的文字、字母车进去。布标不能打皱，位置不能倒转，车缝末端必须有回车针。

4）车缝时，玩具的两手、两脚、两耳的毛向必须一致，并且要对称。头部的中线必须与身体的中线对齐，玩具身体接合处的车缝线必须吻合，各部件组装各方匀称。

5）压线时，上下线路结构均匀、平顺圆滑，不允许车缝线上有漏针及跳针现象发生，不允许抛线漏线，接口要压实。每条夹缝保持长度平顺一致，不允许出现松紧不一、弹力不均的现象。

3.5.4 布绒玩具的细节制作

1. 装饰物

布绒玩具装饰材料包括玩具的鼻子、眼睛、花边、绦、锻带、流苏以及金属片、珠光片等缀饰材料。它们对玩具起到装饰和点缀的作用，以增加美感和附加值。

(1) 眼鼻。如何给予一个布绒玩具以活力和灵性，选择恰到好处的眼睛和鼻子是相当重要的。优质的布绒玩具的眼睛很亮很深，很有神。装订眼鼻是布绒玩具制作的关键工序之一。它不仅关系到产品外观的协调、面部造型的可爱，更主要的是眼鼻安装牢度还关系到玩具的安全性。

玩具眼睛按材料分，可分为塑料眼睛、水晶眼睛、玻璃眼睛、陶瓷眼睛（见图3—109）；按形式分，可分为卡通眼、活动眼、活动眼睛贴纸等。活动眼睛内放置可活动的眼珠，可灵活转动，且有明亮的光泽，具画龙点睛的作用。

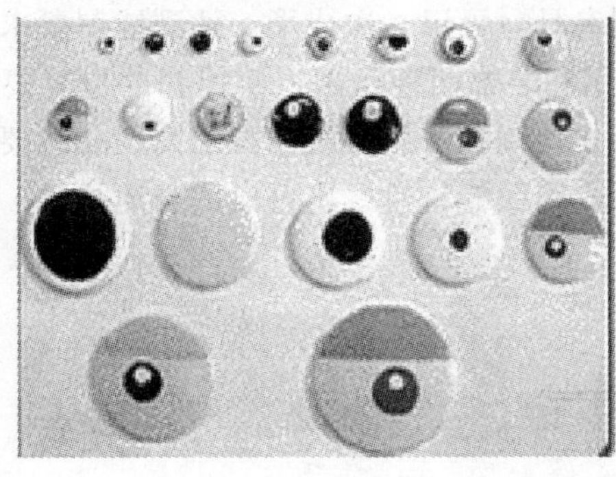

a)

b)

图 3—109 玩具眼睛

a）塑料眼睛 b）玻璃眼睛

玩具鼻子按材料分，可分为皮制鼻、线鼻、塑料鼻、植绒鼻、包鼻、哑光鼻、绒球鼻、毛根鼻、不织布鼻等。按形状分有三角光鼻、腰形鼻、椭圆鼻、狗鼻、鸡心鼻等（见图 3—110）。皮制鼻子由皮革或人造革制作而成，丰满细腻。线做的鼻子有垫衬和不垫衬之分，有丝线、毛线和棉线之分。线缝鼻子做工非常精细，排列整齐。塑料鼻子通常用加色不透明聚乙烯（PE）材料注塑而成，模具的好与坏直接影响到鼻子的质量。艺鼻制作和装订原理与艺眼相同。

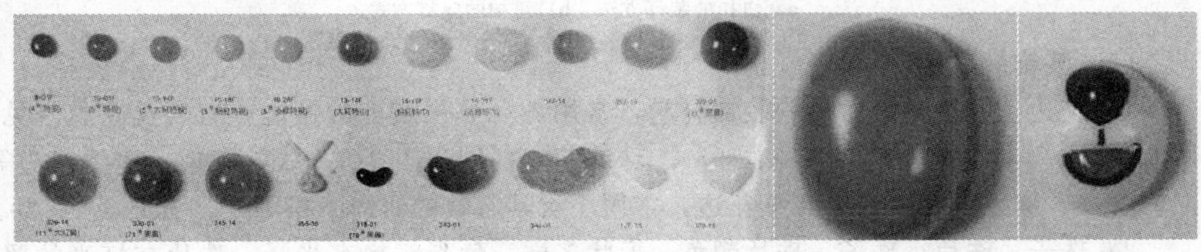

图 3—110 玩具鼻

可根据需要在需要的地方如眼白部分、鼻尖等涂饰油漆，使眼睛和鼻子产生不同的色彩效果。当织物比较疏松时，眼鼻装订需在织物背面加带粘贴功能的布料或压敏胶，增强织物的密度。柄部有齿扣的在装订时用卡片卡住眼柄，装订紧密、牢固，使之不能脱落。

（2）装订拉链。布绒玩具及较小的包袋上的尼龙拉链、隐形拉链，缝制时应保持缝线平直、缝面平服，保持拉链的拉头滑动自如。起针和收针时要打来回针。较大的包袋类产品使用尼龙粗齿拉链。

根据常用拉链的开闭方式可分为开口拉链和闭口拉链。根据拉链材料分有尼龙拉链和树脂拉链。可根据产品需要进行定制。如长度不能确定，也可以采购不同规格的拉链码带和拉头，根据需要自行装配。拉头安装时要注意拉链码带两个头长短一致，拉头进入端拉链码带长度一致后才可以拉动闭合。

（3）松紧带。松紧带为扁形，常用规格 5～10 mm 不等，缝制时，由于松紧带收缩长度比面料长度要短，应将松紧带拉至面料规定的长度，然后进行缝合。缝制时要注意走线不要将松紧带内的橡皮筋切断，针距不宜过密，一般以每英寸 8～12 针为宜。工艺管理部门应加以规定。缝制时也可以采用专用缝制夹具，可以一次成形，达到缝制要求。

（4）钉纽扣（见图 3—111）。纽扣有实用和装饰两种作用，实用扣的位置要与扣眼的位置相对应。钉扣时底线要放出适当的松量作缠绕扣脚用，纽扣脚的高度一般要略大于纽扣服的厚度。装饰扣与扣眼一般不发生关系，因而缝钉时线迹可以适当地拉紧。

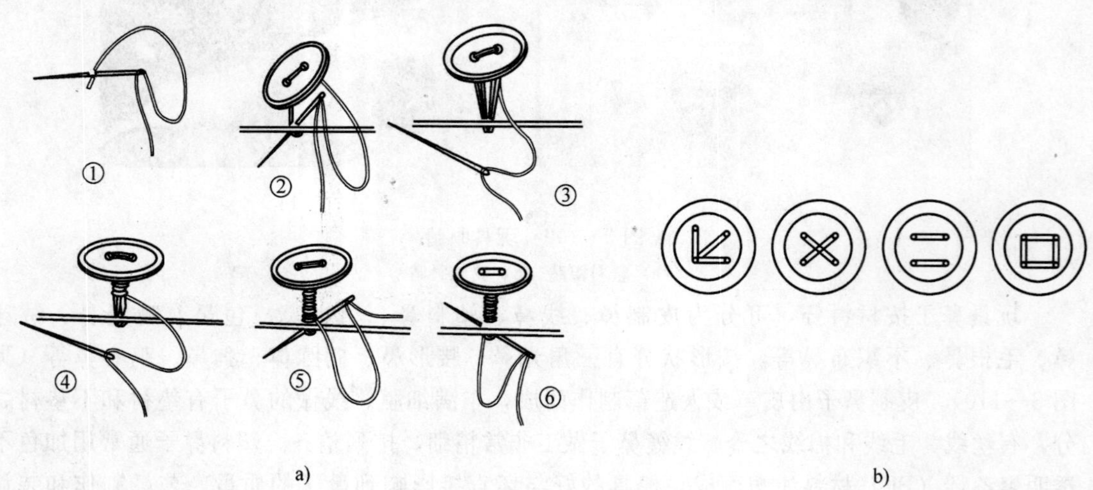

图 3—111　钉纽扣

a）纽扣的装订方法　b）纽扣的缝钉方式

（5）装饰配件

1）花边。花边是最常见的装饰材料，常用做玩具服装上的镶边。有蕾丝花边（见彩图 92）、计算机刺绣花边（见彩图 93）、珠编花边（见彩图 94）、线勾花边、水溶花边等，立体感强，颜色鲜艳。还有流苏花边，常用于玩具服装的裙边下摆等处（见图 3—112）。

2）珠子、珠片。珠子、珠片颜色、形状多样，色彩鲜艳有光泽。珠片在灯光的照射

a)

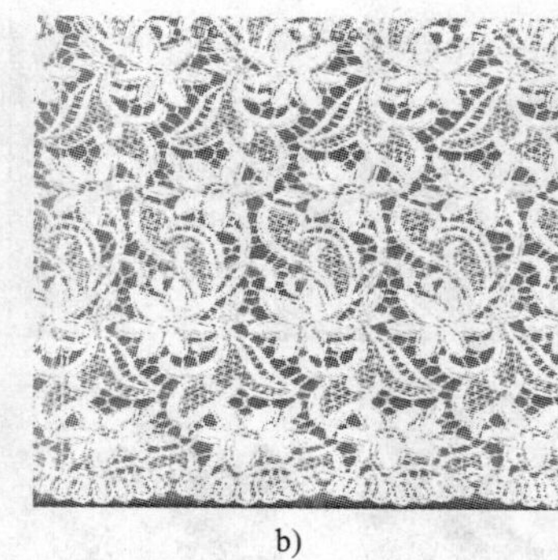
b)

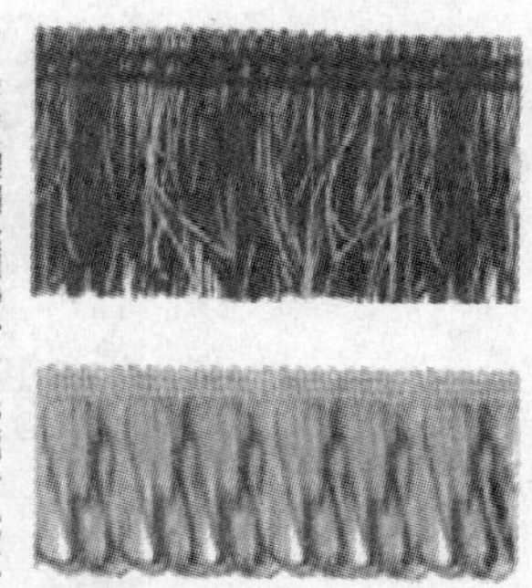
c)

图 3—112　花边
a）线勾花边　b）水溶花边　c）流苏花边

下会闪闪发光。各种珠子和珠片的组合能编制成多姿多彩的造型，美丽高贵（见彩图95）。

3）织带类。织带类有缎带、丝带，可编成许多色彩鲜艳、品种繁多的装饰物如蝴蝶结（见彩图 96）、小花（见彩图 97）、领结、荷叶边等，还可以绣出色彩鲜艳的图案（见彩图 98）。还有多种嵌条织带、装饰彩条带、针织包边带、扣带，各式配色的棉带、织带、丝通绳等。各式编花方法见图 3—113。

4）其他材料。其他材料如贝壳类、金属（见图 3—114）、塑料等材料都是布绒玩具很好的装饰材料。

（6）标志（见图 3—115）。标志是指玩具的商标、规格标、洗涤标、吊牌等，标志的种类很多，从材料上分，有胶纸、塑料、棉布、绸缎、皮革和金属等。标志的印制方法更是千姿百态，有提花、印花及植绒等。在标志装订前先检查标志是否正确，内容是否齐全。

（7）布绒玩具装饰物欣赏（见彩图 99）。

2. 制作工艺要求

（1）装订的眼鼻不得有色差、污渍、脱漆、气泡、裂纹、残缺。明确装订部位的位置与规定距离，装订眼鼻定位打孔工具宜用细的锥形针，不可用剪刀等片状刀具。

（2）检查所用之眼鼻是否正确，表面有无破损，有无变形；眼睛质量是否合乎标准，凡有花眼、水泡、残缺、划痕即为不合格品，不可以使用；眼垫配套，位置摆放正确；调整订眼机的最佳力度，不可使眼睛震裂或松动；拉力要合乎要求，必须能承受 21 lbf（1 lbf=4.4 N）的拉力。

（3）眼、鼻根尖端的尖锐部位必须热熔，一般要求从尖端热熔至末端；热熔不彻底或热熔过头（将垫片熔掉）均不可接受；热熔时注意不要将玩具其他部位烧焦。

（4）机械操作时要调整好气压，保证塑卡卡紧，根据面料或造型的要求，眼鼻的后柄要烫平，以增加牢度和造型美观。

（5）装订物四边毛绒一定要直立，位置在定位点中心，不偏移。用胶水贴眼、鼻、眉

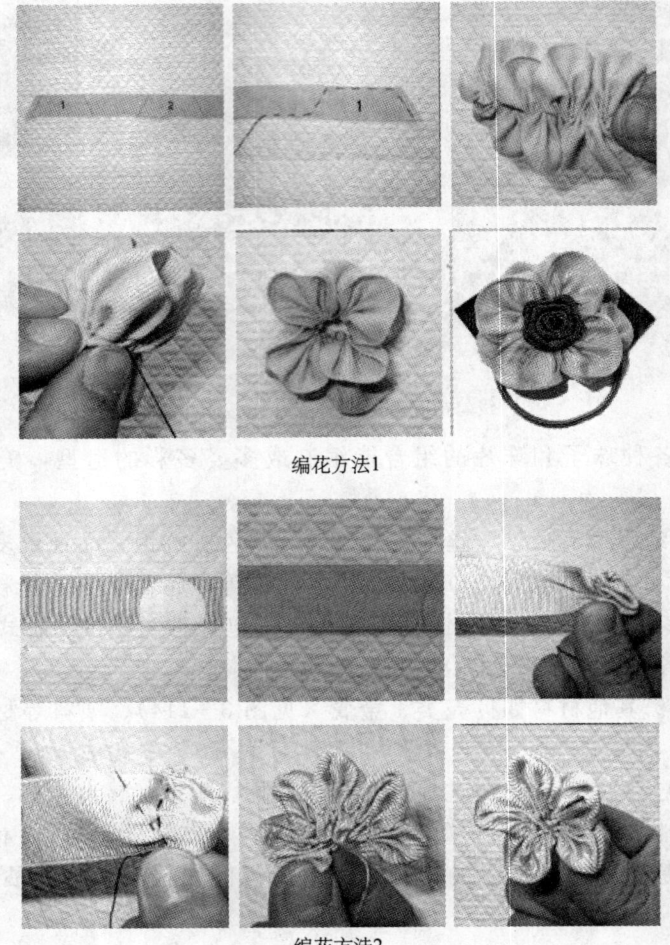

编花方法1

编花方法2

图 3—113　编花方法

等部件时其夹缝内毛头要梳出，贴物要贴到底板上，不能贴在浮毛上，胶水不可外溢。

（6）手工订制的各种配件，包括领结、缎带、扣子、花朵等均必须订紧订牢不得松动；所有配件必须能承受 4 lbf 的拉力。

（7）检查吊牌是否正确，及货品所需各种吊牌是否齐全；了解正确的打吊牌方法、进枪位置及吊牌的排放顺序；所有打枪之胶针其头尾必须露出玩具体外，不可留在体内。

（8）布绒玩具装饰物的安全要求。布绒玩具的装饰物在玩具质量安全标准中被称为不可拆卸小零件。制作不当会造成玩具的安全隐患，严重影响产品质量。因此，应将装订装饰物设置为关键质量控制点加以严格控制，并将执行和控制的情况加以记录。

布绒玩具在制作时要注意玩具中所附眼睛、鼻子等装饰小零件中所含的有害物质是否含量超标。儿童尤其喜爱吮吸一些玩耍物品，一旦这些玩耍物品含有的色漆、硝基漆、釉粉等物质中有害元素超标，将会给儿童的健康带来危害。

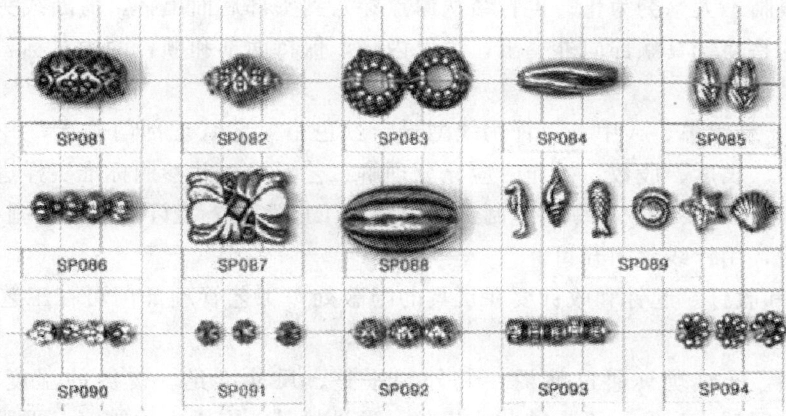

图 3—114　金属配件

图 3—115　标志

眼鼻及不可拆卸小零件装订牢度，是玩具安全中的强制性检测标准。国家玩具安全技术规范规定，不可拆卸小零件拉力应大于 90 N。

布绒玩具上有些小配件是可以取下来的，如玩具娃娃手中拿的或身上戴的小零件，对于 3 岁以下儿童的玩具，这些小零件的直径要大于 31.75 mm，这样，幼儿就不易吞下去而造成不必要的伤害。而直径小于等于 31.75 mm 的小零件称为不可拆卸小零件。不可拆卸小零件除眼、鼻外，还有纽扣、小铃铛、花、太阳镜等。

3. 整体修正

(1) 造型修正。面部造型根据实样和工艺要求提示，用三角定位抽针法或四点定位抽针法扳面部造型，绣嘴鼻、扳手脚要遵照工艺要求提示，对称一致，线迹隐蔽。

1) 三角定位。针线从下巴居中点进针到左眼点下侧中心位，再由左眼点保留最小针距返回下巴点；再由下巴原点穿入到右眼点，再返回到下巴原点处；两侧对称，然后抽紧直至眼睛不太暴突为止；再打结从原点穿入头部后面出针，剪断线头。三角定位抽针法的目的是使玩具眼睛不向外突出，使之内陷，保持其前额的饱满度，面部和顺，两边对称，使整个脸部表情自然不呆板。

2) 四点定位。针线从左下点进针到左上点眼下侧中心点，再由左上点保留最小针距返回左下点；再由左下点穿入到右上点，再由右上点返回到右下点，再由右下点出针；然后抽紧直至眼睛不太暴突为止；再打结从原点穿入到头部后面出针，剪断线头。四点定位抽针法的目的是使玩具颧部向外突出，嘴巴内陷，保持面部和顺，两边对称，使整个脸部表情自然不呆板。

3) 扳针，绣眼鼻、人中。扳针用线型号、颜色由工艺管理部门确定，并以示意图标明扳针的定位、长度、股数，操作时应充分理解工艺要求，并参照标准实样进行制作。

4) 内绷布定位要求。内绷布缝制工艺由缝制工序完成，装订工序在内绷布中心开孔，塞入填充棉后，用针线封闭开口。

5) 起针和收针。起针和收针要在玩具的隐蔽处，工艺管理部门可在工艺要求中加以提示。

(2) 整烫。布绒玩具通过整烫使其外观平整、尺寸准足。熨烫的温度一般控制在180～200℃之间较为安全，不易烫黄、焦化。通过喷雾、熨烫去掉皱痕，平服折缝。

经过热定型处理使外形平整，线条挺直。利用“归”与“拔”熨烫技巧适当改变纤维的张缩度与织物经纬组织的密度和方向，塑造立体造型。影响织物整烫的四个基本要素是：温度、湿度、压力和时间。其中熨烫温度是影响熨烫效果的主要因素。

掌握好各种织物的熨烫温度是关键问题。熨烫温度过低达不到熨烫效果；熨烫温度过高则会把布料熨坏造成损失。各种纤维的熨烫温度，还要受到接触时间、移动速度、熨烫压力、有无垫布、垫布厚度及水分有无等因素的影响。

整烫中应避免以下现象的发生：因熨烫温度过高、时间过长造成表面的极光和烫焦现象；表面留下细小的波纹皱褶等整烫疵点；存在漏烫部位。

(3) 整修。整修是整理工序的重要环节，由于缝纫工序操作失误，如上下片缝制未对齐，未打来回针或其他原因造成破洞，填充塞制得不匀，棱角和弧度未塞制到位，玩具的造型不够饱满、圆润等因素，需要通过整修加以调整。

如缝制中未刮清毛头，会造成拼接处夹毛的情况，所以需要使用齿梳工具进行梳理。操作时轻轻将夹缝中的夹毛梳出，达到毛绒表面和顺。

毛绒表面染上少量污渍，可用专用清洁剂清洗。方法是将少量专用清洁剂涂于染有污渍的毛绒表面，片刻拍除即可。在装箱前，玩具粘有毛灰，可用压缩空气吹除，或用静电

除尘器清除。

吹风工作的职责是将玩具身上的碎毛线、毛绒吹除干净。吹风工作要求干净、全面、彻底，特别是容易粘毛的拉毛布、电子丝绒材料及玩具的耳朵、脸部部位。

等到这些繁复步骤完成后，还需要再把胸牌和吊牌附上去，并且等待品管部检验通过后钉上耳扣，一个完整的玩具才算是诞生落地。

4. 检验

玩具的成品检验是产品出厂前的一次综合性检验，包括外观质量和内在质量两大项目，外观检验内容有尺寸公差、外观疵点、缝迹牢度等。内在检测项目有面料单位面积重量、色牢度、缩水率等。

成品检验的主要内容有：

(1) 玩具款式是否与确认样相同。

(2) 玩具整体形态是否良好；表面有无破损，有无变形。

(3) 玩具尺寸规格是否符合工艺要求。

(4) 玩具的毛向是否一致，面料丝缕是否正确，面料上有无污渍。

(5) 条格面料的对条是否正确。

(6) 面料是否有色差，是否有掉色现象发生。

(7) 刷毛是否干净彻底，有无秃毛带存在。

(8) 充棉形象是否饱满、手感柔软、四肢有力。

(9) 缝合是否正确，缝制是否规整、平服。缝线上是否有漏针及跳针现象。

(10) 缝口有无破洞松口，有无线头和填充物外露现象。

(11) 眼鼻质量是否合乎标准，位置摆放是否正确，有无高低眼或眼距错误。

(12) 黏合衬是否牢固，是否有渗胶现象。

(13) 玩具辅件是否完整，是否能承受 21 lbf 的拉力。

(14) 各种装饰配件是否钉紧不松动。

(15) 玩具的面料和辅料是否有有毒化学物质存在。

(16) 玩具整烫是否良好。

(17) 玩具吊牌是否齐全，文字和位置有无错误。

(18) 包装用塑料胶袋是否印有警告标语。

(19) 玩具包装是否符合要求。

对不合格品的处理方式有让步接收、返工、返修、降级、报废等。如玩具材料品种、色号错误，样板不符和裁片质量不符（裁片偏小、歪斜、瑕疵、色差）等可能发生返工；对缺片补片，色差重新配色，可以修改的裁片，可能发生返修。

检验应贯穿于玩具裁剪、缝制、锁眼钉扣、整烫等整个加工过程中，应对成品进行全面的检验，以保证产品质量。

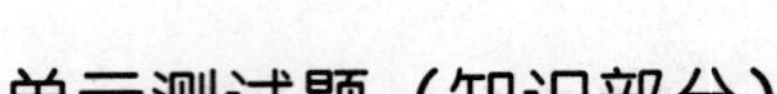

单元测试题（知识部分）

一、判断题（下列判断正确的请打“√”，错误的打“×”）

1. 皮毛玩具、木质玩具、塑料玩具中，以塑料玩具上的含菌量最高。 （ ）

2. 布绒玩具一般以布、绒作面料。 （ ）

3. 对装有高智能电子、机芯、音响的布绒玩具可以直接清洗。 （ ）

4. 玩具，不光是孩子的专利，适用于各年龄层次的人。 （ ）

5. 玩具设计要考虑结构牢固结实，保证安全；功能齐全，便于使用；材料无害，个别构造设计要符合婴儿的柔软性特点。 （ ）

二、单项选择题（下列每题的选项中，只有1个是正确的，请将其代号填在横线空白处）

1. 给孩子选择玩具，________不是必须具备的条件。

A. 可玩性　B. 安全性　C. 观赏性　D. 教育性

2. ________既可帮助孩子丰富常识知识，也有利于发展孩子的比较、分类能力和口语表达能力。

A. 智力游戏玩具　B. 毛绒玩具　C. 布艺玩具　D. 木偶

3. 色彩三要素即________、色相、明度。

A. 纯度　B. 亮度　C. 色光　D. 调和

4. 毛绒玩具的生产流程是________。

A. 装配、剪裁、缝纫、填充、整型、包装

B. 缝纫、装配、剪裁、填充、包装、整型

C. 整型、剪裁、包装、装配、缝纫、填充

D. 剪裁、缝纫、装配、填充、整型、包装

三、多项选择题（下列每题的选项中，至少有2个是正确的，请将其代号填在横线空白处）

1. ________材料可以作为布绒玩具的材料。

A. 化纤　B. 皮革　C. 长毛绒　D. 塑料　E. 橡胶

2. 婴儿玩具：供在童床或游戏围栏上使用，能很容易地被小手握住、抓住、________的玩具。

A. 打击跳动　B. 晃动　C. 摇动发声　D. 抱住

3. 在购买毛绒玩具时，可通过________等方式检验玩具的安全性与适用性。

A. 拉动玩具各部位看是否结实　B. 拍打看是否带有灰尘

C. 鼻子闻是否带有异味　D. 材质是否便于清洗。

4. 对长毛绒玩具，下列说法正确的是________。

A. 毛比较长，很容易打结　B. 洗过一次，不像刚买来时那样新

C. 用酒精溶液清洗　　　　　　　D. 在水中煮的时间越长越消毒

5. 购买布绒玩具时应注意是否有________。

A. 商标　　　B. 吊牌　　　C. 安全标志　　　D. 厂家通讯地址

四、简答题

1. 简述布绒玩具的特点与缺陷。

2. 简述布绒玩具的制作方法。

单元测试题（技能部分）

试题 1：布绒玩具设计——猪

规定用时：180 min

1. 操作条件

A4 草稿纸 3 张、卡纸一张、铅笔、彩色铅笔、颜料、尺、圆规等。

2. 操作内容

用手绘的方式创作玩具猪的形象，并进行色彩的设计，画出彩色效果图。

3. 操作要求

(1) 画面主题突出，创意新颖，构图比例恰当。

(2) 有一定想象力，可运用“夸张”“联想”“借喻”等创意元素。

(3) 5 张以上的草稿，选择其中一张精致地绘制彩色效果图。

(4) 色彩明快和谐，具有较强的视觉冲击力。

(5) 效果图画面表现良好。

(6) 写出 200 字的设计说明，并写出玩具制作步骤。

(7) 试卷尺寸：A4。

试题 2：布绒玩具设计与裁剪制作——熊

规定用时：240 min

1. 操作条件

(1) A4 草稿纸 3 张、卡纸一张、铅笔、彩色铅笔、颜料、尺、圆规等。

(2) 缝纫机、剪刀、布绒、棉花、针、线等。

2. 操作内容

用手绘的方式创作玩具熊的形象，并制作出实际玩具。

3. 操作要求

(1) 有一定想象力，可运用“夸张”“联想”“借喻”等创意元素。

(2) 设计 1 张草稿，并绘制出裁剪图，最后制作出实际玩具。

(3) 裁剪图认真严谨，符合规范。

(4) 创意新颖，色彩明快和谐，具有较强的视觉冲击力。

(5) 玩具制作的比例均衡、造型可爱。

(6) 写出 200 字的设计说明。

(7) 试卷尺寸：A4。

单元测试题答案（知识部分）

一、判断题

1. × 2. √ 3. × 4. √ 5. √

二、单项选择题

1. C 2. A 3. A 4. D

三、多项选择题

1. ABC 2. BCD 3. ABCD 4. AB 5. ABCD

四、简答题

1. 答：布绒玩具是一般以布、绒作面料，PP 棉作填充料制作的软体玩具，其造型千姿百态、色彩丰富多样、手感柔和可人，深受广大海内外儿童甚至成人的喜爱，有着广泛的消费群体。

缺陷之一：布绒玩具上附着的小零件承受拉力不足。

缺陷之二：布绒玩具填充料内留有尖端金属。

缺陷之三：布绒玩具包装塑料袋厚度不达标。

缺陷之四：布绒玩具所使用 PVC 材料中的增塑剂含量超标。

缺陷之五：布绒玩具中所附眼睛、鼻子等小零件油漆中所含的有害物质（锑、砷、铅、汞等八种有害元素）含量超标。

2. 答：略

知识考核模拟试卷

一、判断题（下列判断正确的请打“√”，错误的打“×”；每题1分，共20分）

1. 中国是世界上最大的玩具制造国和出口国。（ ）
2. 儿童从出生至3个月处于前言语的复杂发音阶段。（ ）
3. 玩具不实行年龄分级制。（ ）
4. 在儿童记忆的发生过程中，最先出现的记忆能力是对周围事物的再认能力。（ ）
5. 静的玩具能帮助儿童认识运动，启蒙孩子的想象力。（ ）
6. 温度和湿度是测试玩具的必要条件。（ ）
7. 孩子可以从玩具中得到乐趣，但启发不了创意。（ ）
8. 儿童在色彩中对红色是最先掌握的。（ ）
9. 玩具有很多种玩法，我们在玩玩具时，要特别小心，注意安全第一，不要伤到别人。（ ）
10. 安全性标贴应贴在玩具包装上，类似标贴贴在较大的包装上。（ ）
11. 幼儿期儿童的主导活动是学习。（ ）
12. 欧盟的玩具安全标准较国内相关标准高，因此从欧盟进口的玩具可不再向检验机构报检。（ ）
13. 参加国际展览的入境展览物品及其包装材料、运输工具一律免予检疫。（ ）
14. 聚氯乙烯（PVC）属非结晶性塑料，原料透明、难燃自熄、热稳定性差。（ ）
15. Photoshop 图像在转换为多通道、位图或索引颜色模式时不需要拼合图层。（ ）
16. 画卡通人物时，眉毛与下巴的1/2是鼻子。（ ）
17. 不要另外附加细绳或绳索在婴儿床或婴儿用围栏上。（ ）
18. 玩具由静到动，是自然趋势。（ ）
19. 玩具既是儿童生活中的伴侣，又是儿童认识事物的工具。（ ）
20. 幼儿语言发展中最早产生的句型是疑问句。（ ）

二、单项选择题（下列每题的选项中，只有1个是正确的，请将其代号填在横线空白处；每题1分，共30分）

1. 下列属于5～6岁幼儿特征的是________。

   A. 认识依靠行动　　B. 开始掌握认知方法

   C. 开始接受任务　　D. 最初步生活自理

2. 下面有关游戏的说法错误的是________。

A. 游戏可以促进幼儿情感的发展

B. 游戏以想象为条件，没有想象就无法进行游戏

C. 幼儿在游戏中可以模仿生活中的行为规则，但无法将这些规则迁移到现实生活中

D. 合作性游戏是幼儿游戏中社会性交往水平的最高形式

3. 绘制直线时按下________键不放，可以绘制出水平、垂直、与水平直线成45°角的直线。

A. Ctrl＋Alt　　B. Alt

C. Shift　　D. Ctrl

4. ________符合人类身体动作发展顺序的特征。

A. 由远到近　　B. 由躯干到四肢

C. 由脚到头　　D. 由复杂到简单

5. 在产品包装、使用说明书上对需要有警示标志的玩具必须标明“危险”“警告”等字样的字号不得小于________。

A. 五号宋体字　　B. 五号黑体字

C. 四号宋体字　　D. 四号黑体字

6. 下列________是对儿童玩具特征的描述。

A. 减压的工具、休闲的用品　　B. 生命的希望、精神食粮

C. 成长的伙伴、永恒的主题　　D. 烘托节日气氛的主要娱乐品

7. 下列________不可以修改 Photoshop 插值运算的方式。

A. 在“常规”对话框中进行修改

B. 在“图像大小”对话框中进行修改

C. 在“画布大小”对话框中进行修改

D. 在“运算”对话框中进行修改

8. 3 岁及以下儿童的玩具，最重要的是应考虑与________有关的潜在窒息危险。

A. 电子玩具　　B. 传动机械

C. 小零件　　D. 电子线路

9. 下列关于玩具的说法错误的是________。

A. 玩具不分性别　　B. 玩具要“私有化”

C. 玩具要耐玩　　D. 玩具适合小孩

10. 出口玩具检验证书有效期为________年。

A. 1　　B. 2　　C. 5　　D. 10

11. 下列________不是益智玩具的优点。

A. 宣泄情绪　　B. 分散注意

C. 练习社交技巧　　D. 协调身体机能

12. 下列________活动反映了儿童的形象思维。

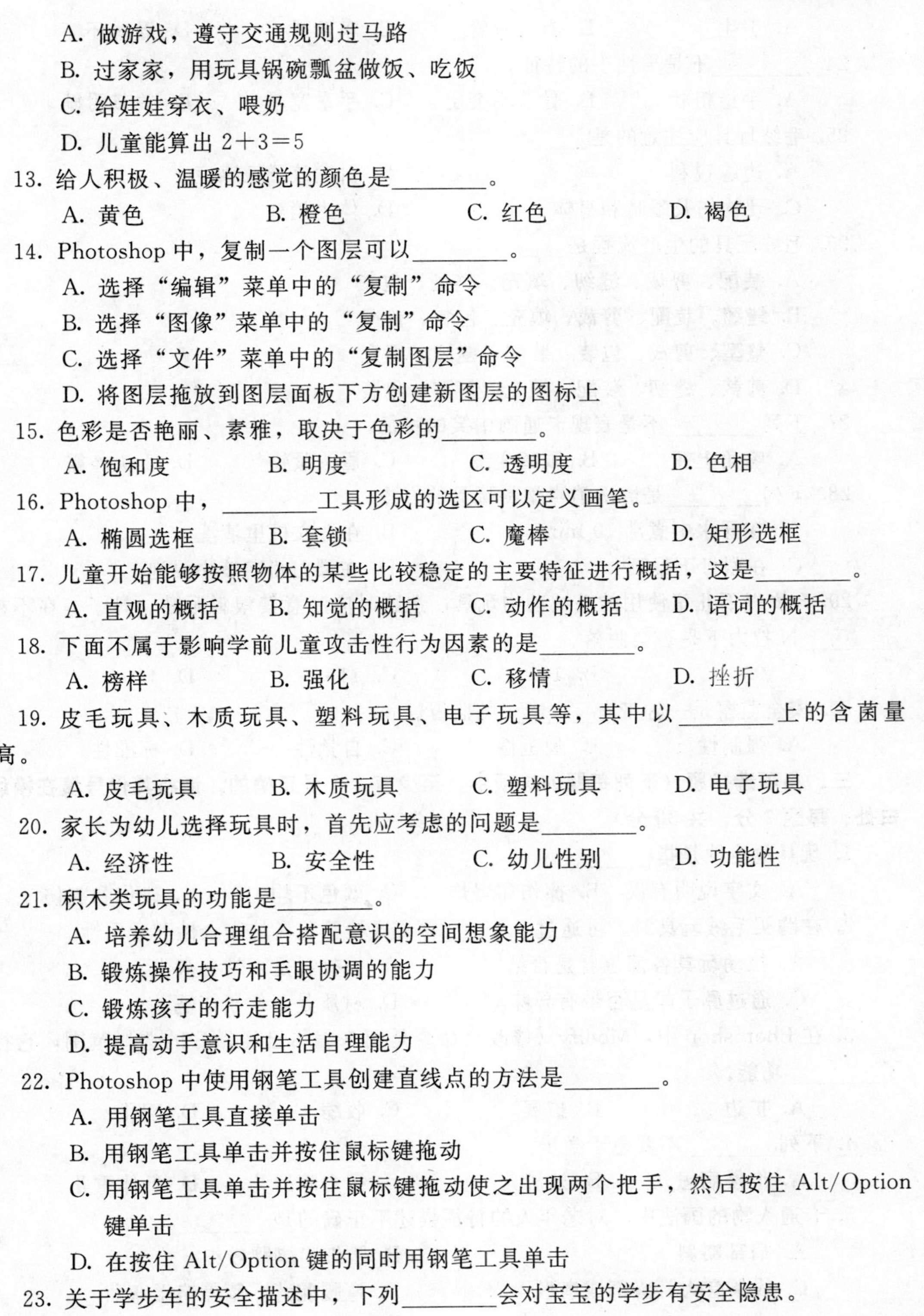

A. 做游戏，遵守交通规则过马路

B. 过家家，用玩具锅碗瓢盆做饭、吃饭

C. 给娃娃穿衣、喂奶

D. 儿童能算出 2+3=5

13. 给人积极、温暖的感觉的颜色是________。

A. 黄色　　B. 橙色　　C. 红色　　D. 褐色

14. Photoshop 中，复制一个图层可以________。

A. 选择“编辑”菜单中的“复制”命令

B. 选择“图像”菜单中的“复制”命令

C. 选择“文件”菜单中的“复制图层”命令

D. 将图层拖放到图层面板下方创建新图层的图标上

15. 色彩是否艳丽、素雅，取决于色彩的________。

A. 饱和度　　B. 明度　　C. 透明度　　D. 色相

16. Photoshop 中，________工具形成的选区可以定义画笔。

A. 椭圆选框　　B. 套锁　　C. 魔棒　　D. 矩形选框

17. 儿童开始能够按照物体的某些比较稳定的主要特征进行概括，这是________。

A. 直观的概括　　B. 知觉的概括　　C. 动作的概括　　D. 语词的概括

18. 下面不属于影响学前儿童攻击性行为因素的是________。

A. 榜样　　B. 强化　　C. 移情　　D. 挫折

19. 皮毛玩具、木质玩具、塑料玩具、电子玩具等，其中以________上的含菌量最高。

A. 皮毛玩具　　B. 木质玩具　　C. 塑料玩具　　D. 电子玩具

20. 家长为幼儿选择玩具时，首先应考虑的问题是________。

A. 经济性　　B. 安全性　　C. 幼儿性别　　D. 功能性

21. 积木类玩具的功能是________。

A. 培养幼儿合理组合搭配意识的空间想象能力

B. 锻炼操作技巧和手眼协调的能力

C. 锻炼孩子的行走能力

D. 提高动手意识和生活自理能力

22. Photoshop 中使用钢笔工具创建直线点的方法是________。

A. 用钢笔工具直接单击

B. 用钢笔工具单击并按住鼠标键拖动

C. 用钢笔工具单击并按住鼠标键拖动使之出现两个把手，然后按住 Alt/Option 键单击

D. 在按住 Alt/Option 键的同时用钢笔工具单击

23. 关于学步车的安全描述中，下列________会对宝宝的学步有安全隐患。

A. 卫生　　B. 有人看管　　C. 车轮滑　　D. 舒适环境

24. ________不是男性手的特征。

A. 手指粗壮　　B. 骨节不突出　　C. 手掌宽厚　　D. 关节明显

25. 毛绒玩具应注意的是________。

A. 边缘锐利　　B. 引发孩子敏感症

C. 硬物伤及眼睛和身体　　D. 体力消耗

26. 毛绒玩具的生产流程是________。

A. 装配、剪裁、缝纫、填充、整型、包装

B. 缝纫、装配、剪裁、填充、包装、整型

C. 整型、剪裁、包装、装配、缝纫、填充

D. 剪裁、缝纫、装配、填充、整型、包装

27. 下列________不是表现卡通画中笑的特征。

A. 嘴角上翘　　B. 眼睛变细　　C. 眉头紧锁　　D. 舌头外露

28. 下列________是清洗消毒塑料玩具的方法。

A. 在开水中煮沸 10 min　　B. 在洗衣机里清洗

C. 在烈日下暴晒　　D. 在漂白粉溶液中浸泡

29. 3 岁以下儿童使用的毛绒动物玩具，选购时应注意其塑料眼睛、鼻子等在不超过________N 拉力下是否会脱落。

A. 90　　B. 100　　C. 110　　D. 120

30. 安全监察是一种带有________的监督。

A. 强制性　　B. 规范性　　C. 自觉性　　D. 标准性

三、多项选择题（下列每题的选项中，至少有 2 个是正确的，请将其代号填在横线空白处；每题 2 分，共 30 分）

1. 玩具危险性是指________。

A. 文字说明有误　B. 擦伤和爆炸　　C. 颜色不均匀　　D. 碰伤和割伤

2. 在购买毛绒玩具时，可通过________等方式检验玩具的安全性和适用性。

A. 拉动玩具各部位看是否结实　　B. 拍打看是否带有灰尘

C. 通过鼻子闻是否带有异味　　D. 材质是否便于清洗

3. 在 Photoshop 中，Modify（修改）命令是用来编辑已经做好的选择范围，它提供了________功能。

A. 扩边　　B. 扩展　　C. 收缩　　D. 羽化

4. 下列________不要急于学步。

A. 佝偻病患儿　B. 过胖儿　　C. 智力障碍儿　D. 低体重儿

5. 卡通人物的画法中，对老年人的特征描述不正确的是________。

A. 肩部略斜　　B. 腰细，脚踝较细

C. 线条有力，胸部成扇形　　D. 弯腰驼背，膝盖略微弯曲

6. 在 Photoshop 中有________通道。

A. 彩色　　B. Alpha　　C. 专色　　D. 路径

7. 卡通画可以________。

A. 表达自己的想法　　B. 发展解决问题的能力

C. 学习视觉技巧　　D. 增长见识

8. 关于“自定形状工具”，以下说法正确的是________。

A. 自定形状工具画出的对象会以一个新图层的形式出现

B. 自定形状工具画出的对象是矢量的

C. 可以用钢笔工具对自定形状工具画出对象的形状进行修改

D. 自定形状工具画出的对象实际上是一条路径曲线

9. 对生理、心理有缺陷的学生通过玩具教具可以给以补偿，对________不协调孩子起到矫正作用。

A. 口　　B. 眼　　C. 鼻　　D. 肢体

10. 适合于 2 岁及以下儿童的玩具应是________。

A. 玩具娃娃　　B. 遥控玩具　　C. 软体的球类玩具　　D. 声控玩具

11. 下列不属于 4～5 岁幼儿想象特点的是________。

A. 想象出现了有意成分

B. 想象活动没有目的，没有前后一贯的主题

C. 想象形象力求符合客观逻辑

D. 想象依赖于成人的语言提示

12. 如果玩具是一些化学装置、用燃料驱动的模型车辆和火箭，里面包含的可能是有害的化学物质，《国家玩具技术安全规范》规定________。

A. 潜在的噎塞和窒息危险

B. 儿童年龄达到 8 岁

C. 对装置等进行检查和维修

D. 玩具上标注“在家长的监护下安全使用”

13. Photoshop 段落文字可以进行________操作。

A. 缩放　　B. 旋转　　C. 裁切　　D. 倾斜

14. 有利于发展学龄前儿童的动手能力，可供选择的玩具有________。

A. 音乐玩具　　B. 画画　　C. 积木　　D. 纸盒子

15. 下列对玩具的描述正确的是________。

A. 不要把玩具朝嘴里填

B. 玩完玩具要洗手，并将玩具放回固定的位置

C. 大人不在的情况下，不要让孩子玩有抛射物的玩具，例如标枪、弓箭、弹珠枪等

D. 不要随意拆卸玩具，因为玩具内填充的液体或丝棉可能对孩子健康有一定的

伤害

四、简答题（每题 5 分，共 20 分）

1. 简述儿童期的心理特点。
2. 试分析年龄不同人的五官画法。
3. 简述玩具的清洁消毒原则。
4. 简述玩具安全认证的必要性。

技能考核模拟试卷

试题 1：卡通形象创作

规定用时：120 min

1. 操作条件

A4 草稿纸 3 张，卡纸一张，铅笔，彩色铅笔，颜料，尺，圆规等。

2. 操作内容

用手绘的方式创作一组卡通形象，这些卡通形象的头部特征为几何形构成（三角形、圆形、五角形、正方形……），几何形状不限，可自由搭配。卡通形象种类、年龄、性别等特征均不限。

3. 操作要求

(1) 画面主题突出，创意新颖，构图比例恰当。

(2) 画出 3 张不同造型的草图，选择其中一张精细的画在卡纸上。

(3) 色彩明快和谐，具有较强的视觉冲击力。

(4) 手绘效果表现良好，细节处理认真，把一定深度的内在情感表现在创作之中。

(5) 写出 200 字的设计说明，并编写这些卡通形象的小故事。

(6) 写出如果把这个卡通形象做成布绒玩具所要做的准备（如用何种面料、常用布绒玩具辅料的分类、面料的选择和搭配等）。

(7) 试卷尺寸：A3。

试题 2：卡通人物创作——时尚女性

规定用时：120 min

1. 操作条件

A4 草稿纸 3 张，卡纸一张，铅笔，彩色铅笔，颜料，尺，圆规等。

2. 操作内容

用手绘的方式创作一副时尚女性的卡通形象，并创作 2 张以上卡通画，包括其人物的各造型、动作和情节。

3. 操作要求

(1) 画面主题突出，创意新颖，构图比例恰当。

(2) 1 张胸部以上的特写，2 张以上的整体或局部造型动作。

(3) 色彩明快和谐，具有较强的视觉冲击力。

(4) 手绘效果表现良好，细节处理认真，把一定深度的内在情感表现在创作之中。

(5) 写出 200 字的设计说明，并编写一个关于这个人物的小故事。

(6) 写出如果把这个卡通形象做成布绒玩具所要做的准备（如用何种面料、常用布绒

玩具辅料的分类、面料的选择和搭配等）。

（7）试卷尺寸：A3。

试题 3：动物制作表现

规定用时：180 min

1. 操作条件

（1）配有 Photoshop 软件和 WACOM 液晶手写板的电脑工作站 1 台。

（2）A4 彩色打印机，打印纸 1 张，A4 草稿纸 3 张。

（3）卡纸一张，铅笔，彩色铅笔，尺，圆规等。

2. 操作内容

在卡纸上用手绘的方式绘制 3 个方案的草图，种类不限。挑选一张用 Photoshop 软件设计出其效果图。

3. 操作要求

（1）创意新颖，有一定想象力，表现真实。

（2）Photoshop 做效果图，画面的构图恰当，主题突出。

（3）草图方案表现良好，细节处理认真。

（4）色彩明快和谐，具有较强的视觉冲击力。

（5）写出 300 字的设计说明及制作步骤。

（6）试卷尺寸：A4。

试题 4：布绒玩具设计——鱼

规定用时：180 min

1. 操作条件

A4 草稿纸 3 张，卡纸一张，铅笔，彩色铅笔，颜料，尺，圆规等。

2. 操作内容

用手绘的方式创作玩具鱼的形象，并进行色彩的设计，画出彩色效果图。

3. 操作要求

（1）画面主题突出，创意新颖，构图比例恰当。

（2）有一定想象力，可运用“夸张”“联想”“借喻”等创意元素。

（3）画出 3 张不同造型的草图，选择其中一张精致地绘制彩色效果图。

（4）色彩明快和谐，具有较强的视觉冲击力。

（5）效果图画面表现良好。

（6）写出 200 字的设计说明，并写出玩具制作步骤。

（7）试卷尺寸：A4。

试题 5：布绒玩具设计与裁剪制作——虎

规定用时：240 min

1. 操作条件

（1）A4 草稿纸 3 张，卡纸一张，铅笔，彩色铅笔，颜料，尺，圆规等。

（2）缝纫机，剪刀，布绒，棉花，针，线等。

2. 操作内容

用手绘的方式创作玩具虎的形象，并制作出其实际玩具。

3. 操作要求

（1）有一定想象力，可运用“夸张”“联想”“借喻”等创意元素。

（2）设计 1 张草稿，并绘制出裁剪图，最后制作出实际玩具。

（3）裁剪图认真严谨，符合规范。

（4）创意新颖，色彩明快和谐，具有较强的视觉冲击力。

（5）玩具制作的比例均衡、造型可爱。

（6）写出 200 字的设计说明。

（7）试卷尺寸：A4。

试题 6：布绒玩具设计与裁剪制作——猴

规定用时：240 min

1. 操作条件

（1）A4 草稿纸 3 张，卡纸一张，铅笔，彩色铅笔，颜料，尺，圆规等。

（2）缝纫机，剪刀，布绒，棉花，针，线等。

2. 操作内容

用手绘的方式创作玩具猴的形象，并制作出其实际玩具。

3. 操作要求

（1）有一定想象力，可运用“夸张”“联想”“借喻”等创意元素。

（2）设计 1 张草稿，并绘制出裁剪图，最后制作出实际玩具。

（3）裁剪图认真严谨，符合规范。

（4）创意新颖，色彩明快和谐，具有较强的视觉冲击力。

（5）玩具制作的比例均衡、造型可爱。

（6）写出 200 字的设计说明。

（7）试卷尺寸：A4。

试题 7：布绒玩具设计与裁剪制作——羊

规定用时：240 min

1. 操作条件

（1）A4 草稿纸 3 张，卡纸一张，铅笔，彩色铅笔，颜料，尺，圆规等。

（2）缝纫机，剪刀，布绒，棉花，针，线等。

2. 操作内容

用手绘的方式创作玩具羊的形象，并制作出其实际玩具。

3. 操作要求

（1）有一定想象力，可运用“夸张”“联想”“借喻”等创意元素。

（2）设计 1 张草稿，并绘制出裁剪图，最后制作出实际玩具。

(3) 裁剪图认真严谨，符合规范。

(4) 创意新颖，色彩明快和谐，具有较强的视觉冲击力。

(5) 玩具制作的比例均衡、造型可爱。

(6) 写出 200 字的设计说明。

(7) 试卷尺寸：A4。

试题 8：布绒玩具设计与裁剪制作——狗

规定用时：240 min

1. 操作条件

(1) A4 草稿纸 3 张，卡纸一张，铅笔，彩色铅笔，颜料，尺，圆规等。

(2) 缝纫机，剪刀，布绒，棉花，针，线等。

2. 操作内容

用手绘的方式创作玩具狗的形象，并制作出其实际玩具。

3. 操作要求

(1) 有一定想象力，可运用“夸张”“联想”“借喻”等创意元素。

(2) 设计 1 张草稿，并绘制出裁剪图，最后制作出实际玩具。

(3) 裁剪图认真严谨，符合规范。

(4) 创意新颖，色彩明快和谐，具有较强的视觉冲击力。

(5) 玩具制作的比例均衡、造型可爱。

(6) 写出 200 字的设计说明。

(7) 试卷尺寸：A4。

知识考核模拟试卷答案

一、判断题

1. √　2. ×　3. ×　4. ×　5. ×　6. √　7. ×　8. √　9. √　10. √　11. ×　12. ×　13. ×　14. √　15. ×　16. √　17. √　18. √　19. √　20. √

二、单项选择题

1. B　2. C　3. C　4. B　5. B　6. C　7. C　8. C　9. D　10. A　11. B　12. A　13. B　14. D　15. A　16. D　17. B　18. C　19. A　20. B　21. A　22. C　23. C　24. B　25. B　26. D　27. C　28. D　29. A　30. A

三、多项选择题

1. BD　2. ABCD　3. ABC　4. ABD　5. BC　6. ABC　7. ABC　8. ABCD　9. ABD　10. AC　11. BCD　12. BD　13. ABD　14. BCD　15. ABCD

四、简答题

1. 答：儿童期情感交流最纯真、直率、毫无保留，不会转弯抹角。儿童期的人际关系最单纯、最融洽、最纯真，不像成年人那样患得患失或整天为面子而战。

儿童期是智能开发的最佳时期。

儿童期是个性形成的重要阶段，不良习惯也容易在此阶段养成。

儿童期是激发自我实现趋向的关键时期，是培养兴趣、发掘潜能、建立自信的最好时机。

2. 答：幼儿。幼儿的五官都集中在脸部下半部 1/2 的部位。

儿童。儿童的眼睛大大的，口、鼻小小的。眼睛的位置在脸部 1/2 以下的部位，下巴的曲线是圆的，眼睛和眉毛的位置距离远。

年轻女性。女性眼睛大致在脸部 1/2 的位置。眼睛大大的，唇、眉、下巴的线条越柔和，越有女人味。

年轻男性。男性眼睛在脸部 2/3 的部位。眼睛细细的，口、鼻较大，下巴的线条较粗犷，眉毛粗一点比较有男人味。

中年人。中年人的眼睛比年轻人的要细小。而且眼睛和嘴的周围有细小的皱纹，男人的脸部块面分明，女人的脸则稍微丰满些。

老年人。老年男性脸部的骨骼最为凸出，老年女性则稍微丰满些，他们的口、眼、鼻四周都有很明显的皱纹，一般来说眼睛都是细细的。

3. 答：第一，玩具在购买后应先清洁再给孩子玩。

第二，玩具清洁消毒的频率通常以每周一次为宜。

第三，要选择适合的清洁消毒用品。

第四，玩具洗涤后要用大量清水冲洗。

4. 答：玩具的使用对象是儿童，这是特殊的弱势消费群体，由于儿童不具备防范和逃避危险的能力，因此玩具产品的安全质量直接影响儿童的身心健康和生命安全。而国内市场的玩具总体质量水平偏低，标志性不够，使许多家长不知如何选购安全的玩具，导致消费者不敢轻易给孩子购买玩具，这也是致使国内玩具消费水平不高的原因之一。

为了改变目前内销玩具产品质量水平低下的状况，防止粗制滥造的玩具进入流通领域，保护儿童的身心健康，必须建立有效的市场准入制度，完善玩具产品的质量监管措施，以提高企业的产品责任意识，增强全民产品质量意识和社会关注度，控制产品风险，培育规范的产品市场等，而这些正是产品认证能够起到的作用。因此，实施玩具产品安全认证是很有必要的，它体现了政府服务社会的职能，达到净化市场、使企业得益、使消费者得益、保护消费者健康安全的最终目的。